Zu diesem Buch

Ausgerechnet in der Blütezeit der Naturwissenschaften ist unsere Natur derart rapide heruntergekommen, daß ihr baldiger Exitus droht. Wieso kommt unermeßliches Faktenwissen über die Natur dieser nicht zugute? Verödet sie *trotz* dieses Wissens, oder stirbt sie gerade *an* diesem Wissen, d.h. an einem grundsätzlichen Fehler, der diesem anhaftet?

Um diese lebenswichtige Frage beantworten zu können, müssen wir die Entwicklung unseres Wissens von der Natur und unsere Einstellung zu ihr verstehen. Rupert Sheldrake zeigt deshalb, wie sich das Naturverständnis des Menschen im Laufe der Geschichte verändert hat: von der animistischen Weltsicht unserer frühen Vorfahren über die Achtung von der heiligen Schöpfung Gottes bis zur Entheiligung und Ausbeutung einer als bloße «Materie» verstandenen Natur im Zeitalter der mechanistischen Naturwissenschaft.

In seiner interdisziplinären Darstellung macht der Autor deutlich, wie die Erkenntnisse aus so verschiedenen Bereichen wie Chaos-Forschung, der Ökologie, der Physik und der Theologie zu einer einheitlichen neuen Sicht der Natur zusammenwachsen. Diese naturwissenschaftlich begründete Weltsicht fordert uns auf, von der Haltung distanzierter Wissenschaftlichkeit zu einer teilnehmenden, direkten Erfahrung der Wirklichkeit zurückzufinden. In dieser Erfahrung können wir uns wieder als lebendigen Teil einer größeren lebendigen Ganzheit erkennen und damit an der Wiedergeburt einer heilen und heiligen Natur teilhaben.

RUPERT SHELDRAKE, geboren 1942, studierte Naturwissenschaften an der Universität von Cambridge und Philosophie an der Harvard-Universität. Er promovierte in Biochemie in Cambridge, wo er als Direktor für Biochemie und Zellbiologie am Clare College tätig war. Mit «Das schöpferische Universum» (1983) und «Das Gedächtnis der Natur» (1990) und der darin vorgestellten Theorie der morphogenetischen Felder wurde er weltweit bekannt und diskutiert.

Rupert Sheldrake

Die Wiedergeburt der Natur

Eine neue Weltsicht

Aus dem Englischen
von Jochen Eggert

Rowohlt

rororo transformation
Herausgegeben von Bernd Jost
und Jutta Schwarz

Umschlaggestaltung Walter Hellmann
Foto Frans Lanting / ZEFA Allstock

Für meine Frau Jill

Veröffentlicht im Rowohlt Taschenbuch Verlag GmbH,
Reinbek bei Hamburg, Mai 1994
Lizenzausgabe mit freundlicher Genehmigung
des Scherz Verlags, Bern, München, Wien, 1991
Copyright © 1991 für die deutsche Ausgabe
by Scherz, Bern, München, Wien
Die Originalausgabe erschien unter dem Titel
«The Rebirth of Nature»
Copyright © 1990 by Rupert Sheldrake
Alle Rechte vorbehalten
Gesamtherstellung Clausen & Bosse, Leck
Printed in Germany
1490-ISBN 3 499 19530 5

Inhalt

Einleitung

Meine Großmutter stammte aus einer Familie von Weidenbauern in Nottinghamshire, die die Korbflechter der Gegend mit Weidenruten belieferte. Vier oder fünf Jahre war ich alt, als ich mich einmal auf dem alten Hof der Familie am River Trent in der Nähe meines Heimatorts Newark aufhielt. Seit dieser Zeit habe ich ein Bild für die Wiedergeburt der Natur vor Augen: Nahe beim Haus sah ich eine Reihe Weiden stehen, von denen rostige Drähte herabhingen. Ich fragte meinen Onkel, wie denn Draht in die Bäume komme. Er sagte, das sei einmal ein Zaun aus Weidenpfählen gewesen, doch sie hätten ausgeschlagen und seien zu Bäumen geworden. Ehrfürchtig staunend stand ich da.

Ich vergaß dieses Erlebnis, bis es mir vor ein paar Jahren in einem plötzlichen lichtvollen Augenblick wieder einfiel. Zuerst kam die Erinnerung selbst, das Gefühl beim Innewerden der Tatsache, daß Pfähle sich in Bäume verwandelt hatten. Dann die verblüffende Einsicht, daß mein bisheriger Werdegang als Naturwissenschaftler eigentlich in diesem Erlebnis schon weitgehend vorgezeichnet war. Seit über zwanzig Jahren arbeitete ich in Cambridge, in Malaysia und Indien auf dem Gebiet der Pflanzenentwicklung, und das Wechselspiel von Tod und Regeneration faszinierte mich immer aufs neue. Insbesondere entdeckte ich, daß das Pflanzenhormon Auxin, das Wachstum und Entwicklung fördert und bei Stecklingen die Bewurzelung induziert, von sterbenden Zellen erzeugt wird.[1] Es wird etwa in den Holzzellen erzeugt, die praktisch

«Selbstmord begehen», wenn sie sich in den Adern wachsender Blätter oder im wachsenden Sproß, ja in allen sich entwickelnden Pflanzenorganen zu säfteleitenden Röhren differenzieren. Der Tod dieser Zellen regt zu neuem Wachstum und damit zu weiterem Zellensterben und weiterer Auxinproduktion an. Aufgrund dieser Befunde entwickelte ich eine neue Theorie des Alterns, des Sterbens und der Regeneration pflanzlicher und tierischer Zellen: Die Regeneration von Zellen geschieht durch Wachstum; das Ende des Wachstums bedeutet Alterung und Tod.[2]

In Indien widmete ich mich der Physiologie einer Straucherbsenart, deren biegsame Triebe zum Korbflechten verwendet werden – wie in Europa die Weidenruten. Besonders erfolgreich waren meine Forschungen auf dem Gebiet des regenerativen Wachstums, die zur Grundlage einer neuen Anbauweise wurden, bei der von derselben Pflanze mehrfach geerntet werden kann.[3] Später habe ich damit begonnen, die Natur unter dem Gesichtspunkt eines ihr innewohnenden Gedächtnisses zu interpretieren; diese Gedanken formulierte ich in meinen beiden Büchern *Das schöpferische Universum* und *Das Gedächtnis der Natur*. In der Rückschau wirken alle diese auf den ersten Blick so verschiedenen Aktivitäten wie Variationen über das eine Thema der grünenden Weidenpfähle. Dieses Buch nun verdankt sein Entstehen der Idee, daß die Natur, die wir bisher als leblos und mechanisch betrachtet haben, in Wirklichkeit lebendig ist – sie erwacht vor unseren Augen zu neuem Leben.

Mein Interesse galt schon früh den Pflanzen und Tieren, und so widmete ich mich, zuerst auf der Schule, dann an der Universität von Cambridge, der Biologie. Das Interesse hatte ich von meinem Vater, einem Apotheker, der sich mit Pflanzen sehr gut auskannte und dessen Steckenpferd das Mikroskopieren war. Meine Mutter akzeptierte dieses Interesse nicht nur, sondern half sogar beim Füttern meiner Menagerie und duldete die alljährlichen Invasionen von Kaulquappen und Raupen. Doch dann kam ich in meinen

Studien an den Punkt, wo man mir sagte, die unmittelbare und intuitive Erfahrung von Pflanzen und Tieren sei emotional und unwissenschaftlich. Nach Auskunft meiner Lehrer waren biologische Organismen in Wirklichkeit leblose Maschinen ohne einen in ihnen selbst liegenden Zweck, das Produkt des blinden Zufalls und der natürlichen Auslese. Und das galt für die gesamte Natur, die letztlich nicht mehr war als ein unbelebtes maschinenartiges System. Es fiel mir nicht schwer, diese Art der wissenschaftlichen Schulung in mich aufzunehmen, und die Laborpraktika – von der Sektion zur Vivisektion – taten ein übriges, um mir zu der notwendigen emotionalen Distanz zu verhelfen. Doch immer blieb da eine Spannung bestehen; meine wissenschaftlichen Studien schienen keinen rechten Bezug zu meiner eigenen persönlichen Erfahrung zu haben. Das ganze Problem verdichtete sich eines Tages urplötzlich auf einen Punkt, als ich in einem Gang des biochemischen Instituts eine Schautafel an der Wand hängen sah, auf der das Stoffwechselgeschehen schematisch dargestellt war. Ganz oben hatte jemand in großen blauen Lettern quer über das Blatt geschrieben: ERKENNE DICH SELBST.

Später wurde mir klar, daß der Konflikt, den ich in mir selbst so intensiv erlebte, symptomatisch war für einen Riß, der sich durch unsere gesamte Zivilisation zieht. Diese Gespaltenheit wird von fast allen Menschen empfunden, wenn auch nicht von allen im gleichen Maße. Und diese Gespaltenheit ist es, die jetzt unser Überleben in Frage stellt.

Von den Anfängen der menschlichen Kultur bis ins 17. Jahrhundert hatte es nie Zweifel daran gegeben, daß die Natur lebendig ist. In den letzten drei Jahrhunderten hat sich jedoch bei immer mehr gebildeten Menschen die Ansicht durchgesetzt, die Natur sei leblos. Diese Ansicht, die mechanistische Theorie der Natur, wurde sogar zur zentralen Doktrin der orthodoxen Naturwissenschaft erhoben.

Für die Welt des Business und der Politik ist die Natur nichts weiter als ein Rohstofflieferant, und sie darf zur Förderung der Wirtschaft ausgebeutet werden. Dieses Naturverständnis wird beispielsweise von *Nature*, einem führenden internationalen Wissenschaftsjournal, vorausgesetzt. Der mechanistische Ansatz hat uns technischen und industriellen Fortschritt beschert, er hat uns Mittel zur Bekämpfung von Krankheiten an die Hand gegeben, er hat aus der herkömmlichen Landwirtschaft eine Agrarindustrie und aus der Nutztierhaltung Fleischproduktionsfabriken gemacht, und er hat unsere Arsenale mit Waffen von unvorstellbarer Zerstörungskraft gefüllt. Die Wirtschaftssysteme unserer Zeit ruhen auf dieser mechanistischen Grundlage, und niemand ist frei von ihrem Einfluß.

Wenn hingegen in unserem Privatleben von Natur die Rede ist, denken wir an ländliche Beschaulichkeit oder gar unberührte Wildnis. Bei den meisten Menschen bestehen emotionale Bindungen an bestimmte Orte, insbesondere wenn sie mit der Kindheit verknüpft sind; wir fühlen uns zu Tieren und Pflanzen hingezogen oder sind von der Schönheit der Natur begeistert oder erleben gar ein mystisches Gefühl der Einheit mit allem Lebendigen. Immer noch wachsen die Kinder vielfach in einer animistischen Märchenwelt auf, in der Tiere sprechen und Zauberei alles verwandeln kann. Die Lebendigkeit der Welt wird in Gedichten und Liedern besungen und tritt uns in den Werken der bildenden Kunst entgegen. Millionen von Städtern träumen davon, ihre alten Tage auf dem Land zu verbringen oder wenigstens einen zweiten Wohnsitz dort zu haben.

Kurzum, in unserem Privatleben sehen wir die Natur durchaus als lebendig und – über das grammatische Geschlecht hinaus – als irgendwie weiblich. Der mechanistische Wissenschaftler, der Technokrat, der Volkswirtschaftler und der Erschließer von Rohstoffquellen gehen – zumindest im Berufsleben – davon aus, daß die Natur unbelebt und geschlechtslos ist. Nichts in der Natur hat sein ganz eigenes Leben, seinen ganz eigenen Zweck und Wert;

natürliche Ressourcen sind da, um erschlossen und genutzt zu werden, und ihr einziger Wert ist ihr Marktwert.

Wir können uns diese Spaltung auch anhand des Gegensatzes von Rationalismus und Romantik vergegenwärtigen, wie er sich gegen Ende des 18. Jahrhunderts herausbildete. Für die Rationalisten sprachen und sprechen die Erfolge von Wissenschaft und Technik, für die Romantiker die Unabweisbarkeit der unmittelbaren persönlichen Erfahrung. Für die Romantiker ist der Rationalismus unromantisch, und die Rationalisten finden das romantische Denken irrational. Wir alle sind Erben dieser beiden Traditionen und der Spannung, die zwischen ihnen besteht.

Wir in den westlichen Industriestaaten haben inzwischen mit dieser Gespaltenheit zu leben gelernt, und ähnliches zeichnet sich nun in Osteuropa, Japan, China, Indien und ansatzweise in den «Schwellenländern» ab. Die Missionare des mechanistischen Fortschritts haben ihre Doktrin über die ganze Welt verbreitet und überall die traditionelle, eher animistische Sicht darunter verschwinden lassen.

Im ersten Teil dieses Buches gehe ich der Frage nach, wie es zu dieser Spaltung zwischen unserer privaten Vorstellung von der Lebendigkeit der Natur und der offiziellen Doktrin von der unbelebten Natur gekommen ist. Diese Frage ist keineswegs von bloß historischem Interesse. Wir alle unterliegen dem Einfluß mechanistischer Denkgewohnheiten, die – für gewöhnlich unbewußt – unser Leben formen. Wenn wir also diese Gewohnheiten hinterfragen wollen, müssen wir ihre Ursprünge aufdecken und ihre Entwicklung nachvollziehen. Dabei ist zu bedenken, daß diese jetzt zu selbstverständlichen Grundannahmen gewordenen Anschauungen einmal umstrittene Theorien waren, basierend auf bestimmten theologischen und philosophischen Lehren, an die damals nur eine Handvoll europäischer Intellektueller glaubte. Der Erfolg der Technik hat der mechanistischen Naturtheorie weltweit zum Triumph verholfen, und sie ist heute ein nicht wegzudenkender Bestandteil der offiziellen Auffassung vom wirtschaftlichen Fortschritt. Sie ist eine Art Religion geworden. Und sie hat uns in die gegenwärtige Krise geführt.

Im zweiten Teil des Buches möchte ich aufzeigen, wie die Naturwissenschaft selbst nun anfängt, das mechanistische Weltbild zu transzendieren. Wo bislang der Glaube an die Determiniertheit und prinzipielle Voraussagbarkeit aller Dinge herrschte, treten nun immer häufiger Theorien von Indeterminiertheit, Spontaneität und Chaos auf. Die unsichtbaren Organisationskräfte der Natur erscheinen aufs neue, diesmal in Form von Feldern. Die harten und trägen Atome der Newtonschen Physik haben sich in schwingende Aktivitätsstrukturen aufgelöst. Die unschöpferische Weltmaschine hat sich in einen schöpferischen, evolvierenden Kosmos verwandelt. Selbst die *Gesetze* der Natur sind vielleicht gar nicht für alle Ewigkeit fixiert; es könnte sein, daß sie sich mit der Natur entwickeln.

Die Idee, daß die Natur lebendig ist, mag recht simpel klingen, doch sie umfaßt weitreichende Implikationen, die wir im letzten Teil dieses Buches erörtern wollen. Diese Idee wirft nämlich nicht nur eingefleischte Denkgewohnheiten über den Haufen, sondern weist die Richtung zu einer neuen Naturwissenschaft, zu einer neuen Sicht der Religion und zu einer neuen Art von Beziehung zwischen der Menschheit und allem anderen Lebendigen. Dieses neue Denken sieht die Erde als einen lebendigen Organismus und möchte bewirken, daß unser verknöchertes politisches und wirtschaftliches System frisches Grün austreibt. Es ist dringender als je zuvor, daß wir unsere Verbundenheit mit allem Lebendigen wieder bewußt erfahren lernen, und wir brauchen dazu praktische Ansätze und gangbare Wege. Das Anerkennen der Lebendigkeit der Natur wird grundsätzliche Änderungen in unserer Lebensweise erforderlich machen. Und wir haben keine Zeit zu verlieren.

Teil I

Mutter Natur

1. Die Entheiligung der Welt

Menschlichen Müttern und der Natur ist gemeinsam, daß die Gefühle, die wir ihnen entgegenbringen, ambivalent sind. Mutter Natur ist schön, fruchtbar, kraftspendend, gütig und immer bereit zu geben. Aber sie ist auch wild, zerstörerisch, chaotisch, erdrückend und todbringend. Sie kann furchtbar sein in ihrem Rasen – wie Nemesis oder Hekate oder Kali.

Wenn wir sie als mechanisches, unbelebtes System betrachten, wirkt sie nicht ganz so unberechenbar; es gibt uns das Gefühl, daß *wir* die Herren sind, und nährt die trostreiche Vorstellung, daß wir uns über das primitive animistische Denken erhoben haben. «Mutter» Natur ist weniger erschreckend, wenn wir erst durchschaut haben, daß hier nichts weiter als Aberglaube vorliegt oder eine poetische Umschreibung oder ein mythischer Archetypus, der seine Realität einzig und allein im Menschengeist hat; auf der anderen Seite bleibt uns dann die unbelebte Natur zur Ausbeutung überlassen. Leider sind die Folgen dieser Denkweise nun selbst wiederum erschreckend. Nemesis schlägt weltweit zurück, denn das Klima ändert sich, Dürren, Stürme, Überflutungen, Hungersnöte und Chaos drohen. Uralte Ängste kehren in neuer Gestalt wieder.

Eroberung und Unterwerfung der Natur um des Fortschritts der Menschheit willen ist zwar die offizielle Ideologie unserer Zeit, doch die alte intuitive Sicht der Natur als Mutter beeinflußt unsere persönlichen Reaktionen noch und macht die emotionale Kraft von Ausdrücken wie «Weisheit der Natur» oder «Füllhorn der Natur» oder «unberührte Natur» aus. Und eben diese Intuition bedingt auch unsere Reaktionen auf die Umweltkrise. Es ist uns nicht wohl bei dem Gedanken, daß wir unsere Mutter mit Abfällen aller Art besudeln; viel besser klingt es, wenn wir von «Mängeln der Abfallentsorgung» reden können. Doch ob es uns paßt oder nicht, mit dem Aufstieg der Umweltbewegung und der grünen Organisationen und Initiativen hat Mutter Natur wieder eine Stimme bekommen und verschafft sich Gehör. Insbesondere findet der Gedanke, daß die Erde ein lebendiger Organismus ist, Gaia oder Mutter Erde, bei Millionen von Menschen ein positives Echo. Er erneuert die Verbindung zu unserer persönlichen intuitiven Naturerfahrung und zum traditionellen Verständnis der Natur als lebendig.

Das Wort «Natur» ist in den europäischen Sprachen ein Femininum – etwa *physis* im Griechischen, *natura* im Lateinischen oder *la nature* auf französisch. *Natura* leitet sich vom lateinischen Wort für «geboren werden» ab, *physis* vom griechischen Wort für «wachsen lassen».[1] Unsere Wörter «Physik» und «physikalisch» oder «Natur» und «natürlich» weisen also zurück auf das Gebären und die Mutterschaft.

Wenn wir von der Natur einer Sprache sprechen, meinen wir ihren Grundcharakter, ihre naturgegebene Anlage; so ist es beispielsweise bei dem Ausdruck «menschliche Natur». Damit verbunden ist der Gedanke, daß «Natur» etwas als Impuls oder Kraft den Dingen und Wesen Innewohnendes sei. Und aufs Ganze gesehen, ist Natur die schöpferische und regulierende Kraft der stofflichen Welt, unmittelbare Ursache aller Phänomene in diesem Bereich. Wird die so verstandene Natur personifiziert, so ist sie Mutter Natur, ein Aspekt der Großen Mutter, Ursprung und Erhalterin allen Lebens und der Schoß, in den alles Leben zurückkehrt.

In den Mythologien der antiken Kulturen tritt die Große Mutter in vielen Gestalten auf. Sie war der Uranfang des Universums und seiner Gesetze, herrschte über Natur, Schicksal, Zeit, Ewigkeit, Wahrheit, Weisheit, Gerechtigkeit, Liebe, Geburt und Tod. Sie war Mutter, Erde, Gaia, aber auch die Göttin der Himmel, die Mutter von Sonne, Mond und allen Himmelskörpern – wie Nut, die ägyptische Himmelsgöttin (Abb. 1), oder Astarte, die Göttin des Himmels, Königin der Sterne. Sie war Natura, die Göttin der Natur. Sie war die Weltseele der platonischen Kosmologie. Und sie hatte viele andere Namen und Bildgestalten als Mutter und Matrix, als die tragende Kraft aller Dinge.[2]

Diese weiblichen Assoziationen spielen eine wichtige Rolle in unserem Denken. Unser Naturbegriff ist verflochten mit Vorstellungen über die Beziehung zwischen Frau und Mann, zwischen Göttinnen und Göttern, zwischen dem Weiblichen und Männlichen überhaupt. Wenn uns diese Geschlechts-Assoziationen unannehmbar erscheinen, wie können wir uns die Natur dann anders denken als organisch, lebendig und mütterlich? Eine Alternative wäre, daß die Natur eben nichts weiter als unbelebte Materie in Bewegung ist. Doch damit schmuggeln wir das eben noch abgelehnte Mutterprinzip durch die Hintertür wieder ein, denn die Wörter «Materie» und «Mutter» haben die gleiche Wurzel, was im Lateinischen, *materia* und *mater*, besonders deutlich wird; außerdem ist das gesamte materialistische Ethos mit Mutter-Metaphern geradezu durchsetzt, wie wir im dritten Kapitel sehen werden.

Die Auffassung der Welt als Maschine bringt ein weiteres Feld von Metaphern ins Spiel. Viele Mechanisten halten diese Denkweise für ganz besonders objektiv, während sie die Idee der lebendigen Welt als anthropozentrisch betrachten – nichts weiter als eine Projektion des menschlichen Bewußtseins auf die unbelebte Welt um uns her. Aber ist nicht die Maschinen-Metapher noch anthropozentrischer als die Organismus-Metapher? Alle Maschinen, die wir kennen, sind von Menschen gemacht. Die Fähigkeit, Maschinen zu ersinnen und zu bauen, besitzt einzig und allein der Mensch, und auch das noch nicht allzu lange. Als man Gott im 17. und 18. Jahrhundert als Planer und Erschaffer der Weltmaschine

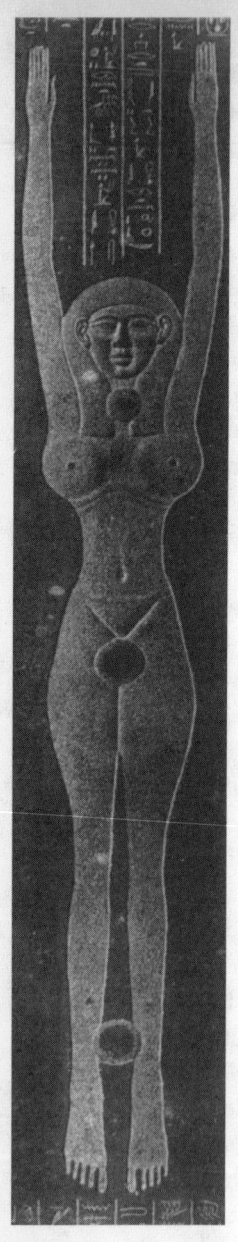

Abbildung 1 Die ägyptische Himmelsgöttin Nut, auf der Innenseite eines Sarkophagdeckels abgebildet (ca. 6 Jh. v. Chr.). Ihr Reich war das Himmelsgewölbe, und jeden Morgen gebar sie die Sonne (als Kreisscheiben dargestellt), um sie am Abend wieder zu verschlucken (British Museum).

zu verstehen begann, vermenschlichte man ihn im Grunde zum Techniker. Seitdem sind wir bestrebt, alles in der Natur als maschinenartig zu sehen, und projizieren die prägenden Technologien unserer Zeit auf die Welt. Im 17. Jahrhundert gehörten das Uhrwerk und hydraulische Modelle zu den vorherrschenden Metaphern; im 19. waren es Billardkugeln und die Dampfmaschine; heute sind es Computer und die Informationstechnologien.

Wir können gar nicht anders als in Metaphern, Analogien, Modellen und Bildern denken; sie sind durch unsere Sprache, ja bereits durch die Struktur unseres Denkens vorgegeben, und somit ist sowohl das animistische als auch das mechanistische Denken metaphorisch. Nur bezieht das mythische und animistische Denken seine Metaphern aus dem Lebensstrom selbst, während das mechanistische Denken sich die vom Menschen gemachten Maschinen zum Vorbild nimmt.

Die Erde ist die Heimat der Menschen, und so war auch sie es, die in ihrer Gesamtheit als Mutter Natur aufgefaßt wurde, noch bevor die ungeheure Weite des Himmels ebenfalls einbezogen wurde. Das Bild der Erde als Mutter begegnet uns auf der ganzen Welt in den traditionellen Kulturen. Mit folgenden Worten erklärte gegen Ende des vorigen Jahrhunderts ein religiöser Führer des Wanapum-Stammes am Columbia River, weshalb es ihm unmöglich war, Ackerbau nach Art der Weißen zu treiben:

Soll ich etwa ein Messer nehmen und es meiner Mutter in den Schoß stoßen? Sie würde mich nicht mehr darein aufnehmen, wenn ich tot bin. Ich soll umgraben und die Steine herauswerfen? Soll ich etwa ihr Fleisch aufschneiden und ihre Knochen freilegen? Dann kann ich nicht mehr in ihren Körper eingehen und wiedergeboren werden. Ich soll Gras und Heu schneiden und es verkaufen und mich daran bereichern wie die Weißen? Wie dürfte ich es wagen, meiner Mutter die Haare abzuschneiden?[3]

Die Erde war heilig, denn sie brachte das Leben hervor und barg die Toten in sich. Sie ist es, wie Aischylos sagt, «die alle Wesen hervorbringt, deren Leibesfrucht ernährt und wieder nimmt».[4] In vielen Teilen der Welt legte man Neugeborene auf die Erde und hob sie dann wieder auf – symbolische Geste für die Geburt aus dem Schoß der Erde. So wurden die Kinder auch der Erde geweiht und ihres Schutzes versichert.[5] Auch heute und sogar in den Industrieländern möchten viele Menschen in ihrer Heimat begraben sein, im Schoß jener Erde, die sie hervorbrachte.

Viele Jahrtausende lang spielten Höhlen eine wichtige Rolle im religiösen Leben der Menschheit. Die ältesten Malereien findet man in der Tiefe solcher Höhlen, etwa in denen von Lascaux im Südwesten Frankreichs, und sie waren vermutlich von Bedeutung für die Initiationsreisen der Menschen, die vor über 20 000 Jahren in Europa lebten. Die Mysterienkulte im antiken Griechenland, wie sie beispielsweise in den Höhlen von Eleusis gefeiert wurden, setzten diese uralte Tradition fort. Das Dunkel solcher Höhlen aufzusuchen, das war wie das Eingehen in den Schoß von Mutter Erde; und kam man nach der Initiation ans Licht zurück, so war es wie eine Wiedergeburt. Und Grüfte, Krypten und Schreine sind vom Menschen gemachte Höhlen, in denen die Körper der Toten dem Schoß der Erde zurückgegeben werden.[6]

Höhlen faszinieren auch heute noch Millionen von Menschen. Sie sind beliebte Touristenattraktionen. Wir können sie aber auch als Wallfahrtsorte auffassen, als äußere Ziele einer Pilgerschaft in eine archaische Region unserer kollektiven Imagination, in die von den Schatten der Verstorbenen bewohnte Unterwelt.[7] Sie sind auch das Tor zum Reich der Mineralien und der materiellen Zeugnisse vergangener Zeitalter. Erasmus Darwin, Charles Darwins Großvater, schildert in bewußt antiquierter Sprache, wie er die Blue John Caverns in Derbyshire, England, erlebte: «Ich sah die Göttin des Mineralischen nackt in ihrem innersten Gemach liegen.»[8] Bei dieser Erkundung im Jahre 1767 zeigte er sich auch tief beeindruckt von den Muschel- und Knochenversteinerungen, die er in den Höhlen fand. «Ich bin in die Eingeweide von Mutter Erde hinabgestiegen, ich sah Wunderbares und erfuhr manch Seltsames in den Regionen der Dunkelheit.»[9] Dieses Erlebnis war vielleicht Auslöser der evolutionären Ideen, für die er in England bekannt war – bis der Ruf seines Enkels den seinen in den Schatten zu stellen begann.

Mutter Erde ist immer als sehr aktiv gesehen worden. Man glaubte, sie atme den Hauch des Lebens aus, der die Lebewesen an ihrer Oberfläche nährte. Bildete sich Druck in ihrem Innern, so ließ sie Winde streichen und löste damit Erdbeben aus. Säfte strömten in ihr, und das Wasser trat in den Quellen als ihr Blut zutage. Adern durchzogen ihren Körper, die Flüssigkeiten oder verfestigte Stoffe wie Bitumen, Metalle und Mineralien führten. In ihrem Inneren gab es Kanäle, Feuerkavernen und Spalten, durch die Feuer und Hitze in Vulkanen und heißen Quellen ausgeatmet wurden. Sie trug Steine und Metalle in ihrem Schoß, nährte sie, ließ sie wie Embryos heranwachsen und nach ihrem eigenen langsamen Zeitmaß reifen.[10]

Auf der ganzen Welt gab es früher die Tradition, daß Grubenarbeiter Läuterungsriten ausführten, bevor sie in den Schoß der Höhle oder Grube eindrangen; sie betraten da einen geheiligten Bereich, der nicht zur Domäne des Menschen gehörte. In der Mythologie des Bergbaus tummeln sich Feen, Geister und Gnomen, jene winzigen Wesen, die die Schätze der Erde hüten. Das geförderte Erz kam dann in den Schmelzofen, der den Reifungsprozeß durch Hitze beschleunigte. Der Ofen war wie ein künstlicher Schoß, und die Kräfte des Austragens und der Formgebung gingen von der Mutter auf den Schmelzer und den Schmied über. Schmiede und andere Metallhandwerker waren in früheren Gesellschaften zugleich gefürchtet und hoch geachtet; man schrieb ihnen Kräfte zu, die heilig, aber auch dämonisch waren.[11]

Als der Ackerbau sich zu entwickeln begann, wurde Mutter

Erde allmählich durch eine Gestalt verdrängt, die zwar klarere Konturen aufwies, dafür aber nicht mehr für die Erde in ihrer Gesamtheit stand: die Göttin der Vegetation und der Ernte. In Griechenland etwa trat Demeter an die Stelle von Gaia. Immer noch war jedoch die Fruchtbarkeit der Erde mit dem Weiblichen assoziiert, und Frauen spielten in der Anfangszeit des Ackerbaus die wichtigste Rolle – wenn sie ihn nicht sogar erfunden haben.[12] Überall auf der Welt finden wir Metaphern, die die Frau mit der umgepflügten Erde, der fruchtbaren Furche vergleichen. In einem alten Hindu-Text heißt es: «Diese Frau ist gekommen wie ein lebendiges Erdstück: Sät in sie, Männer, den Samen.» Und im Koran: «Eure Frauen sollen für euch wie Äcker sein.»[13]

In bildhaften Beschreibungen des Goldenen Zeitalters erscheint die Natur immer wieder als gütige Mutter. Alles war friedlich und fruchtbar, die Natur gab großzügig von ihrer Fülle, die Tiere grasten zufrieden, Vögel sangen reine Melodien, überall blühten Blumen, und die Bäume trugen überreich. Mann und Frau lebten in Harmonie. Es gab weder Krankheit noch Hader. Ovid schildert in seinen *Metamorphosen*, wie die Menschen in diesem Goldenen Zeitalter in unbefestigten Städten lebten; sie erfreuten sich eines Lebens in Frieden und Muße, hatten weder Rüstung noch Schwerter – und keine Verwendung für Soldaten.

Unberührt sogar, von keinem Pfluge, von keiner
Egge verändert, schenkte freiwillig alles die Erde;
Sich mit den Speisen begnügend, die zwanglos von selber ent-
   standen,
Lasen vom Erdbeerbaum sie in den Bergen die Früchte
Oder in rauhem Gerank Brombeeren und rote Karnellen
Oder die von den Ästen des Jupiter fallenden Eicheln.
Ewig herrschte der Lenz, und lind mit läulichen Lüften
Neigte der West die Blumen, die ohne Samen erblühten.
Bald auch unbepflügt bescherte die Erde Getreide;

Niemals neu bestellt, stand gelb voll Ähren der Acker;
Ströme von Milch und Ströme von Nektar fluteten nieder,
Golden träufelte Honig herab von den grünenden Eichen.[14]

Römische Dichter wie Juvenal verknüpften diese Wehmut mit der
Sehnsucht, den Übeln der Städte zu entkommen, und Vergil
wünschte sich, seine alten Tage «an vertrauten Bächen und heiligen
Quellen»[15] zu verbringen. In den Idyllen der Hirtendichtung ist
die Natur schon weitgehend domestiziert: Die Herden grasen
friedlich, weder von Wölfen noch von anderen Raubtieren bedroht; weite offene Flächen drängen den finsteren Wald zurück,
und wo er einst wuchs, liegen jetzt fruchtbare Felder; die Wildnis
ist Gärten und Obstbaumhainen gewichen. Die Natur ist still, nett
und fürsorglich wie die ideale Ehefrau.

Visionen vom Goldenen Zeitalter berühren uns heute ebenso
wie die Menschen früherer Zeiten. Wie Ovid halten wir den Frieden vergangener Zeiten gegen die von Kampf und Streit bestimmte
Gegenwart. Bei «primitiven» Gesellschaften sehen wir eine harmonische Lebensweise, die wir selbst verloren haben – und die
auch diesen Gesellschaften unter dem Einfluß unserer westlichen
Zivilisation zusehends verlorengeht. Millionen von Menschen machen sich das Stadtleben ein wenig erträglicher mit dem Gedanken,
sich irgendwann einmal aufs Land zurückziehen zu können, oder
mit einer Wochenendwohnung irgendwo draußen oder durch die
Aussicht auf den nächsten Urlaub. Die Ausfallstraßen der großen
Städte werden am Freitagnachmittag von den Massen der Flüch-
tenden überflutet. Es muß wohl etwas «in der Natur» zu finden
sein, von dem wir ahnen, daß wir es brauchen.

O es ist ein Segen in dem linden Windhauch,
Dem Boten, der, indem er mich umfächelt,
Der Freude halb bewußt scheint, die er bringt
Von grünen Feldern und dem Blau dort oben.

> Was auch sein Auftrag – keinem kann die Brise
> Willkommner sein als mir, der ich entfloh
> Der weiten Stadt, wo lang ich mich gequält
> Als unbehaglicher Logiergast.[16]

Die sich unbehaglich fühlenden Logiergäste der Städte empfinden und erfahren die Macht der Natur ganz anders als Menschen, die wirklich in und mit der Natur leben. Sturm und Dürre, Krankheiten und wilde Tiere, die Gefahren der Dunkelheit, der Wälder und der Wüste sind nur zu real für all jene, die außerhalb der relativen Sicherheit der Städte und Ortschaften leben. Wir fürchten die wilde, ungezähmte Natur, und so sind wir bestrebt, sie zu unterwerfen – ein Bestreben, das so alt ist wie die Zivilisation.

Der Triumph der Götter

Die uralte Vorstellung vom Goldenen Zeitalter, meist als mythische oder poetische Phantasterei betrachtet, ist aufgrund von archäologischen Forschungen in Südeuropa und in der Türkei zu neuem Leben erwacht. Nach jüngsten Erkenntnissen begann der geregelte Ackerbau schon um 7000 v. Chr. Einige Jahrtausende lang lebten diese frühen Ackerbaugesellschaften beschaulich in meist unbefestigten Siedlungen, beteten Göttinnen an und verfertigten nicht Waffen, sondern vorzügliche Keramik.[17] Zwischen 4000 und 3500 v. Chr. wurde diesem friedlichen Leben jedoch durch mehrere Invasionen ein Ende bereitet; diese Fremden beteten Kriegsgottheiten an, entthronten die alten Göttinnen und degradierten sie zu Frauen und Töchtern ihrer männlichen Gottheiten. Patriarchat und männliche Dominanz traten an die Stelle der harmonischeren sozialen Ordnung, die bis dahin gegolten hatte.[18]

Auch im Nahen Osten wurden die alten Ackerbaugesellschaften mit ihren weiblichen Gottheiten von befestigten Stadtstaaten und kriegerischen Imperien verdrängt. Die Gottheiten, die nun in zunehmendem Maße das Bild beherrschten, hatten etwas Gewalttätiges an sich: Sie schleuderten Donnerkeile, sandten Überschwemmungen, Dürre und Hungersnot und zerstörten Städte.[19] Ähnliches geschah in Indien, wo die alten, relativ friedfertigen Ackerbaugesellschaften von den kriegerischen und berittenen Ariern überrannt wurden. Dieses Muster hat sich des öfteren wiederholt.

Aus feministischer Perspektive wirkt das wie ein historischer Beweis dafür, daß alle Übel von der männlichen Dominanz herrühren. Und es stärkt auch die Hoffnung, daß die Dinge anders sein könnten, denn wenn es eine andere Art von Gesellschaft einmal gegeben hat, könnte es sie auch wieder geben, wenn wir die Maximen von Herrschaft und Patriarchat durch die Werte der Partnerschaft und die Energie der Göttin ersetzen.[20]

Die neolithische Revolution ließ jedoch zwei ganz verschiedene Arten von Gesellschaften entstehen: seßhafte Ackerbauer- und nomadische oder halbnomadische Hirtengesellschaften. Wir mögen uns die ersten Jahrtausende des Ackerbaus als ein Goldenes Zeitalter für seßhafte Völker vorstellen; die Hirtenvölker jedenfalls führten an den Randzonen der Wüsten und in den Steppen ein weitaus weniger komfortables Leben. Sie waren im Grunde domestizierte Jäger, beteten männliche Gottheiten an, ihre Gesellschaften waren patriarchalisch strukturiert, und männlicher Mut und männliche Stärke galten viel bei ihnen. Die Ackerbaugesellschaften arrangierten sich mit diesen nomadisierenden Gruppen, und häufig kam es sogar zu symbiotischen Beziehungen. Schließlich jedoch triumphierten die Hirtenvölker über die friedlichen, eher femininen Kulturen der seßhaften Menschen, denn da sie Jäger waren, konnten sie leicht zu Kriegern werden, die Menschen anstatt Tiere jagten. Wie sie Tierherden beherrschten, so konnten sie auch Menschen unterwerfen und versklaven.

Der Sieg der Krieger fand seinen Ausdruck in neuen Mythen. Zunächst war die Urmutter der Ursprung aller Dinge gewesen. Sie brachte alle Dinge parthenogenetisch hervor; sie brauchte keinen Gott, um zu empfangen, vielmehr waren alle Götter ihre Nachkommen. Nach einem frühen griechischen Schöpfungsmythos ging zuerst Mutter Erde – Gaia – aus dem Chaos hervor. Im Schlaf gebar sie dann Uranos, den Himmelsgott. Er war ihr Sohn und ihr Liebhaber; von den Bergen blickte er auf sie herab, sandte fruchtbaren Regen, der in sie eindrang, und sie brachte Gräser, Blumen und Bäume hervor, gebar die Vögel und die Tiere.[21] Gaias Heiligtum und Orakelstätte befanden sich in Delphi, dem Mittelpunkt des Kosmos. Doch dann tötete ihr Ururenkel Apollo den großen Python von Delphi und usurpierte Gaias Heiligtum. Gaia blieb jedoch der Quell der prophetischen Kräfte, und ihre Priesterin, die Pythia, setzte ihre Weissagungen unter dem Apollotempel fort.

In den ältesten babylonischen Schöpfungsgeschichten war die Urgöttin Tiamat die formlose Leere, die Tiefe, der dunkle Schoß, aus dem das Universum geboren wurde. Auch sie brachte die Welt ganz allein hervor. Der Gott Marduk war ursprünglich ihr Sohn. Doch dann wurde Marduk der Schöpfergott, und er tötete die nun als der Drache des Chaos dargestellte Tiamat. Er zerschlug ihren Schädel und spaltete ihren Körper wie eine Auster, und dienstbare Winde wischten ihr Blut fort. Aus ihrem zweigeteilten Körper erschuf er das Himmelsfirmament und die Feste der Erde.

Auch in der biblischen Genesis ist die Urmutter formlose Leere, Finsternis, abgründiges Wasser. Anders als Marduk kämpfte Gott aber nicht mit ihr: «Und die Erde war wüst und leer, und Finsternis bedeckte die Tiefe; und der Geist Gottes schwebte über dem Wasser.» Doch als Schöpfer ging er wie Marduk vor und teilte zunächst: Er schied das Licht von der Finsternis, den Tag von der Nacht, das Wasser über der Feste von dem Wasser unter der Feste, den Himmel von der Erde, das trockene Land vom Meer. Das Land und das Meer behielten die fruchtbare, schöpferische Kraft der Mutter, denn Gott verfügte zwar, daß die Erde Pflanzen hervorbringen solle, aber er machte sie nicht selbst: «Und Gott

sprach: Es lasse die Erde aufgehen Gras und Kraut, das sich besa-
me, und fruchtbare Bäume, daß ein jeglicher nach seiner Art
Frucht trage und habe seinen eigenen Samen bei sich selbst auf
Erden. Und es geschah also.» Die Theologie bezeichnet diese Art
der Schöpfung als «mittelbar».[22]

In der jüdisch-christlichen Tradition hat zwar der männliche
Gott stets den höchsten Rang besessen, doch Mutter Erde behielt
jahrhundertelang viel von ihrer alten Autonomie. Den Juden war
es verboten, die alte Göttin anzubeten, doch das Heilige Land
blieb weiblich, und Jerusalem war sogar die Braut Gottes. Das
ganze christliche Mittelalter hindurch galt die Natur den Menschen als lebendig und mütterlich.

Endgültig festgeschrieben wurde der absolute Supremat des Vaters erst im 16. Jahrhundert mit der protestantischen Reformation,
als der Kult der Heiligen Mutter unterdrückt wurde und die Natur
nach und nach ihre Heiligkeit verlor. Ihren Abschluß fand diese
Entwicklung im 17. Jahrhundert, als die Natur schließlich nur
noch unbelebte Materie in Bewegung war, von Gott erschaffen
und mechanisch seinen ewigen Gesetzen folgend. Nun wurde die
Natur nicht mehr als Mutter, ja nicht einmal mehr als lebendig
betrachtet. Sie wurde die Weltmaschine, und Gott war der allmächtige Maschinenbauer.

Das führte zu sicherlich unbeabsichtigten Konsequenzen, denn
wenn die Natur mechanisch und automatisch funktioniert, beginnt Gott ein wenig überflüssig zu wirken; und so verschwand er
denn auch im Laufe des 18. Jahrhunderts ganz allmählich aus dem
Weltbild der Naturwissenschaft. Mit dem Aufkommen des Athe-
ismus war jetzt die Natur der alleinige Ursprung von allem. Man
mußte ihr sogar immer mehr Freiheit und Kreativität einräumen,
um die schöpferischen Prozesse der Evolution erklären zu können. Für den modernen Materialisten ist die Natur – die Materie –
der Ursprung aller Dinge; alles Leben geht aus ihr hervor und
kehrt in sie zurück. Man verehrt sie nicht mehr, doch sie hat einige

der Grundeigenschaften der Großen Mutter zurückgewonnen. Einst dachte man, die Götter seien Abkömmlinge der Urmutter. In den Augen des modernen Materialisten sind sie Abkömmlinge der Materie: Aus dem blinden materiellen Prozeß der Evolution ging der menschliche Geist hervor, und der menschliche Geist erzeugte durch Projektion die Götter.

Das Ende der heiligen Welt

Wir leben heute in einer entheiligten Welt. Natürlich haben Feste wie Ostern und Yom Kippur für Gläubige noch eine religiöse Bedeutung, dasselbe gilt für Orte wie Lourdes oder Mekka, für bestimmte Tiere und Pflanzen, etwa das Rind und den Bo-Baum in Indien. Im wissenschaftlichen Weltbild gibt es jedoch keinerlei Rückhalt für solche Vorstellungen von Heiligkeit. Sie sind einfach Relikte einer längst vergangenen Zeit.

Nach der gängigen modernen Auffassung konnten unsere Ahnen und die primitiven Völker der ganzen Welt die Natur deshalb nicht so sehen, wie sie ist – als unbelebtes, auf kein Ziel hin ausgerichtetes physikalisches System –, weil sie ihre Hoffnungen, Ängste und Phantasien auf sie projizierten. In ihrer Beschränktheit übertrugen sie die Eigenschaften von Lebewesen auf unbelebte Dinge; sie erfüllten ihre Welt mit Gottheiten, Geistern, Seelen und außermenschlichen Kräften; und aufgrund ihres animistischen und abergläubischen Denkens schrieben sie bestimmten Orten und Zeiten eine mystische Bedeutung zu. Das wiederum wurde von Schamanen, Priestern und Zauberern ausgenutzt und gefördert, denn je unwissender und abergläubischer die anderen waren, desto sicherer konnten sie ihrer Machtstellung sein. Doch dank der wissenschaftlichen Fortschritte und der wachsenden rationalen Durchdringung der Natur wissen wir heute, daß die Natur nicht durch Zaubersprüche und Rituale zu beeinflussen ist. Sie wird vielmehr von unpersönlichen Gesetzen beherrscht, die überall und jederzeit in gleicher Weise wirksam sind. Manches mag auch rein zufällig geschehen, doch solche unberechenbaren Dinge haben nichts mit Geistern oder mit göttlicher Intervention zu tun. Wir können die Natur nicht durch Zauberei oder mystische Kräfte beherrschen, und wir dürfen nicht auf Wunder hoffen. Wir können sie aber durch Wissenschaft und Technik immer mehr unter Kontrolle bringen.

Diese wohlvertrauten Anschauungen, die Glaubenssätze des profanen Humanismus, hängen eng mit der mechanistischen Naturtheorie zusammen, die das naturwissenschaftliche Denken seit dem 17. Jahrhundert beherrscht. Die allmähliche Aushöhlung der Heiligkeit der Natur begann jedoch früher; sie hatte im nördlichen Europa seit der Reformation rasche Fortschritte gemacht. Diese religiöse Revolution bereitete nicht nur der modernen Naturwissenschaft den Weg, sondern bildete auch ein günstiges Umfeld für die Entwicklung von Technik und Wirtschaft.[23] An die Stelle des religiösen und symbolischen Wertes, den man bestimmten Orten, Pflanzen oder Tieren früher beigemessen hatte, trat nun der reine Geldwert. Wir sehen diesen Widerstreit der Einstellungen auch heute noch überall da, wo Eingeborene sich – meist erfolglos – darum bemühen, an ihren heiligen Orten den Abbau von Bodenschätzen und sonstige Erschließungsmaßnahmen zu verhindern. Aber wir erleben ihn auch vor der eigenen Haustür, nämlich in den ständigen Auseinandersetzungen zwischen Umweltschützern und den Wachstumsaposteln.

Die Reformation bewirkte gleichsam eine Kontraktion des spirituellen Bereichs, einen Rückzug des Geistes aus dem Geschehen in der Natur. Der Geist zog sich ganz auf den Menschen zurück, und der Rest der Welt war nur mehr der Hintergrund, vor dem sich das menschliche Geistesdrama abspielte. Der säkularisierte Humanismus unserer Zeit hat den Glauben an ein Leben nach dem Tode natürlich ad acta gelegt, aber die meisten seiner Wesenszüge entstammen doch der protestantischen Tradition, vor allem deren Haltung gegenüber der Natur.

Trotz alledem bleibt in vielen von uns ein vages Bewußtsein von der Heiligkeit der Natur lebendig, eine unausgesprochene Wehmut. Und eben dieser aus allen Zusammenhängen gerissene Rest von Gefühl für die Heiligkeit der Natur ist es, der uns in Wald und Flur hinauszieht – in dem Bestreben, wieder einmal zu uns selbst zu finden. In traditionellen Gesellschaften gibt es einen kollektiven Sinn für heilige Orte und Zeiten und dazu einen mythischen Rahmen, der allen Dingen ihre Bedeutung verleiht. Das heutige säkularisierte Leben hat alle Überzeugungen dieser Art hinter sich gelassen, und da diese Gefühle nicht mehr in religiösen Formen zum Ausdruck kommen können, empfindet man sie ganz für sich allein. Sie haben keine Entsprechung in der unbelebten Welt der naturwissenschaftlichen Theorie und können daher nur «rein subjektiv» sein. Man mag sie «poetisch», «romantisch», «ästhetisch» oder «mystisch» nennen, aber sie haben allenfalls im Privatleben, nicht aber im Gemeinschaftsleben Platz.

Die Zerstörung des Heiligen

An heiligen Orten verschmelzen das Geistige und das Körperhafte zu einer einzigen Erfahrung. Heilige Orte sind Verbindungspforten zwischen Himmel und Erde oder zwischen der Erdoberfläche und der Unterwelt. Verschiedene Ebenen der Erfahrung kreuzen einander hier. Im alten Palästina, aber auch an vielen anderen Orten der Welt, markierten Megalithe, aufrecht stehende große Steine, diese Verbindungspforten. Einen solchen Stein verehrten die Juden in Beth-El, inmitten einer wüsten und verlassenen Gegend. Hier soll Jakob den Traum von der Himmelsleiter gehabt haben, auf der die Engel Gottes auf und nieder stiegen. Von oben her sprach Gott zu ihm und sagte: «Das Land, darauf du liegst,

will ich dir und deinem Samen geben» (1. Mose 28,13). Als Jakob
erwachte,

> fürchtete er sich und sprach: Wie heilig ist diese Stätte! Hier ist
> nichts anderes denn Gottes Haus, und hier ist die Pforte des
> Himmels. Und Jakob stand des Morgens früh auf und nahm
> den Stein, den er zu seinen Häupten gelegt hatte, und richtete
> ihn auf zu einem Mal und goß Öl obendrauf (1. Mose
> 28,17–18).

Wir können nicht wissen, ob dieser Ort aufgrund von Jakobs
Erfahrung heilig war oder ob Jakob dort seine Vision hatte, weil es
schon vorher ein besonderer Ort der Kraft gewesen war, oder ob
die ganze Geschichte als Erklärung dafür entstand, daß dieser
Platz schon seit unvordenklicher Zeit Ort der Anbetung und Op-
ferstätte gewesen war.

Als das Volk Israel in das Gelobte Land kam, lebten dort schon
die Kanaaniter und Philister und andere Völker. Bis dahin ein
wanderndes Hirten- und Kriegervolk, ließen sie sich jetzt nieder
und nahmen die Lebensweise der ackerbauenden Völker an; Feste
der schon länger dort lebenden Völker fanden Eingang in ihre
Religion, und so geschah es auch mit vielen der alten Orte der
Kraft wie etwa heiligen Brunnen (zum Beispiel bei Beer-Seba,
1. Mose 26, 23–25) und mit heiligen Eichen und Terebinthen.
Über viele Generationen verrichteten sie ihre Gebete und Opfe-
rungen auf den alten «Höhen» und in Hainen, die der Himmelskönigin geweiht waren. An diesen heiligen Stätten befanden sich
Steinsäulen, Altäre für Tieropfer und Baumstümpfe, die den Namen der alten Göttin trugen: Aschera.[24]

Was die Haltung gegenüber heiligen Orten und Zeiten und das
Töten von heiligen Opfertieren anging, war die Religion der Juden
denen mancher anderer Hirten- und Ackerbauvölker ähnlich. Es
gab jedoch auch Unterschiede, insbesondere das Beharren darauf,

daß der Gott der Juden der einzige sei, und das Verbot, sich Bildnisse zu machen und sie anzubeten. Gott sollte durch seine Schöpfung erkannt werden und nicht durch von Menschenhand geformte
Götzen. Diese Züge des jüdischen Glaubens übernahmen Christentum und Islam, und sie waren von weitreichendem historischem
Einfluß.

Ein Großteil der im Alten Testament aufgezeichneten Geschichte der Juden ist den Auseinandersetzungen mit den früheren Be-
wohnern Palästinas gewidmet. Die Propheten, die das Volk Israel
immer wieder an die Zeit seiner Wanderschaft erinnerten, verwarfen die Göttinnen und Götter der im Land ansässigen Völker und
wandten sich immer wieder gegen den Hang, deren religiöse Bräuche zu übernehmen. Dennoch fanden die Zeremonien und Opfe-
rungen noch jahrhundertelang an den alten «Höhen» und in den
heiligen Hainen statt; der Kult der heiligen Schlange und die Anbetung der Göttinnen blieben bestehen.

Als König David Jerusalem eroberte, wurde ihm geoffenbart,
an welcher Stelle auf einem bestimmten Hügel künftig ein Tempel
stehen sollte, und sein Sohn Salomon errichtete diesen Tempel.
Trotz all seiner Pracht war dieser Tempel anfangs nur eine von
vielen Stätten, an denen geopfert wurde. Dann aber entwickelte
sich die Vorstellung, daß Gott nur an einem Ort, eben dem Tempel, angebetet werden sollte. Die Könige von Jerusalem unternah-
men etliche Versuche, alle anderen Anbetungsstätten zu beseiti-
gen, den Jahwe-Kult zu reinigen und die Stadt zum religiösen
Zentrum zu machen. Eine Entweihungswelle fand unter König
Hiskia statt; er zerstörte die «Höhen» (die hohen Stätten) und die
Säulen und das Aschera-Bild, er «zerstieß die eherne Schlange, die
Mose gemacht hatte, denn bis zu der Zeit hatten ihr die Kinder
Israel geräuchert» (1. Könige 18,4).

Dennoch hielten sich die alten Bräuche, und etwa achtzig Jahre
später, um das Jahr 622 v. Chr., ergriff König Josia noch drasti-
schere Maßnahmen. Er entweihte die heiligen Stätten auf den Hö-

hen, erschlug die Priester auf ihren Altären, ließ die heiligen Haine abbrennen und die heiligen Steine, darunter auch den von Beth-El, zu Staub machen. Auch die Höhen vor Jerusalem, die von Salomon für die Göttin Asthoreth und andere Gottheiten eingerichtet worden waren, verunreinigte er (2. Könige 23). Doch kaum eine Generation später wurde Jerusalem selbst erobert und zerstört, der Tempel entweiht, und für die Kinder Israel begann die Babylonische Gefangenschaft (2. Könige 25).

Reisende, die im vorigen Jahrhundert das Heilige Land besuchten, schilderten häufig heilige Stätten auf den Höhen, kleine, überkuppelte Gebäude oder weißgetünchte Steine, häufig in Eichen- oder Terebinthenhainen. Die muslimische Landbevölkerung der Gegend verehrte sie als Orte, an denen Heilige sich aufgehalten hatten oder begraben lagen. So hatten also die Höhen und die Heiligen Haine, gegen die Könige und Propheten bereits vor Jahrtausenden gewettert und gewütet hatten, bis in die Neuzeit hinein ihre religiöse Bedeutung behalten.[25]

Die vorchristlichen Religionen Europas waren wie die vorjüdischen Religionen Palästinas polytheistisch. Es gab jahreszeitliche Feiern und Zeremonien und unzählige heilige Stätten wie Bäume, Brunnen, Haine, Felsen, aufrechte Steine, Berge und Flüsse. In der Zeit der Christianisierung Europas wurden viele heilige Stätten und viele der alten Festbräuche einfach dadurch bewahrt, daß man ihnen einen christlichen Anstrich gab (siehe Abb. 2). Dieses Einbeziehen archaischer religiöser Elemente ins Christentum ist in römisch-katholischen und orthodoxen Ländern noch deutlich zu sehen. Denken wir nur an die heiligen Brunnen und Quellen in Irland oder den heiligen Berg Croagh Patrick, einen bedeutenden Wallfahrtsort.

In manchen Fällen wurde das Christentum als Weiterentwicklung oder gar Höhepunkt der alten Religion betrachtet. In den keltischen Kirchen Irlands und Britanniens beispielsweise scheint es vielen der frühen Heiligen in bemerkenswerter Weise gelungen zu sein, einen Ausgleich zwischen der druidischen Vergangenheit und der neuen Religion zu schaffen. Zu den alten heiligen Stätten kamen neue hinzu, die diesen Heiligen geweiht waren: Orte, an denen sie ihre Visionen empfangen hatten, an denen sie lebten und starben und an denen ihre Reliquien aufbewahrt wurden.[26] In an-

Abbildung 2   Ein christianisierter Megalith in der Bretagne.
Der Menhir von Champ-Dolent bei Dol, Ille-et-Vilaine (Nodier und Taylor).

deren Fällen war die Assimilation der alten Religion gezielte päpstliche Politik. Hier einige Anweisungen, die Gregor der Große gegen Ende des 6. Jahrhunderts zur Evangelisierung der Engländer an den heiligen Augustinus von Canterbury sandte:

Da die Engländer es gewohnt sind, viele Ochsen als Teufelsopfer zu schlachten, muß ihnen statt dessen irgend etwas Feierliches geboten werden. An den Festtagen oder Geburtstagen jener heiligen Märtyrer, deren Reliquien dort liegen, nahe bei den Kirchen, die einst Heidentempel waren, mögen sie sich Hütten aus Baumzweigen errichten und ein religiöses Festmahl halten. Anstatt dem Teufel Tiere zu opfern, sollen sie Vieh schlachten und, indem sie es verzehren, Gott preisen.[27]

Nicht zu bezweifeln ist, daß mit der Verbreitung des Marienkults die Assimilation verschiedener Elemente einer vorchristlichen Göttinnenverehrung einherging.[28] Das Konzil, das sie im 5. Jahrhundert zur Mutter Gottes erklärte, fand sogar – nur wenige Jahrzehnte nach der Unterdrückung des Artemis-Kultes – in Ephesus, einem antiken Zentrum der Göttinnenverehrung, statt. Der Titel «Himmelskönigin» ging von Astarte-Ashtoreth auf Maria über, und das Symbol dieses Aspekts ist ihr blauer, sternenübersäter Mantel. Wie Artemis ist sie dem Mond zugeordnet und wird auch häufig auf einer Mondsichel stehend dargestellt. Sie war der Stern des Meeres, und ihre Heiligtümer säumen die Küsten des Mittelmeers. Als jungfräuliche Mutter Gottes steht sie in der alten Tradition der Urmutter. Sie nahm auch Züge der Erdmutter an, nicht zuletzt aufgrund ihrer heiligen Stätten in Höhlen, Grotten und Grüften und als Beschützerin vieler heiliger Brunnen. Und wie die Große Mutter, die das Leben gibt und wieder zurücknimmt, ist sie im Tode gegenwärtig. Die Bitte um ihren Beistand für diesen Übergang bildet die letzte Zeile des *Ave Maria*: «Heilige Maria, Mutter Gottes, bitte für uns Sünder, jetzt und in der Stunde unseres Todes.»

Die protestantischen Reformatoren wandten sich gegen die Korruptheit und die Mißstände in der römischen Kirche und strebten nach einer geläuterten Form des Christentums. Persönlicher Glaube und persönliche Reue, nur darauf kam es an. Rituelle Observanzen, Jahreszeitenfeste, Wallfahrten, der Kult der Heiligen Mutter, Marienkult, Heiligenkult, Engelkult – all das wurde als heidnischer Aberglaube angeprangert. Johann Calvin bemerkte mit Recht: «Nonnen traten an die Stelle der Vestalinnen, die Kirche Aller Heiligen trat die Nachfolge des Pantheon an, und gegen die alten Zeremonien wurden neue gesetzt, die jenen gar nicht so unähnlich waren.»[29] Die Reformatoren, von der humanistischen Hochachtung für Gelehrsamkeit und der Treue gegenüber den alten Quellen durchdrungen, erkannten die Bibel als einzige Autorität an und wiesen viele der späteren Lehren und Traditionen der Kirche zurück.[30] Offenbar fanden sie in der Bibel keine Rechtfertigung für Praktiken und Bräuche, die sich seit deren Niederschrift entwickelt hatten. Die Macht des Papsttums, die Lehre vom Purgatorium, der Marien- und Heiligenkult, die Bilder, die Verehrung der heiligen Stätten Europas – sie verwarfen all das als heidnisch und entfesselten damit eine Zerstörungswut ohnegleichen.

Die Bildnisse der Heiligen Mutter und der Engel und Heiligen wurden zerbrochen und verbrannt, die farbigen Glasfenster eingeworfen, heilige Brunnen und Wegschreine geschändet, die Gräber der Heiligen aufgebrochen und ihre Reliquien verstreut; Wallfahrten wurden unterbunden, viele alte Rituale und Zeremonien abgeschafft, Klöster und Konvente geplündert und geschleift. Vielfach waren hier blinde Eiferer am Werk, und im Jahre 1525 sah Luther sich gezwungen, diese Bilderstürmer zur Mäßigung aufzurufen. Er sagte, mit der Zerstörung der Bilder sei nur die Abschaffung aller *inneren* Bilder, aller Vorstellungen, gemeint gewesen; der Geist dieses äußeren Bildersturms jedoch habe etwas Todbringendes und werde auch nicht vor Menschen haltmachen.

In anderen Fällen war der Bildersturm Bestandteil einer systematischen politischen Strategie. In England lösten die Beauftragten Heinrichs des Achten zwischen 1536 und 1540 die Klöster auf, zogen deren Vermögen und Ländereien ein und vertrieben die Mönche und Nonnen. Sie lenkten ihr Augenmerk auch auf die großen Schreine, etwa die von St. Thomas in Canterbury und von St. Hugh in Lincoln. Die Vollmacht für die Aktion in Lincoln verrät die doppelte Absicht sehr deutlich. Zunächst ist die Rede davon, «unsere lieben Untertanen zur rechten Erkenntnis der Wahrheit zu bringen und dafür zu sorgen, daß Götzendienst und Aberglaube keine Chance mehr erhalten»; doch zugleich war dafür zu sorgen, «daß besagte Reliquien, Juwelen und Geschirr sicher und gewißlich in unseren Tower von London verbracht werden».[31]

Die Protestanten wollten eine unumkehrbare Änderung der Grundhaltung herbeiführen und wüteten insbesondere gegen den traditionellen Glauben, daß die Natur von einer spirituellen Kraft durchdrungen sei, die sich besonders an heiligen Stätten und in spirituell aufgeladenen Gegenständen verdichtet. Sie wollten die Religion reinigen, und zu dieser Reinigung gehörte die Entzauberung der Welt.[32] Alle Spuren von Zauberei, Heiligkeit und spiritueller Kraft waren aus der Natur zu tilgen; das Reich des Geistes sollte fortan auf den Menschen beschränkt sein. Selbst den Ingredienzen der Sakramente wurde nun ihre spirituelle Kraft abgesprochen. Der Glaube an die wahrhaftige Gegenwart Christi im Brot und im Wein, so sagten die Reformatoren, sei nichts anderes als der Glaube an die wirkliche Präsenz der Heiligen in ihren geweihten Bildnissen oder der Glaube an die Kraft von Weihwasser, Heiligenreliquien und heiligem Grund. All das sei nichts als Aberglaube und Idolatrie.[33]

Die Welt der Materie stand für die Reformatoren unter der Herrschaft von Gottes Gesetzen und war außerstande, auf Zeremonien, Anrufungen und Rituale zu reagieren. Sie war gegenüber dem Geist neutral oder indifferent und kam auch selbst nicht als

Träger spiritueller Kräfte in Betracht – jeder andere Glaube war Idolatrie, nämlich die Übertragung von Gottes Herrlichkeit auf seine Schöpfung. Niemand sollte mit religiösen Mitteln in die Abläufe der Natur einzugreifen versuchen; sie sollte vielmehr als von Gott so gewollt hingenommen werden. Nach Calvins Anschauung, die großen Einfluß gewinnen sollte, hat Gott vom Uranfang an alle Ereignisse vorherbestimmt. Natürlich besaß er selbst die Freiheit, das Geschehen im Bereich der Materie zu beeinflussen und Wunder zu wirken, um mit den Menschen zu kommunizieren. Er hatte es in der Zeit des Frühchristentums getan, um das Evangelium unter den Heiden zu verbreiten, doch diese Zeiten waren vorbei, und so kam es normalerweise nicht mehr zu Einbrüchen des Göttlichen oder Spirituellen in die Sphäre der Materie.[34]

So ebnete die Reformation den Weg für die mechanistische Revolution der Naturwissenschaft im darauffolgenden Jahrhundert. Die Natur war schon entzaubert und die materielle Welt vom Leben des Geistes geschieden. Die Vorstellung, daß das Universum nichts als eine große Maschine sei, paßte ebensogut zu dieser Art von Theologie wie die Einengung des Seelenbereichs auf die kleine Region des menschlichen Gehirns. Jetzt konnte man die Domäne der Wissenschaft und die der Religion säuberlich voneinander trennen: Die Naturwissenschaft hatte die Gesamtheit der Natur, einschließlich des menschlichen Körpers, als Herrschaftsbereich und die Religion die moralischen und spirituellen Aspekte der menschlichen Seele.

König Hiskia und König Josia mögen den Protestanten Vorbild gewesen sein für ihre Entheiligung der Welt, doch hatten sie gänzlich andere Ziele verfolgt. Sie versuchten nicht den Glauben zu zerstören, daß Zeiten und Orte heilig sein können, und sie leugneten nicht die Bedeutung von Opfern und Festen; sie bemühten sich um eine Zentralisierung der jüdischen Religion in der Stadt. Sie wollten die Heiligkeit Jerusalems und vor allem des Tempels mehren. Auch die Entweihung alter heiliger Stätten durch katholische

Missionare war kein Angriff auf die Heiligkeit der Erde; sie wollten einfach nur, daß die alten heidnischen Stätten christlich würden.

Den protestantischen Bilderstürmern ging es jedoch nicht um die Umwandlung alter heiliger Stätten in neue, sondern um die Abschaffung *aller* heiligen Stätten. Im günstigsten Fall galt ihnen jeder Ort als heilig, im ungünstigsten keiner – und letztere Anschauung überwog. Natürlich wurde die Welt nicht allein durch protestantische Eiferer entheiligt, doch die Reformation setzte Kräfte frei, die diesen Prozeß seither stetig beschleunigt haben.

Der Aufstieg Mammons

Manche der protestantischen Bilderstürmer erkannten, daß die Zerstörung äußerer Götzen nicht ausreichte, denn im Innern würden immer wieder neue entstehen. Calvin betrachtete das als einen Grunddefekt des menschlichen Geistes: «Wahrlich, wie die Wasser in großen, vollen Quellen heraufbrodeln, so strömt eine ungeheure Menge von Göttern aus dem menschlichen Geist hervor.»[35] Der Kampf gegen die Götzen war durch Zerstörung der Bilder allein nicht zu gewinnen.

Der mächtigste Götze in der entheiligten Welt war Mammon. Im Neuen Testament trat er als die Personifikation des Reichtums auf, und im Mittelalter war er zum Dämon der materiellen Gier geworden. Der größte aller puritanischen Dichter, John Milton, stellt ihn als gefallenen Engel dar:

Mammon, am wenigsten von allen Geistern
Empor gerichtet, er, der schon im Himmel
Die Blicke und Gedanken niederwärts
Beständig beugte, da er mehr des Himmels
Mit Gold belegten Flur bewunderte,

Als daß ihn irgend etwas Göttliches
Und Heiliges in seliger Schau erbaute.
Durch ihn zuerst und seinem Rate folgend,
Machten's die Menschen auch, sie wühlten plündernd
Das Innere ihrer Mutter Erde auf,
Mit Frevlerhänden ihren Eingeweiden
Schätze, die besser dort geruht, entreißend.
Flugs hatte eine Rotte in dem Berg
Eine geräumige Wunde aufgetan
Und ganze Rippen Goldes ausgebrochen.[36]

Weitaus älter als das christliche Bild von Mammon ist die sumerisch-baylonische Göttin Mammetun, die Mutter des Schicksals. Ihr Name könnte dieselbe etymologische Wurzel haben wie unsere Wörter Mama und Mutter sowie die wissenschaftlichen Fachausdrücke Mamma (Brustdrüse) und Mammalia (Säugetiere). Vielleicht ist Mammon die maskuline Form des Namens einer archaischen Göttin, deren üppige Brüste Fülle verhießen.[37] Die Aneignung ihrer Gaben durch Männer war diabolisch, und so wurde Mammon ein männlicher Dämon.

In Indien glaubt man heute noch, daß Reichtum von der Göttin Lakshmi kommt, die häufig mit zwei unerschöpflichen Vasen der Fülle abgebildet wird, aus denen sich Ströme von Goldmünzen ergießen Im antiken Rom wurden Münzen im Tempel der Juno Moneta geprägt, der Großen Mutter in ihrem Aspekt als Ratgeberin. Von ihrem Namen ist nicht nur unser salopper Ausdruck «Moneten» abgeleitet, sondern zum Beispiel auch das englische *money*.

Geld hat viele metaphorische Aspekte. Goldmünzen waren wie kleine Abbilder der Sonne. Das heutige Geld ist jedoch noch lebendiger, erfüllt von einem geradezu pneumatischen Geist, der sich sogar aufblähen kann – so jedenfalls die wörtliche Bedeutung von «Inflation». Geld ist auch «in Umlauf», und dieser Umlauf ist das, was die Wirtschaft mit Leben erfüllt – Geld zirkuliert wie Blut. Hat man Geld, ist man «flüssig» – oder «liquide», um es seriöser auszudrücken. Wie die milchspendende Brust oder der Euter funktioniert die Wirtschaft nach dem Prinzip von Angebot und Nachfrage, und wie eine Frau hat sie ihre Zyklen. Geld ist eine Schöpfung des Menschen, und eine Schöpfung des Menschen ist auch die Wirtschaft, die das Geld hervorbringt – doch diese Schöpfungen des Menschen haben sich verselbständigt. Die wirtschaftlichen Kräfte beherrschen unser Leben heute mehr als die der Natur, und Geld – Mammon – regiert die Welt.

Das Ende des Heiligen

Der rationalistische Geist, in dem die Reformatoren die traditionelle Religion angriffen, machte natürlich vor ihren eigenen Überzeugungen halt. Diese beruhten auf dem Glauben und auf der Autorität der Heiligen Schrift. Doch Skeptizismus und Bilderstürmerei, einmal entfesselt, sind nicht mehr aufzuhalten. Der weltliche Humanismus führt die Reformation konsequent zu Ende und wendet die protestantische Kritik auf den protestantischen Glauben selbst an. Bei dieser zweiten Revolution wird nun auch der Glaube an die Worte der Bibel Idolatrie: Wo ist die Rechtfertigung ihrer Autorität? Und was den Gott der Bibel angeht – weshalb soll nicht auch er, wie alle anderen Götter, eine Ausgeburt des menschlichen Geistes sein? Wer seine Religion auf eine Ablehnung des blinden Glaubens anderer gründet, ist damit noch nicht unbedingt gut gerüstet, seinen eigenen blinden Glauben zu verteidigen.

Nach der zu Ende geführten Reformation, nach dem Protest gegen den Protestantismus also, bleibt der Mensch als Ursprung aller Göttinnen und Götter zurück – als Herr der entheiligten Natur, das einzige bewußte, rationale Wesen in einer unbelebten Welt. Für den weltlichen Humanisten ist nichts heilig außer dem menschlichen Leben. Der Humanismus kann sogar leicht selbst wieder eine Religion werden, die den Menschen und seine wunderbaren Werke verherrlicht. Doch der Geist der Verneinung ist stets zur Stelle: Weshalb soll denn der Mensch heilig sein? Er ist nur eine der vielen von den blinden Kräften der Evolution zusammengewürfelten Spezies und zweifellos wie die Saurier zum Aussterben verurteilt. Und am Ende ist gar nichts mehr heilig.

Das aber hat verheerende Folgen. Die Entheiligung der Welt offenbart jetzt, sogar für die Humanisten, ihre entsetzliche Destruktivität. Wir müssen uns ein Gefühl für das Heilige zurückerobern. Hier ein Zeichen der Zeit, ein Bericht, der am 1. Februar 1990 unter der Überschrift «Globaler Wandel» in der Zeitschrift *Nature* erschien:

Der Astronom Carl Sagan und 22 weitere bekannte Forscher wählten sich Moskau als die nicht gerade naheliegende Kanzel für einen Appell an die religiösen Führer der Welt, sich zum Schutz der globalen Umwelt mit den Naturwissenschaftlern zu verbünden. Dieser Appell erging anläßlich einer kürzlich abgehaltenen Konferenz über Umwelt und ökonomische Entwicklung, an der über tausend religiöse, politische und naturwissenschaftliche Führungspersönlichkeiten aus 38 Ländern teilgenommen hatten.

Sagan – Ironie der Geschichte? – reiste in die offiziell atheistische Sowjetunion, um zu verkünden, daß die Probleme des globalen Wandels «nicht nur eine wissenschaftliche, sondern auch eine religiöse Dimension» haben. Und was noch erstaunlicher ist, die Sponsoren der Konferenz waren die sowjetische Akademie der Wissenschaften und die russisch-orthodoxe Kirche.

In dem Appell heißt es, daß «die Bemühungen um Schutz und Pflege der Umwelt von einer Vision des Heiligen durchdrungen sein müssen». Unter denen, die sich hinter diesen Appell stellten, waren der Physiker Hans Bethge, der Biologe Stephen Jay Gould und der frühere MIT-Präsident Jerome Weisner.

Der Appell wurde auf der ganzen Welt gehört. Neben anderen Beiträgen von der fünftägigen Konferenz wurde er im Rahmen der ersten Sendung, für die die Kommunikationssysteme in Ost und West gemeinsam Satellitenzeit zur Verfügung stellten, weltweit übertragen... und erreichte zwei Milliarden Menschen in 129 Ländern. Einige Zeit nach diesem Appell schlossen sich über hundert religiöse Oberhäupter zusammen und lobten den Appell der Wissenschaftler als «einen noch nie dagewesenen Augenblick und eine einmalige Chance in der Geschichte der Beziehung zwischen Naturwissenschaft und Religion».[38]

2. Die Unterwerfung der Natur und die Priester der Wissenschaft

Als Gott die ersten Menschen erschaffen hatte, segnete er sie und sprach: «Seid fruchtbar und mehret euch und füllet die Erde und machet sie euch untertan und herrschet über die Fische im Meer und über die Vögel unter dem Himmel und über alles Getier, das auf Erden kriecht.» Man hört häufig, diese und andere Bibelstellen seien Ursache der Umweltzerstörung durch die moderne industrielle Zivilisation.[1] Doch das ist eine zu simple Sicht der Dinge, in Wirklichkeit liegt das Problem viel tiefer.

Die alten Griechen zum Beispiel hatten ein Naturbild, das eher noch anthropozentrischer war als das der Juden. Aristoteles etwa vertrat in seinem Werk *Politik* die Auffassung,

daß die Pflanzen um der Tiere und die Tiere um der Menschen willen da sind, die zahmen sowohl zum Gebrauch als auch zur Nahrung und von den wilden, wo nicht alle, so doch die meisten zur Nahrung und zum sonstigen Lebensbedarf, um Kleidung und Gerätschaften von ihnen zu gewinnen. Denn wenn die Natur nichts zwecklos und vergebens tut, so ist hiernach notwendig anzunehmen, daß sie selber dies alles der Menschen wegen gemacht hat. Hiernach gehört denn auch die Kriegskunst von Natur in gewisser Weise mit zur Erwerbskunst, wie denn von ersterer die Jagdkunst nur ein Teil ist. Man muß nämlich die Kriegskunst anwenden sowohl gegen die wilden Tiere als auch gegen diejenigen Menschen, welche durch die Natur zum Regiertwerden bestimmt sind und dies doch nicht wollen, so daß diese Art von Krieg von Natur gerecht ist.[2]

Krieg und Jagd werden auf eine Stufe gestellt, und damit ist jegliche Aneignung von Besitz, einschließlich Sklaven, gerechtfertigt. Hier zeigt sich, wie unmerklich der Übergang von der Beherrschung der Natur zur Herrschaft über Menschen vor sich gehen kann.

Steinzeitliche Gesellschaften von Sammlern und Jägern scheinen in größerer Harmonie mit der Natur gelebt zu haben als Ackerbauvölker und städtische Zivilisationen, doch auch sie haben ihre Umwelt offenbar in erheblichem Maße verändert. Es könnte zum Beispiel sein, daß der *Homo erectus* in Südostasien ganze Primatenarten bis zum Aussterben gejagt und die Lebensräume und Lebensbedingungen etwa des Orang-Utan und des Pandabären bleibend verändert hat.[3] Menschen waren vielleicht auch dafür verantwortlich, daß in Europa und Amerika vor etwa 10 000 Jahren viele Säugetierarten durch Überjagen oder durch Zerstörung ihres Lebensraums ausstarben, zum Beispiel der Riesenarmadillo in Südamerika, das Mammut in Nordeuropa und das Zwergflußpferd auf Zypern.[4] Etliche der großen ökologischen Veränderungen in prähistorischer Zeit scheinen auf menschliche Aktivitäten zurückzuführen zu sein, etwa auf das Abbrennen weiter Wald- und Wiesenflächen. Auch das Vordringen der Wüsten könnte durch den prähistorischen Menschen begünstigt worden sein.

Der Drang, die Umwelt umzugestalten, der Natur erkennbar menschliche Formen aufzuprägen, scheint im Menschen ebenso angelegt zu sein wie die Sprache oder der Gebrauch von Werkzeugen und die Nutzung des Feuers. Bedenken wir aber auch, daß *alle* lebendigen Organismen die Umwelt irgendwie beeinflussen: Von den Pflanzen hängt der Sauerstoffgehalt der Atmosphäre ab, Wälder sind ein wichtiger Faktor für das Klima, Tiere wetteifern um das Nahrungsangebot, und manche Arten können dramatische ökologische Veränderungen bewirken, etwa die Biber mit ihren Dämmen oder Heuschreckenschwärme, die ganze Landstriche kahlfressen.

Die beiden Grundimpulse – die Beherrschung der Natur und das Streben nach Einheit mit der Natur – treten in den verschiedenen Kulturen in unterschiedlichen Gewichtungen auf. Betrachten wir jedoch die Geschichte der Menschheit insgesamt, so überwiegt alles in allem – seit der Bändigung des Feuers, seit zum erstenmal Werkzeuge verfertigt, Metalle verwendet, Tiere und Pflanzen domestiziert und Städte erbaut wurden – der Zug zur Herrschaft über die Natur. Was unsere Zeit von allen bisherigen Epochen unterscheidet, ist nicht das Gefühl unserer Einzigartigkeit oder die Tatsache, *daß* wir Gewalt über die Natur haben, sondern das noch nie dagewesene Ausmaß menschlicher Macht. Mythologische, theologische und philosophische Rechtfertigungsgründe für die Macht des Menschen über die Natur findet man überall, sie sind keineswegs kennzeichnend für die moderne Zivilisation oder die jüdisch-christliche Tradition. Auch die anthropozentrische Sicht der Beziehung des Menschen zur Natur finden wir überall. Und selbst die heroische Metaphorik der Naturunterwerfung, die für die moderne Fortschrittsideologie so wichtig ist, hat antike Vorläufer. Der archetypische Heros, der die wilde Natur bezwingt, erscheint im babylonischen Mythos von Marduk, der über Tiamat, das Ungeheuer der Tiefe, triumphiert; der ägyptische Gott Horus besiegt typhonische Wesen in Gestalt von Nilpferden, Perseus die Medusa, Apollo den Python und der heilige Georg den Drachen.

Die ungeheure technische Macht, die uns in neuerer Zeit zugewachsen ist, kann also nicht einfach auf den spezifisch jüdisch-christlichen Glauben an das Recht des Menschen auf Unterwerfung der Natur und Herrschaft über andere Lebewesen zurückgeführt werden. Übrigens haben ja die Juden keineswegs die technisch am höchsten entwickelte Zivilisation der Antike geschaffen und sich auch nicht durch einen besonders großen Hang zur Naturbeherrschung gegenüber anderen Völkern ausgezeichnet. Auf diesen Gebieten waren vielmehr die Ägypter, Sumerer, Babylonier, Perser, Griechen und Römer führend. Auch christliche Kulturen glänzen durchaus nicht immer mit technischen Errungenschaften. Äthiopien, das schon Jahrhunderte vor Europa christlich wurde, war nie der technische und naturwissenschaftliche Stern Afrikas. Byzanz und die mittelalterliche Zivilisation Europas besaßen bei all ihren künstlerischen und technischen Leistungen kaum mehr Macht über die Natur als zur gleichen Zeit die Zivilisationen Indiens und Chinas mit ihrer ganz anderen religiösen und philosophischen Ausrichtung.

Die enorme Beschleunigung der technologischen Naturbeherrschung in Europa basiert auf der naturwissenschaftlichen Revolution des 17. Jahrhunderts, und diese wiederum wurzelte in Renaissance und Reformation. Den ganzen Unterschied machte der schrankenlos gewachsene Ehrgeiz, die Natur «in den Griff» zu bekommen und zu beherrschen, eine Natur, die keinen eigenen Wert und kein eigenes Leben mehr besaß. Und die neuen wissenschaftlichen Methoden vermittelten dem Menschen Erkenntnis und Macht, wie er sie nie zuvor besessen hatte.

Eng mit dieser Entwicklung verknüpft war die Eroberung Amerikas durch die Europäer. Gold und sagenhafte Reichtümer schienen dort nur darauf zu warten, daß jemand sie in Besitz nahm. Die Ureinwohner wurden niedergemacht oder ausgeraubt und versklavt, sofern sie nicht eingeschleppten Krankheiten zum Opfer fielen. Ihre heiligen Stätten wurden entweiht, ihre spirituelle Verbundenheit mit dem Land einfach als der Aberglaube von Wilden abgetan. In welchem Geist all das geschah, sagt Hernando Cortez selbst in unmißverständlichen Worten. In einem Brief an den spanischen König schrieb er, seine Mitkämpfer in Mexiko seien «nicht sehr erbaut über die [von Spanien diktierten] neuen Richtlinien, namentlich jene, die ihnen auferlegen, hier seßhaft zu werden;

denn alle, oder doch die meisten, haben vor, mit diesen Ländern so zu verfahren, wie es mit den zuerst besetzten Inseln geschah, nämlich sie auszubeuten, zu zerstören und dann zu verlassen».[5]

Für den Erfolg der Europäer bei der Eroberung Amerikas waren nicht nur Mut und Gier und religiöser Hochmut verantwortlich, sondern auch die Technik, die sie mitbrachten, vor allem die Feuerwaffen. Die neue Vision von der Unterwerfung der Natur war eingebettet in die Geschichte dieser gewaltsamen Ausweitung des europäischen Herrschaftsbereichs auf Amerika und schließlich den größten Teil der Welt.

Träume von Macht: Der faustische Pakt

Ganz besonders verblüffend an der naturwissenschaftlichen Revolution ist, wie sie sich in einem eigentlich extrem unwissenschaftlichen geistigen Klima von Alchimie, Magie, Mystik und Hexenwahn entwickelte.[6] Von Beginn des 16. Jahrhunderts an wuchs das Interesse an Magie und komplexen Systemen des Sympathiezaubers; die hermetische Tradition, durch die man die geheimen magischen Lehren des alten Ägypten repräsentiert glaubte, erlebte eine neue Blüte.[7] Inbegriff dieser Suche nach übermenschlicher Macht war die Gestalt des Doctor Faustus. Das erste Faustbuch erschien 1587 in Deutschland, genau hundert Jahre vor Newtons *Principia*. Faust, ein Zauberer, war also älter als die mechanistische Naturwissenschaft, doch er verkörpert eben jenes Streben nach grenzenloser Erkenntnis und Macht, das die mechanistische Revolution prägte und vorantrieb und bis heute den Geist der Naturwissenschaft bestimmt.

Der Fauststoff ist dutzendweise zu Schauspielen, Gedichten und erzählenden Werken verarbeitet worden, und das wechselnde Schicksal der Hauptfigur wurde zum Spiegel des sich wandelnden Zeitgeistes.[8] Zu Beginn des 19. Jahrhunderts war es nicht mehr möglich, Faust wegen seines grenzenlosen Wissens- und Machtdranges zu verdammen; diese Zeit in ihrer Fortschrittsgläubigkeit konnte an solch einem Streben nichts Verwerfliches mehr erkennen. In Goethes *Faust* finden wir daher den Vertrag mit dem Teufel entsprechend abgewandelt. Faust soll jetzt nicht mehr am Ende einer festgelegten Zeit zur Hölle fahren, sondern nur dann, wenn er von seiner rastlosen Suche abläßt, sich zufriedengibt und irgendwann zu einem Augenblick sagt: «Verweile doch, du bist so schön.» Eben das geschieht natürlich, aber als die Teufel ihn holen wollen, gibt es ein kurzes Handgemenge, er wird gerettet und erlebt eine wahrhaft barocke Himmelfahrt.

In Mary Shelleys 1818 erschienenem Roman *Frankenstein* begegnen wir Faust in einer Inkarnation, die in unsere heutige Zeit paßt. Auch Frankenstein ist von dem Verlangen nach gottähnlicher Macht getrieben. Er möchte Leben erzeugen. Doch die Strafe für seine Anmaßung wird nicht mehr vom Teufel vollzogen, und er kann auch nicht mehr von Engeln gerettet werden. Seine eigene Kreatur wird ihm zum Verhängnis. Der Geist Frankensteins lebt nicht nur in Horrorfilmen und in der Phantasie der Gentechniker weiter. Wir haben viele Ungeheuer geschaffen, die uns zum Verhängnis werden können, nicht zuletzt die Atomwaffen. Die Wasserstoffbombe dürfte von all dem, was Menschen erdacht und geschaffen haben, wohl das sein, was der Verwirklichung seines Traums von grenzenloser Macht am nächsten kommt. Sie ist ein Transmutationsinstrument, dessen sich die alte Alchimie gewiß nicht hätte schämen müssen, denn in ihr geschieht die Vermählung von Sonne und Erde. Der sonnengleiche Energieausstoß durch die Verschmelzung der Atome des leichtesten Elements, Wasserstoff, wird ausgelöst durch die Spaltung der Atome eines der schwersten Elemente, des nach dem Gott der Unterwelt benannten Plutoniums.

Der faustische und der frankensteinsche Aspekt des Unternehmens Naturwissenschaft ist immer noch unter der Oberfläche unseres Bewußtseins zu finden. Manchmal wird er auch explizit. In Großbritannien etwa war in den letzten Jahren von verschiedenen Ministern zu hören, Kernkraftwerke und Kernwaffen sollten nicht abgeschafft werden, weil sie nun mal zu einem «Teufelspakt» gehören, von dem wir nicht zurücktreten können. Vielleicht ist das so. Vielleicht ist wirklich dieser Teufelspakt das Fundament unseres wissenschaftlichen, technischen und industriellen Systems.

Francis Bacon und die Priester der Naturwissenschaft

Der größte Prophet der Naturunterwerfung war Francis Bacon. Er wollte «es unternehmen, die Macht und Herrschaft der Menschheit über das Universum zu errichten». Er wußte sehr wohl um die traditionellen Vorbehalte gegenüber maßlosem Ehrgeiz, um die weitverbreitete Angst vor Hexerei – und um Fausts Verdammnis. Er mußte irgendwie die Ängste und Schuldgefühle und den Ruch des Bösen bannen, die mit dem Verlangen nach grenzenloser Macht assoziiert waren.

Bacon war Jurist, und mit seinem Talent und seinem Ehrgeiz brachte er es bis zum Lord Chancellor, dem höchsten Amt des englischen Rechtssystems. Um seine Vision von der Beherrschung der Natur propagieren zu können, mußte er die Argumente derer widerlegen, die solche Ambitionen für satanisch hielten. Das war schwierig, und er mußte sein ganzes argumentatives Können ausspielen.

Er setzte die Beherrschung der Natur der in der Genesis geschilderten Benennung der Tiere durch Adam gleich (an der übrigens die Frau keinen Anteil hatte, da sie noch nicht erschaffen war). So gelang es ihm, glaubhaft zu machen, daß die technische Beherrschung der Natur nicht etwas Neues war, sondern nur die Rückgewinnung einer Macht, die Gott dem Menschen verliehen hatte. Zugleich traf er eine geniale Unterscheidung zwischen unschuldiger Naturerkenntnis, die jenseits von Gut und Böse ist, und moralischer Erkenntnis, in welcher der Mensch sich Gottes Geboten zu unterwerfen hat. Damit schuf er die uns heute so vertraute Dichotomie von Fakten und Wertvorstellungen:

> Nicht jene reine und unverdorbene Naturerkenntnis, vermöge derer Adam den Lebewesen Namen gab, jedem nach seiner Eigenart, gab den Anlaß zum Sündenfall. Gestalt und Art der Versuchung lag vielmehr in dem ehrgeizigen und hochmütigen Verlangen nach moralischer Erkenntnis des Guten und Bösen zu dem Ende, daß der Mensch sich wider Gott auflehne und sich selber Gesetze gebe.[9]

Glaubte Bacon wirklich an diesen Unterschied von «natürlicher Erkenntnis» und «moralischer Erkenntnis»? Oder war das nur der klug berechnete Schachzug eines Juristen? Wir wissen es nicht genau, aber er schien zuversichtlich, daß wir unsere Naturerkenntnis weise und gut gebrauchen würden: «Laßt erst die Menschheit jenes Recht über die Natur zurückgewinnen, das ihr durch göttliches Legat zusteht; seine Ausübung wird von wahrer Vernunft und Religiosität geleitet sein.»[10] In der Rückschau sehen wir, daß er sich irrte. Denken wir nur an die gegenwärtige Verwüstung der Amazonaswälder, die möglich wurde durch Technik und den Glauben an das Recht des Menschen, sich zum Herrn der Natur aufzuwerfen. «Wahre Vernunft und Religiosität» sind hier nicht zu erkennen. Und wenn es etwas gibt, womit dergleichen Verwüstungen überhaupt nichts zu tun haben, dann ist es doch gewiß die Ausübung jenes von Gott verliehenen Rechts, die Lebewesen zu benennen. Zahllose Arten werden unbenannt und unerkannt ausgerottet.

Bacon «entkräftete» außerdem die klassischen Mythen und interpretierte sie als Gleichnisse, die den Menschen aufforderten, sich ein ganz und gar rationales Naturverständnis zu erarbeiten.[11]

In seinem Werk *De Sapientia Veterum* betrachtete er zum Beispiel Proteus als Personifikation der Materie; seine Fähigkeit, die Gestalt zu ändern, repräsentierte die Fähigkeit der Materie, «sich selbst in die seltsamsten Gestaltungen zu verwandeln», wenn Kräfte auf sie einwirken. Pan war für Bacon «der universale Rahmen der Dinge, die Natur». Sein behaarter Körper entspreche den Strahlen, die von Gegenständen ausgesendet werden, und seine Funktion sei am besten anhand seiner Rolle als Gott der Jäger zu erkären:

> Denn alles natürliche Geschehen, jede Bewegung, jeder Vorgang in der Natur ist nichts anderes als eine Jagd. Die Künste und Wissenschaften jagen nach ihren Werken, menschliches Vorhaben jagt nach seinem Ziel, und alle Dinge in der Natur jagen entweder nach ihrer Nahrung – das ist wie das Jagen nach Beute – oder nach ihrer Lust – das ist wie das Jagen nach Stärkung und Erfrischung.

Der Schlüssel zu diesem neuen Zeitalter der Macht über die Natur war nach Bacon die organisierte Forschung. In seinem Werk *Neu-Atlantis* (Originalausgabe 1624) beschreibt er ein technokratisches Utopia, in dem eine wissenschaftliche Priesterschaft zum Wohl des gesamten Staates die Entscheidungsgewalt innehat und auch bestimmt, welche Naturgeheimnisse geheim bleiben sollen. Der «Tempel» dieser Priesterschaft, Salomons Haus genannt, das Urbild aller naturwissenschaftlichen Forschungsinstitute, beherbergt Laboratorien und künstliche Naturräume, in denen man die Natur nachahmen kann, um sie beherrschen zu lernen. Mit erstaunlichem Scharfblick sah Bacon voraus, zu was die Naturwissenschaft imstande sein würde. Zu Studienzwecken, sagte er, könne man künstliche Stürme erzeugen durch «Maschinen zur Verstärkung der Winde». Neue Formen des tierischen und pflanzlichen Lebens würde man erzeugen und existierende experimentell manipulieren.

Das Neue Atlantis verfügte über Parks und Gehege, in denen man Vögel und andere Tiere zu Experimentalzwecken hielt:

> Künstlich auch machen wir sie größer, als ihre Art ist, oder machen sie zwergwüchsig und halten ihr Wachstum an; wir machen sie fruchtbarer und nachkommenreicher, als ihre Art ist, oder unfruchtbar und fortpflanzungsunfähig. Wir lassen sie auch in Farbe, Gestalt, Verhalten und auf vielerlei Weise anders sein.

Natürlich werden auch Tiere für Vivisektion und medizinische Forschung gehalten. «Auch erproben wir Gifte und Arzneien an ihnen.»

Der Zweck all dieser Unternehmungen war «die Erkenntnis der Ursachen sowie der geheimen Bewegungen der Dinge; und die Ausweitung des menschlichen Herrschaftsbereichs bis hin zum Erwirken aller Dinge, die überhaupt möglich sind». Bacons Vision wirkte gut vierzig Jahre später als Inspiration für die Gründung der Royal Society of London und dann einer ganzen Reihe von wissenschaftlichen Akademien und Forschungsinstituten. Er wird mit Recht als der Begründer der modernen Naturwissenschaft betrachtet.

Unterwerfung der Natur – das ist eine Idee, die nicht nur selbst schon sexistische Anklänge hat, sondern sich auch in einer sehr verräterischen Metaphorik artikuliert.[12] Die Schriften Bacons geben uns dafür höchst sprechende Beispiele. In Ausdrücken, die sehr an die hochnotpeinlichen Hexenverhöre seiner Zeit erinnern, verkündete er, daß die Natur «sich unter den Versuchen und Eingriffen durch die Wissenschaft deutlicher zeigt, als wenn sie sich selbst überlassen bleibt».[13] Bei der Inquisition, der die Natur zur Ermittlung der Wahrheit zu unterziehen sei, müsse man in ihre geheimen «Höhlungen und Winkel» eindringen; man werde sie «sezieren», und durch mechanische Mittel und die Hand des Menschen könne man sie «ihrem natürlichen Zustand entreißen und sie pressen und formen» – und hierin liege «die Einswerdung von menschlicher Erkenntnis und menschlicher Macht». Der neuen Klasse von Naturphilosophen empfahl er, beim Verhör der Natur und bei ihrer Gestaltung nach dem Vorbild der Bergleute und Schmiede zu verfahren: «Der eine dringt forschend in ihre Eingeweide vor, der andere formt sie wie auf einem Amboß.»[14] Von der neuen Naturwissenschaft sprach er als einer «maskulinen Geburt», die eine «gesegnete Rasse von Helden und Übermenschen»[15] hervorbringen werde.

Viele der frühen Fellows der Royal Society folgten Bacon in diesem Gebrauch des Wortes «maskulin» für höhere und produktive Erkenntnis und sprachen wie er von der Unterwerfung und Beherrschung der Natur. Manche gingen sogar noch darüber hinaus. Robert Boyle etwa verurteilte «die Verehrung, die die Menschen gemeinhin für etwas hegen, das sie Natur nennen», denn dadurch werde «die Oberhoheit des Menschen über die niederen Wesen behindert und eingeschränkt». Seine Empfehlung: «Wir sollten das Wort Natur, das so aufgefaßt wird, als bezeichne es eine Göttin oder Halbgottheit, ganz zurückweisen oder doch nur sehr selten gebrauchen.»[16] Bis zum Ende des 17. Jahrhunderts hatte die Natur dann auch – zumindest für die Naturwissenschaft – ihre Weiblichkeit verloren; sie war jetzt einfach unbelebte Materie in Bewegung.

Vom kosmischen Organismus zur Weltmaschine

In den meisten Kulturen gehören die überlieferten Anschauungen über das Leben der Natur zu den selbstverständlichen Grundannahmen. Doch bei den alten Griechen geschah es erstmals in Europa, daß diese Selbstverständlichkeit erörtert und explizit formuliert wurde. Das von den griechischen Philosophen gezeichnete

Bild stellt die Natur als lebendigen Organismus dar, und diese Vorstellung prägte auch das Naturbild des Mittelalters. Wenn auch die Einzelheiten stets umstritten waren, war doch der Animismus von zentraler Bedeutung im griechischen Denken. Die großen Philosophen betrachteten die Welt der Natur als lebendig, weil sie in ständiger Bewegung war. Diese Bewegungen waren zudem regelmäßig, ließen eine Ordnung erkennen, und so galt die Natur nicht nur als lebendig, sondern auch als intelligent – ein ungeheuer großes Lebewesen, das eine Seele besaß und mit Geist begabt war. Jede Pflanze, jedes Tier hatte teil an der Seele und am Geist der Welt und an der stofflichen Organisation ihres Körpers.[17]

Im mittelalterlichen Europa verband sich die griechische Naturphilosophie mit römischer Technik, vorchristlichen Traditionen und dem Christentum zu einer staunenswerten Synthese, die ihre eindrucksvollste Manifestation in den gotischen Kathedralen fand. Häufig an uralten heiligen Stätten erbaut und zur aufgehenden Sonne hin ausgerichtet, standen sie eigentlich in einer Tradition des Tempelbaus, die bis in die Megalith-Zeit zurückreicht. Die hochaufstrebenden Säulen und Bögen erinnern an heilige Haine, und überall ist ein Sprießen wie von Blättern und Zweigen. Auf Schritt und Tritt begegnen wir Kobolden, Dämonen, Drachen und Tieren, und oben fliegen die Engel. Immer wieder stoßen wir auf die geheimnisvolle Gestalt des Grünen Mannes, ein von grünem Gerank umhülltes Haupt, manchmal ganz aus Blättern gemacht oder mit aus dem Mund hervorsprießenden Zweigen (Abb. 3).

Die orthodoxe Naturphilosophie, wie sie an den kirchlichen Lehreinrichtungen und Universitäten gelehrt wurde, war animistisch: Alle Lebewesen besaßen eine Seele. Die Seele war nicht im Körper, sondern dieser in der Seele und in allen seinen Teilen von

Abbildung 3 Ein Grüner Mann aus dem 13. Jahrhundert, Bamberger Dom (Anderson und Hicks).

ihr durchdrungen.[18] Ihre formative Kraft ließ den Embryo wachsen und sich entwickeln, so daß der Organismus die Gestalt seiner Spezies annahm. Eine Eichel wurde zum Keim und dann zur Eiche, weil sie von ihrer Seele, der Eichenseele, zu dieser reifen Form hingezogen wurde.[19]

Eine andere Art von Seele lag bei den Tieren der Sinneswahrnehmung, dem Verhalten und den Instinkten zugrunde, die animalische oder sensible Seele. Der Begriff «animalisch» ist abgeleitet von *anima*, dem lateinischen Wort für Seele. Bei der Seele des Menschen kam zu diesem instinkthaften noch der rationale Aspekt hinzu, der Verstand oder Intellekt. Dadurch wurden die Seelenaspekte, die der Mensch mit Tieren und Pflanzen gemein hat, um das Denken und die Willensfreiheit erweitert. Der Intellekt war aber nicht getrennt von der animalischen und vegetativen Seele, sondern mit diesen, meist unbewußten, Aspekten verbunden. Anders gesagt, die Seele umfaßte sowohl das Bewußtsein oder das geistige Wesen des Menschen als auch das Leben des Körpers, die Sinne, die körperlichen Aktivitäten und die animalischen Instinkte.[20]

Diese Lehre von der menschlichen Seele impliziert nicht nur die Verbundenheit von Mensch und Natur, sondern definiert auch die Unterschiede zwischen Pflanzen, Tieren und Menschen. Zugleich war der Mensch ein Mikrokosmos und der gesamte kosmische Organismus der Makrokosmos (Abb. 4). Auch in der menschlichen Gesellschaft wiederholte sich die hierarchische Ordnung des Universums, und es bestand ein Zusammenhang zwischen den Bewegungen und Konjunktionen der Planeten und dem menschlichen Leben oder auch dem Schicksal von Nationen. Unordnung am Himmel schlug sich nieder in Chaos auf der Erde, wie wir es etwa bei Shakespeare beschrieben finden:

> ... wenn die Planeten
> In schlimmer Mischung irren ohne Regel,

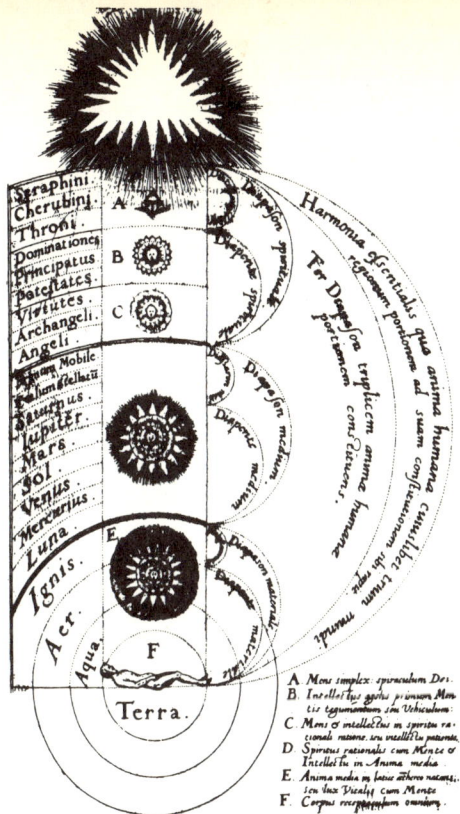

Abbildung 4 Die Beziehung der menschlichen Seele zu den Himmelssphären und Engelhierarchien, wie Robert Fludd (1574–1637) sie darstellte. Das Medium dieser Beziehung war der feinstoffliche Organismus, dessen Schichten oder Hüllen Fludd (in einer Weise, die an das hinduistische Chakra-System erinnert) folgendermaßen charakterisiert:

A. Reiner Geist: die Öffnung zu Gott.

B. Aktiver Intellekt: die erste Hülle oder das erste Fahrzeug des Geistes.

C. Rationaler Geist: Denkvermögen und Intellekt enthaltend und vernunftbegabt.

D. Die Mittlere Seele, die den Rationalen Geist, das Denkvermögen und den Intellekt umschließt.

E. Das Lebenslicht im Geist oder die Mittlere Seele, in ätherartiger Flüssigkeit schwimmend.

F. Der Körper, Gefäß von allem.

Welch Schrecknis! Welche Plag' und Meuterei!
Welch Stürmen auf der See! Wie bebt die Erde!
Wie rast der Wind! Furcht, Umsturz, Graun und Zwiespalt
Reißt nieder, wühlt, zerschmettert und entwurzelt
Die Eintracht und vermählte Ruh' der Staaten
Ganz aus den Fugen![21]

Die Kopernikanische Wende in der Astronomie zerstörte nicht etwa die uralte Idee vom kosmischen Organismus, sondern war im Gegenteil von ihr inspiriert. Kopernikus rückte die Sonne anstelle der Erde in den Mittelpunkt des Kosmos, weil dadurch die geometrische Ordnung des Planetensystems viel plausibler und harmonischer wurde. Außerdem empfand er eine geradezu mystische Verehrung für die Sonne:

Wer in unserem hochherrlichen Tempel könnte dieses Licht an eine andere oder bessere Stelle setzen als eben diese, von der aus es alle Welt zugleich erleuchten kann? Und nicht zu Unrecht nennen manche es das Licht der Welt, andere die Seele, wieder andere den Regenten.[22]

Auch für Kepler war die Mitte der einzig würdige Ort für die Sonne, die er den Ersten Beweger nannte. Die Sonne «allein, aufgrund ihrer Würde und Kraft, ist geeignet, diesen Dienst des Bewegens zu versehen, und ist würdig, die Wohnstatt Gottes zu sein».[23] Seine Gesetze der Planetenbewegung waren eingebettet in seine Bemühungen, eine musikalische Notation für die Musik der Sphären zu finden. Wie Kopernikus ging es ihm nur darum, die lebendige Ordnung des Universums auf eine neue und präzisere Art zu beschreiben; er wollte nicht die Idee des kosmischen Organismus oder die der unsichtbaren Verbindungen zwischen Himmel und Erde abschaffen. Er war sogar einer der führenden Astrologen seiner Zeit.[24]

Die Kopernikanische Wende begann damit, daß ein Modell des kosmischen Organismus durch ein anderes ersetzt wurde. Sie führte jedoch bald zu der Erkenntnis, daß der Kosmos kein geschlossenes System mit einem Zentrum ist, sondern ein Universum, in dem es keine Mitte gibt. Die Sterne, so stellte sich heraus, sind selbst wieder Sonnen, und der Raum erstreckt sich in allen Richtungen bis ins Unendliche. Der kosmische Organismus war aufgebrochen, und die mechanistische Revolution machte nun aus ihm sehr schnell ein Maschinen-Universum. Nach dieser neuen Theorie konnte die Natur kein eigenes Leben mehr besitzen: Sie war seelenlos und ohne Spontaneität, Freiheit und schöpferische Kraft. Mutter Natur war jetzt nur noch tote Materie, die sich in bedingungslosem Gehorsam gegenüber den gottgegebenen mathematischen Gesetzen bewegte.

Diese neue Weltsicht wurde zum erstenmal am 10. November 1619 von dem damals dreiundzwanzig Jahre alten René Descartes formuliert, der in Neuburg an der Donau eine visionäre Erfahrung machte und darüber berichtete: «Ich war von Begeisterung erfüllt und entdeckte die Grundlagen einer wunderbaren Wissenschaft.»[25] Er glaubte, seine mystische Vision sei von der Mutter Gottes inspiriert gewesen, und gelobte eine Wallfahrt zu Unserer Lieben Frau von Loreto; drei Jahre später löste er dieses Versprechen ein.

Descartes' Universum war ein unermeßliches mathematisches System von Materie in Bewegung. Materie erfüllte den gesamten Raum, sie war die universale Matrix. In feinstofflicher Form bildete sie Wirbel im Raum, von denen, wie er glaubte, die Erde und die anderen Planeten um die Sonne getragen wurden. Alles in diesem Universum funktionierte ganz und gar mechanisch und entsprechend mathematischer Notwendigkeit. Descartes' intellektueller Ehrgeiz war grenzenlos; er wandte sein neues mechanistisches Denken auf alles an, auch auf Pflanzen, Tiere und den Menschen. Sein Weltbild wurde zwar bald durch Newtons Universum der im leeren Raum sich bewegenden atomaren Materie verdrängt, doch die *Art* seines Denkens setzte sich durch, und so schuf er die Grundlagen für die mechanistische Weltsicht sowohl in der Physik als auch in der Biologie.

In Descartes' Philosophie wurde der gesamten Natur, auch dem menschlichen Körper, die Seele entzogen; alle Dinge und Lebewesen wurden mechanische Automaten, und nur die rationale Seele, der bewußte Geist, behielt eine winzige Domäne, nämlich die Zirbeldrüse. Seit Descartes hat man den Sitz des Bewußtseins um ein paar Zentimeter – in die Großhirnrinde – verlegt, doch der Grundgedanke blieb derselbe. Der Geist steht irgendwie mit der Maschinerie des Gehirns in Wechselwirkung, doch wie diese Wechselwirkung abläuft, ist bis heute völlig ungeklärt.

Meist denkt man sich den «Geist in der Maschine» als ein Männchen im Gehirn, das die Maschinerie des Körpers steuert. Descartes selbst verglich die Nerven mit Wasserleitungen, die Hohlräume im Gehirn mit Vorratsbehältern, die Muskeln mit mechanischen Federn und die Atmung mit den Bewegungen in einer Uhr. Die Organe des Körpers waren für ihn wie die Automaten in den Wassergärten des 17. Jahrhunderts, und der kleine Mann war der Wärter und Operateur der Wasserspiele.

Äußere Objekte, die durch ihre bloße Anwesenheit die Sinnesorgane reizen..., sind wie Besucher, die in die Grotten dieser Wasserspiele eintreten und unwissentlich die Bewegungen auslösen, die vor ihren Augen ablaufen. Sie können nämlich nicht eintreten, ohne auf bestimmte Fliesen zu treten, die so angeordnet sind, daß sie beispielsweise beim Zugehen auf eine badende Diana selbst dafür sorgen, daß sie sich im Schilf verbirgt; gehen sie ihr aber nach, so werden sie wieder selbst zum Auslöser dafür, daß ein Neptun auf sie zutritt und mit dem Dreizack droht... oder was auch immer dem Erbauer der Wasserspiele noch einfallen mag. Wenn aber eine rationale Seele in dieser

Maschine gegenwärtig ist, so wird sie ihren Hauptsitz im Gehirn haben und dort wie der Wärter der Wasserspiele residieren, der sich, wenn er die Bewegungen hervorbringen, verhindern oder abändern möchte, in der Nähe der Füllkammern aufhalten muß, in welche die Röhren der Wasserspiele zurückmünden.[26]

Der kleine Mann, der die Kontrollhebel bedient, hat im Laufe der Zeit die verschiedensten Gestalten angenommen – je nachdem, welche technische Neuerung gerade das allgemeine Bewußtsein beherrschte. Vor einigen Jahrzehnten war er entweder eine Art «Fräulein vom Amt» in der Telefonzentrale des Gehirns, oder er sah projizierte Bilder der Außenwelt, als säße er in einem Kino (Abb. 5). Heute ist er meist ein Computerprogrammierer. Oder er ist – in einer modernisierten Fassung von Platons Sicht der rationalen Seele als Wagenlenker – der Pilot einer Düsenmaschine. Ein derzeitiges Ausstellungsstück des Natural History Museum in London trägt den Titel «Wie Sie Ihr Handeln steuern». Dort schaut man einem Menschen-Modell durch ein Fensterchen in den Kopf. Drinnen sieht man ein Cockpit mit Unmengen von Instrumenten, Hebeln und Schaltern und zwei leere Sitze – vermutlich für Sie selbst, den Piloten, und Ihren Copiloten in der anderen Hemisphäre. Dieser Cartesianische Dualismus ist trotz aller akademischen Geschäftigkeit, die man dem «Geistkörper-Problem» zuwendet, ungelöst geblieben. Dennoch wird an Descartes' Grundannahme im allgemeinen wie selbstverständlich festgehalten: daß der Körper des Menschen wie alles Materielle ganz und gar mechanisch funktioniert und im Prinzip mit den Mitteln der Mechanik zu erklären ist.

Nach Descartes' Auffassung bedürfen Entwicklung und Instinktverhalten der Tiere keiner formativen Kräfte wie etwa der Seele. Tiere werden vielmehr nach Maßgabe der Materieteilchen in den Keimzellen konstruiert und gestalten sich aufgrund der mathematischen Bewegungsgesetze irgendwie selber.

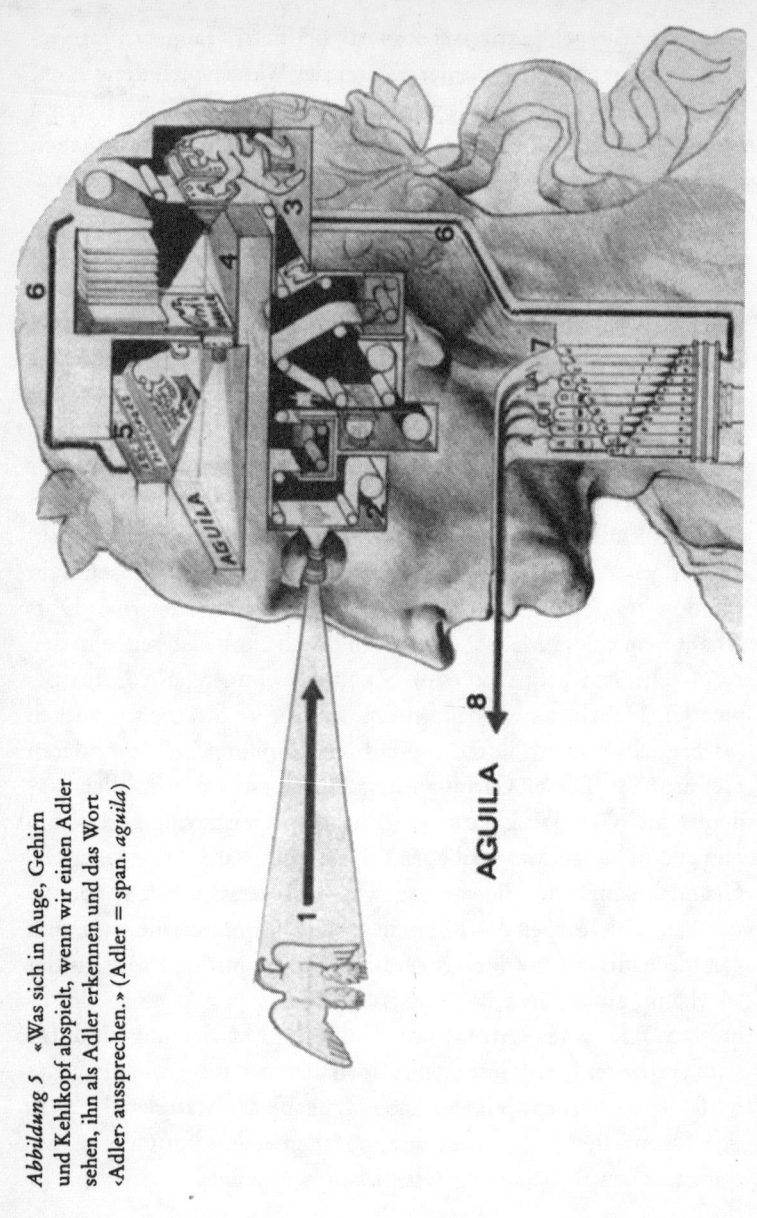

AGUILA

Abbildung 5 «Was sich in Auge, Gehirn und Kehlkopf abspielt, wenn wir einen Adler sehen, ihn als Adler erkennen und das Wort ‹Adler› aussprechen.» (Adler = span. *aguila*)

Besäßen wir eine gründliche Kenntnis aller Teile des Keimes irgendeiner Tierart (etwa des Menschen), so könnten wir allein daraus aufgrund gänzlich mathematischer und gewisser Gründe die ganze Gestalt und den Bau jedes seiner Glieder ableiten; andererseits, wenn wir genügend einzelne Züge dieses Körperbaues kennen, könnten wir daraus die Natur des Keimes ableiten.[27]

Descartes' visionäre Hoffnung ist über dreieinhalb Jahrhunderte später immer noch der Traum vieler mechanistischer Biologen. Die materiellen Teile des Keims, denen man nun die Determinierung der Form eines Organismus zuschreibt, sind die Gene. Prinzipiell, so der mechanistische Standpunkt, «würde eine Entwicklungstheorie uns erlauben, den ausgewachsenen Organismus aus der genetischen Information in der Keimzelle zu berechnen».[28] Tatsächlich ist es bis heute nicht gelungen, auch nur für die Entwicklung einer einzigen simplen Pflanze eine derartige mechanistische Erklärung zu geben. Dennoch bleibt die Vorstellung, daß eine solche Erklärung *im Prinzip* möglich ist, einer der obersten Lehrsätze des mechanistischen Glaubens.[29] (Auf die mechanistische Theorie des Lebens werden wir im fünften Kapitel näher eingehen.)

Descartes wollte den Menschen zum «Herrn und Besitzer der Natur»[30] machen, und die Lehre, daß Pflanzen und Tiere bloße Maschinen seien, kam dieser erklärten Absicht natürlich entgegen. Tiere waren also, wie etwa eine Uhr, zu komplexem Verhalten fähig, besaßen aber ebensowenig wie eine Uhr eine Seele. Descartes selbst sezierte Tierköpfe auf der Suche nach physischen Erklärungen für Imagination und Gedächtnis,[31] und er bediente sich der Vivisektion, um Aufschluß über den Pumpmechanismus des Herzens zu gewinnen:

Schneidet man bei einem lebendigen Hund die Spitze des Herzens ab und führt einen Finger in eine der Kammern ein, so spürt man ganz deutlich, daß das Herz auf den Finger drückt, wenn es sich verkürzt, und diesen Druck wieder löst, wenn es länger wird.[32]

Wenn Tiere unbelebt waren, so war natürlich der Mensch «frei von jedem Verdacht der Schuld, wie häufig er auch Tiere verzehren oder töten mag».[33] Es gab demnach keinen Zweifel mehr am Recht des Menschen, die niedere, seelenlose Natur auszubeuten. Manche von Descartes' Nachfolgern bestritten sogar, daß Tiere Schmerz empfänden; das Winseln eines geprügelten Hundes, so argumentierten sie, zeuge ebensowenig von Schmerz wie die Töne einer Orgel, wenn man heftig in ihre Tasten greift.[34] Tatsächlich wurde die Vivisektion seit Descartes zu einer immer häufiger geübten Praxis.

Natürlich blieben solche Theorien nicht unwidersprochen, und die Debatte darüber hält bis heute an. Ein englischer Philosoph fand Descartes' Theorie, daß Tiere Maschinen seien, «mörderisch»; andere wiesen sie zurück, weil sie «Sinn und Verstand ganz und gar vermissen» lasse oder «dem gesunden Menschenverstand zuwider» laufe.[35] Innerhalb der Botanik und Zoologie wurde gegen die mechanistische Theorie des Lebens vom 17. Jahrhundert an durch die Vitalisten opponiert, die darauf bestanden, daß Pflanzen und Tiere lebendig, also etwas grundsätzlich anderes als Maschinen seien.[36] Es gab zu Beginn unseres Jahrhunderts noch einmal eine Blüte des Vitalismus, bis dann in den zwanziger Jahren die mechanistische Theorie ihre Vormachtstellung in der akademischen Biologie eroberte, die sie bis heute innehat.

Die Lebensferne der Naturwissenschaft

Bis heute tun die Naturwissenschaftler so, als wären sie körperloser Geist. Die Naturwissenschaft, im Unterschied zu allem anderen Tun des Menschen, versteht sich als objektiv. Wissenschaftliche Veröffentlichungen haben im allgemeinen einen unpersönlichen Stil; Emotionen haben in ihnen offenbar keinen Platz. Schlüsse sollen allein aus Fakten und allein durch logische Operationen gezogen werden – so wie es ein Computer tun würde, wenn es gelänge, eine Maschine mit genügend Intelligenz zu bauen. Selten hört man hier, daß irgend jemand irgend etwas *tut*, meist werden die Dinge im Passiv dargestellt: Methoden werden angewandt, Phänomene beobachtet, Messungen vorgenommen, möglichst mit Instrumenten. Schon die Schulkinder lernen diesen Stil: «Die Substanz X wird in ein Reagenzglas gegeben...»

Alle Forscher wissen, daß es nicht so ist, daß sie nicht körperloser Geist sind, den Emotionen nicht beeinflussen können. Die Wirklichkeit sieht ganz anders aus, wie wir dem folgenden etwas extremen Beispiel aus der Geschichte der Jagd nach neuen Supraleitern entnehmen können:

> Tausende von Forschern, unter ihnen meine Kollegen und ich, gerieten geradezu in eine Forschungsraserei, ausgelöst durch die Aussicht auf Ruhm und Geld. Die alltäglichen Abläufe wurden durch Laborspionage und Betrügereien, durch kaum verhohlene Drohungen und freche Lügen behindert – und durch eine noch nie dagewesene und durch nichts gerechtfertigte Patentierwut für jede noch so kleine Neuerung. Schließlich ging es ja um Nobelpreise und Milliarden von Dollar.[37]

Natürlich hat es immer auch Wissenschaftler gegeben, die wirkliche Würde besaßen, etwa Michael Faraday; doch die meisten waren nur allzumenschlich, denken wir nur an Isaac Newton und den als «Prioritätsstreit» bekannt gewordenen jahrelangen erbitterten Disput mit Leibniz, bei dem es darum ging, wem die Ehre zukam, die Infinitesimalrechnung entwickelt zu haben.

In der Mythologie der Naturwissenschaft sind die großen Gestalten archetypische Heroen, Übermenschen, die Glorie ihrer Nation und der Menschheit, und ihre Marmorstatuen stehen in den Ruhmeshallen. Hinter diesem Heroenkult verbirgt sich etwas, das auf den ersten Blick nicht sehr viel mit Wissenschaftlichkeit zu tun zu haben scheint, nämlich uralte schamanistische Vorstellungen. Der vom Körper losgelöste Geist des Schamanen kann in Tiergestalt in die Unterwelt reisen oder sich als Vogel zum Himmel aufschwingen. Und wie der Geist des Schamanen reist der Geist des Naturwissenschaftlers weit hinauf in den Himmel; von dort aus betrachtet er die Erde, das Sonnensystem, ja das gesamte Universum wie von außen.[38] Er kann auch in die andere Richtung reisen und die Feinstruktur der Materie bis in die letzten Winkelchen erkunden. Als ein Held zieht er aus, die Wahrheit zu finden, überschreitet die Grenzen des Bekannten und dringt ins Unbekannte vor, überwindet alle Hindernisse und kehrt schließlich zurück, mit dem Wissen und der Macht, die er für die Menschheit errungen hat.

Die Tradition der körperlosen Reise ist die mythische Basis dessen, was wir hier die Lebensferne der Naturwissenschaft nennen. Gerade diese Erhabenheit über die tatsächliche Lebenswirklichkeit macht die Naturwissenschaft so aufregend – und sie blickt auf eine lange magische und animistische Tradition zurück. Solche Reisen fesseln und beflügeln einfach die Phantasie. Descartes' Philosophie entstand vor diesem Hintergrund, und seine eigene Phantasie war grenzenlos. Er ließ jedoch nur den Intellekt gelten, und die Seele war ihm nichts anderes als der vom Körper und von der Natur losgelöste Geist. Seit Descartes hat man dann doch wieder Schritt für Schritt eine umfassendere Vorstellung von der menschlichen Seele einführen müssen, als mit der Zeit immer deutlicher wurde, daß die meisten seelischen Vorgänge unbewußt sind.[39] Im Lichte der Freudschen und Jungschen Psychologie jedenfalls zeigt sich, daß Descartes ein schrecklich vereinfachtes Bild der tatsächlichen Verhältnisse zeichnete.

Vom Grundprinzip seiner Philosophie, dem «Ich denke, also bin ich», ausgehend, schloß er, daß das Denken ohne den Körper auskomme, also körperlos sei:

> Ich sah, daß ich zwar annehmen konnte, ich besäße keinen Körper und es gäbe keine Welt und keinen Ort, da ich sein könnte; doch all das erlaubte nicht die Annahme, daß ich nicht existierte . . . Daraus erkannte ich, daß ich eine Substanz war, deren ganzes Wesen oder ganze Natur einfach darin bestand zu denken und die, um zu existieren, keines Ortes bedarf und von keinem materiellen Ding abhängt. Daher ist dieses «Ich» – die Seele also, durch die ich bin, was ich bin – gänzlich verschieden vom Körper und leichter zu erkennen als der Körper, und würde unfehlbar sein, was es ist, auch wenn der Körper nicht existierte.[40]

Sein Geist war also gottähnlich und unsterblich. Er konnte die Naturgesetze mit seinem Verstand erfassen und hatte so Anteil am mathematischen Geist Gottes. Indem er sein wahres Ich als körperlosen Beobachter und nicht als verkörpert und Teil einer lebendigen Welt definierte, legte er die philosophische Grundlage für das Ideal der wissenschaftlichen Distanziertheit.[41] Radikale Feministinnen weisen darauf hin, daß dies eine typisch männliche Phantasie ist, immer weiter genährt durch den Umstand, daß die meisten Wissenschaftler Männer sind.[42] Dem Ideal der wissenschaftlichen Distanziertheit huldigen jedoch nicht nur die Wissenschaftler und Technokraten; es beeinflußt vielmehr die gesamte moderne Gesellschaft und vertieft die Gräben zwischen Mensch und Natur, Geist und Körper, Kopf und Herz, Objektivität und Subjektivität, Quantität und Qualität.

Die neue evolutionäre Kosmologie hat die Weltmaschine der klassischen Physik weit hinter sich gelassen, doch sie hat immer noch deren mathematischen Charakter: Sie führt uns ein Modell-Universum vor Augen, das klanglos, farblos, geschmacklos, geruchlos und natürlich leblos ist. Das ist ein anderes Universum als das, welches unsere Sinne uns zeigen, und so ist es auch nicht über die Sinne zugänglich, sondern nur durch den mathematischen Verstand. Doch für was für eine Wirklichkeit stehen solche mathematischen Modelle? Sind sie die Entsprechung einer objektiv gegebenen mathematischen Ordnung, die, wie die meisten Physiker glauben, realer ist als die Welt, die wir mit unseren Sinnen erkennen? Oder sind es einfach nur Modelle im Kopf, die uns kleine Ausschnitte der Welt um uns herum verständlich machen?

Laute, Gerüche, Farben und Empfindungen kommen in der mathematischen Physik nicht vor, weil sie von Anfang an ausgeschlossen werden. Die Physik betrachtet an der Welt nur die Züge, die mathematisch behandelt werden können, also etwa Form, Größe, Position, Bewegung, Masse und elektrische Ladung. Was nicht zu quantifizieren ist, läßt sie unbeachtet. Dieses Verfahren ist grundlegend für die Physik, und Galilei hat es bereits zu Anfang des 17. Jahrhunderts in aller Deutlichkeit dargelegt. Die Physik habe nur die mathematischen Aspekte der Dinge, ihre «primären Qualitäten», zu betrachten, denn nur diese können als objektiv gelten. Andere Qualitäten, die mit den Sinnen erfaßt werden, gelten als sekundär, rein subjektiv, der physischen Erfahrung zugehörend. Sie existieren nicht in der objektiven mathematischen Welt des körperlichen Geistes. Galilei selbst sagt:

Geschmack, Geruch und Farbe etc., die einem bestimmten Gegenstand eigen zu sein scheinen, sind nichts als bloße Namen und haben ihren Ort einzig und allein im empfindenden Körper; wird dieser entfernt, so werden damit auch alle diese Qualitäten zunichte.[43]

Der praktische Erfolg der mechanistischen Naturwissenschaft zeugt für die Effektivität dieser Methode. Die quantifizierbaren Aspekte der Welt sind in der Tat abstrahierbar und mathematisch nachzubilden. Doch mathematische Modelle stellen eine sehr partielle Erkenntnis dar, da sie unsere tatsächliche lebendige Erfahrung größtenteils auslassen. Dennoch ist diese Methode durch die Physik zu großem Ansehen gelangt, und die Physik selbst wurde zur Musterdisziplin der naturwissenschaftlichen Distanziertheit – beneidet von Biologen, Soziologen, Wirtschaftswissenschaftlern und allen, die ihrer Arbeit gern das Prädikat «objektiv» verliehen sähen.

Von der Unterwerfung zur Ausbeutung

«Unterwerfung der Natur» – das mag für Wissenschaftler eher eine Metapher sein; von sehr handfester Bedeutung ist dieser Ausdruck jedoch für die Erschließer von Neuland, für Bergbaugesellschaften und Holzfirmen, kurz, für alle, die aus dem Land «etwas machen» wollen. Was da geschieht, sehen wir heute überall auf der Welt, in den Amazonas-Regenwäldern ebenso wie in Malaysia, Alaska oder der Nordwest-Region am Pazifik. Wir haben unsere Eroberungsideologie überallhin exportiert, natürlich mitsamt der erforderlichen Technologie.

Das augenfälligste Beispiel für diesen Umwälzungsprozeß war die Erschließung des amerikanischen Westens. Hier geschah alles mit einer solchen Geschwindigkeit, daß die Welt nur staunen konnte. In das unermeßliche, fruchtbare Land ergossen sich Welle um Welle von Spekulanten und Siedlern. Vor ihnen wichen die Wildnis zurück und die eingeborenen Völker, die auf dem heiligen Land gelebt hatten, ohne es in irgendeiner Weise zu belasten. In den sechziger Jahren des vorigen Jahrhunderts, als sich die Eisenbahnlinien immer weiter nach Westen vorschoben, wurde Fleisch gebraucht, aber Büffel waren ja zu Millionen vorhanden. Sie wurden massenhaft abgeschlachtet oder einfach nur so zum Spaß geschossen, denn die Herden schienen unerschöpflich. Immer bessere Schußwaffen und effektivere Jagdmethoden wurden entwickelt. Fast über Nacht entstand eine regelrechte Industrie für die Verarbeitung der Büffelhäute, und zwischen 1872 und 1874 wurden über drei Millionen Büffel abgeschossen, um diese Industrie mit Material zu versorgen. 1880, obwohl es anfangs niemand glauben wollte, waren die Büffel weg. Ein paar Jahre noch brachten ihre gebleichten Überreste Profit, denn mit den Knochen, Bergen von Knochen, wurden Leim- und Düngerfabriken beschickt.[44] Um die Jahrhundertwende lebten nur noch etwa 1000 dieser Tiere in Naturschutzgebieten, armselige Reste der gewaltigen Herden von insgesamt dreißig Millionen Tieren, die es noch wenige Jahrzehnte vorher gegeben hatte.

Ein ähnliches Schicksal erlitten die Plains-Indianer. Die Plains, letzter Rückzugsort der sogenannten Wilden, mußten geräumt werden, bevor Siedler sich dort sicher fühlen konnten und die Ziele des Staates erreicht waren. Nach dem Bürgerkrieg schwenkten alle Gewehrläufe und Kanonenrohre Richtung Westen. General William Tecumseh Sherman, der die Aktionen leitete und der als zweiten Vornamen ausgerechnet den eines von den Weißen brutal ermordeten indianischen Propheten trug, umriß seinen Plan Anfang der sechziger Jahre in einem Brief an seinen Bruder:

Je mehr von ihnen wir in diesem Jahr töten können, desto weniger werden wir nächstes Jahr töten müssen. Je mehr ich von diesen Indianern sehe, desto überzeugter bin ich, daß man sie töten oder zu Almosenempfängern machen muß. Ihre Ansätze zu einer zivilisierten Lebensweise sind jedenfalls einfach lächerlich.[45]

1890, mit dem Massaker am Wounded Knee, war Shermans Traum voll und ganz verwirklicht.

Ohne die alten Mythen und Geschichten war das Land, das die Ureinwohner Amerikas stets heilig gehalten hatten, nicht mehr die Gabe des Großen Geistes, sondern wurde Grundbesitz, Immobilie. In den älteren Siedlungsgebieten wie etwa New England wurden die Grenzen häufig den natürlichen Gegebenheiten gemäß gezogen, ganz so, wie auch in der Alten Welt die Aufteilung des Landes entsprechend den Konturen der Landschaft vorgenommen wurde: Das Gelände besaß Priorität, und die Landkarte richtete sich danach.

Nicht so in den neu eroberten Ländern des amerikanischen Westens. Ganz im rationalistischen Geist der Founding Fathers breiteten Regierungsbeamte eine Art kartesianisches Koordinatenpapier über die Landkarten und teilten das Gebiet in gleich große Quadrate und diese wiederum in kleinere Quadrate ein. Hier kehrte sich also das alte Verhältnis um: Die Landkarte *wurde* das Gelände. Durch den ganzen Mittleren und Fernen Westen setzte sich diese Rechtwinkligkeit bei Ortschaften, Grundstücken und Feldern fort – ohne die geringste Rücksicht auf die tatsächlichen Gegebenheiten des Landes im großen oder kleinen.

Eine neue symbolische Landschaft wurde über die alte gebreitet. In der alten Landschaft hatte jeder Ort seinen eigenen Geist und sein eigenes Leben, durch die neue wurde dem Land eine rationale Ordnung aufgezwungen. Ganz ähnlich ging man in Kanada, Australien, Neuseeland und anderen Gebieten vor, die von Europäern erobert und besiedelt wurden. Das gleiche geschieht heute noch beim Abholzen der Wälder, die auch vor ihrer Vernichtung säuberlich in Planquadrate eingeteilt werden.

Tatsächlich ist dieses Vorgehen für alle Erschließungsprojekte kennzeichnend. Zuerst kommen die romantischen Entdecker und Kundschafter, dann die Kartographen, die ohne jedes Interesse für die Erfahrung und die Mythen eingeborener Völker Abstraktionen von deren Lebensraum anfertigen. Dann werden in klimatisierten Büros die Erschließungspläne gezeichnet – Straßenbau, Holzeinschlag, Bergbau, Staudämme, Siedlungen oder was auch immer. Die alte animistische Ordnung, die Beziehung der eingeborenen Völker zu ihrem Land, schiebt der Bulldozer mitsamt der Erde und ihrem Bewuchs beiseite.

Eroberung und Unterwerfung der Natur durch Wissenschaft und Technik sind Ausdruck einer Herrschermentalität, die schon in der Antike weitverbreitet war, aber erst mit der mechanistischen Revolution die nötigen Mittel und mit dem Glauben an grenzenlosen Fortschritt den rechten Schwung bekam. Die mechanistische Naturtheorie genügt uns heute völlig für etwas, das einst noch die christlichen Missionare liefern mußten: Rechtfertigung für die Enteignung eingeborener Völker und für unsere absolute Gleichgültigkeit gegenüber ihren heiligen Stätten. Denn da die Natur unbelebt ist, kann die «tiefere» Beziehung dieser Völker zu ihrer Umwelt nur der reine Aberglaube sein. Sie sind halt rückständig, aber man kann ihnen natürlich nicht erlauben, sich dem Fortschritt in den Weg zu stellen. Und jetzt, wie damals die Büffeljäger, können wir kaum glauben, was wir angerichtet haben.

3. Rückkehr zur Natur

Wildnis – verhaßt und idealisiert

Zur Natur zurückkehren, das ist wie nach Hause gehen, wie der wiedergefundene Zugang zum Quell des Lebens. Die meisten Menschen allerdings möchten davon lieber nicht zuviel auf einmal. Schließlich sind wir die Kinder einer Kultur und einer Lebensweise, die unser Getrenntsein von der Natur betont. Wir sind die Herren der Schöpfung, die Überwinder der Natur. Uralte Ängste lauern da im Hintergrund: Zusammenbruch der Zivilisation, Hungersnot, Pestilenz und Barbarei. Unsere politischen und ökonomischen Systeme verhelfen uns zu Abstand von den zerstörerischen Kräften der Natur und der menschlichen Natur, von den Kräften, die unsere Grundängste wecken, von dem stets drohenden Abgleiten ins Chaos. Dieses primäre Bedürfnis, sich die Natur vom Leib zu halten, bekommt weitere Nahrung durch die verschiedensten Theorien und gängigen Denkweisen, vor allem durch das Ideal der wissenschaftlichen Distanziertheit. Und je tiefer unser Gefühl des Getrenntseins von der Natur wird, desto größer wird der Wunsch nach Rückkehr.

Unter «Natur» wird vielerlei verstanden, und ebenso viele Ansätze der Rückkehr zu ihr gibt es. Für die Rationalisten des 18. Jahrhunderts war sie ein System rationaler Ordnung, wie es am deutlichsten in Newtons Mechanik der Planetenbewegungen zum Ausdruck kam. Die Natur war überall von gleicher Art, sie war symmetrisch und harmonisch. Jeder konnte sie aufgrund seiner Vernunftbegabtheit erkennen, und so war sie eigentlich die Basis des rationalen Denkens und des ästhetischen Urteilsvermögens. Alexander Pope schrieb 1711:

> Vor allem folge der Natur und bilde dein Urteil
> nach ihrem Richtmaß, dem immer noch gleichen:
> Niemals irrende Natur, von göttlicher Klarheit wie eh und je,
> ein klares, unwandelbares und universales Licht.[1]

Doch nicht lange, da entstand ein ganz anderes, ja geradezu gegensätzliches Bild der Natur: Sie war unregelmäßig, asymmetrisch, unermeßlich vielgestaltig. Der Wandel im Denken zeigte sich in England zuerst in der Landschaftsgärtnerei. Anstatt in abgezirkelten Gärten für Geradlinigkeit und strenge Geometrie zu sorgen, versuchte der Gärtner nun die natürliche Wildnis nachzuahmen. Vorbilder fand man in idyllischen Landschaftsgemälden und in der chinesischen Gartenkunst. So schreibt Joseph Addison 1712:

> Aus Berichten über China wissen wir, daß die Bewohner dieses Landes über die nach der Richtschnur angelegten Pflanzungen der Europäer lachen; sie sagen, Bäume in gleichmäßigen Reihen und Figuren anpflanzen, das könne jeder. Sie jedoch möchten den Genius in den Werken der Natur hervorheben und lassen die Kunst, nach der sie sich dabei richten, unsichtbar bleiben.[2]

Die Einstellung gegenüber der ursprünglichen Landschaft selbst wandelte sich entsprechend. Bis dahin hatte man Berge, Wälder und alles Unwegsame als unangenehm und gefährlich betrachtet. Reisende des 17. Jahrhunderts bezeichneten Gebirge immer wieder als «schrecklich», «grauenhaft» und «garstig».[3] Noch gegen Ende des 18. Jahrhunderts empfanden die meisten Europäer die wilde, ursprüngliche Natur als höchst unerfreulich: «Es gibt nur wenige, die nicht das geschäftige Treiben des Landbaues den rohen Gebilden der Natur vorzögen, und seien sie noch so großartig», schrieb William Gilpin 1791.[4] Dr. Johnson schrieb über die schottischen Highlands: «Ein an blühendes Weideland und wogende Felder gewöhntes Auge betrachtet staunend und abgestoßen diese endlose Weite ewiger Unfruchtbarkeit.»[5]

Daß man dann wieder Geschmack fand an der unberührten Natur, war weitgehend auf den Einfluß von Literatur und Kunst zurückzuführen. Der Ausdruck «Landschaften» für Naturschönheiten bürgerte sich überhaupt deswegen ein, weil man sich an gemalte Landschaften erinnert fühlte: Sie waren «malerisch», weil sie eben wie Bilder aussahen; und sie waren «romantisch», weil sie an die imaginäre Welt von Ritter- und Liebesromanen erinnerten, die vor langer Zeit und in fernen Ländern spielten. Schon zu Anfang des 19. Jahrhunderts hielten es die Gebildeten, die nicht auf dem Land arbeiten mußten und denen immer bessere Reisemöglichkeiten geboten wurden, in nie zuvor gekannter Weise für wichtig, wild-romantische Plätze in der Natur aufzusuchen. Eine Quelle aus dem Jahre 1807 berichtet:

Im Laufe der letzten dreißig Jahre hat man Geschmack am Malerischen gefunden, und sommerliche Reisen werden nun als sehr wichtig erachtet... Während einer der Schwärme dieser neuen Mode ans Meer zieht, schwirrt ein anderer davon in die Berge von Wales, zu den Seen im Norden oder nach Schottland... Es geschieht zum Studium des Malerischen, und das ist eine neue Wissenschaft, für die eine neue Sprache geschaffen wurde und an der die Engländer in einer Weise Geschmack finden, wie es bei ihren Vätern gewiß noch nicht der Fall war.[6]

Dieser zunächst eher implizite Einstellungswandel wurde von den romantischen Dichtern thematisiert. William Wordsworth, der selbst großen Anteil am Leben der kumbrischen Schäfer nahm,

war der Meinung, es bedürfe einer gewissen Bildung und gesellschaftlichen Stellung und vor allem einer langen Schulung, um an
kahlen Felsen und Bergen Gefallen zu finden. Er sprach sich gegen
den Bau einer Eisenbahnlinie in den Lake District aus, denn die
Bahn, so argumentierte er, würde die Armen der Stadt in diese
Gegend schwemmen, und die hätten gar nichts davon, wenn sie so
unvermittelt Zugang zu den Seen bekämen. Sie sollten erst einmal
üben, nämlich mit Sonntagsausflügen in die nähere Umgebung.[7]

Zu Beginn des 19. Jahrhunderts führte die romantische Vorliebe
für die unberührte Natur zu einer Ablehnung aller Eingriffe des
Menschen. Jetzt hieß es, alle Versuche, die Natur zu verbessern,
zerstörten sie nur, und das gelte auch für die Landschaftsgärtnerei.
Der Maler John Constable schrieb 1822: «Der Park eines Gentle-
man ist mir zuwider. Da ist keine Schönheit, denn da ist keine
Natur.»[8] Das romantische Naturerleben fand in der Einsamkeit
statt, und gerade das machte ja die Wildnis so anziehend, daß sie
fernab aller Geschäftigkeit der Städte lag. Mitte des Jahrhunderts
galt es schon fast als selbstverständlich, daß Stadtbewohner immer
wieder das Alleinsein in der Natur brauchen, um sich innerlich zu
erneuern. Man müsse bestimmte Landstriche unberührt lassen,
wenn der einzelne und die Gesellschaft insgesamt gesund bleiben
sollen. Was der Philosoph John Stuart Mill, einer der Hauptvertre-
ter des Positivismus und Utilitarismus, 1848 schrieb, klingt schon
recht modern:

Einsamkeit inmitten der Schönheit und Größe der Natur ist die
Wiege von Gedanken und Strebungen, die nicht allein dem einzelnen zugute kommen, sondern für die Gesellschaft unver-
zichtbar sind... Es liegt auch nicht viel Befriedigung in dem
Gedanken an eine Welt, in der nichts mehr dem spontanen Wirken der Natur anheimgestellt bliebe: jeder Fußbreit Bodens be-
baut zum Zwecke der Nahrungsgewinnung für den Menschen,
jedes Brachland, jede natürliche Wiese umgepflügt, alle nicht-

domestizierten Tiere als Nahrungskonkurrenten ausgerottet, alle nicht unbedingt notwendigen Raine und Bäume beseitigt und kaum noch ein Ort, an dem ein Strauch, eine Blume einfach wild wachsen könnte, ohne gleich im Namen einer besseren Landwirtschaft als Unkraut ausgerissen zu werden.[9]

Kein Zweifel, daß der Konflikt zwischen ökonomischer Entwicklung einerseits und Bewahrung andererseits bereits im 19. Jahrhundert deutlich wurde. Es gab auch schon erste Siege der Naturbewahrer, etwa einen Parlamentsbeschluß von 1871, der nach einem langen, erbitterten Kampf gegen ganz anders geartete Finanzinteressen festschrieb, daß Hampstead Heath in London ein Parkgelände bleiben solle.[10]

Amerikanische Wildnis

Den frühen Siedlern in Nordamerika kam dieses gewaltige Land schier unermeßlich vor. Noch Ende des 18. Jahrhunderts hatte niemand das Gefühl, diese ungeheure Wildnis werde nun bald ganz erobert sein. In Amerika war einfach Platz für jedermann. «Es wird Generationen dauern, bis ... die noch unbekannten Regionen Nordamerikas alle besiedelt sind», schrieb ein sachkundiger Amerikaner im Jahre 1770.[11] So unendlich viel Land war noch zu erschließen – und niemand betrachtete die Natur als heilig oder die Erhaltung ihres Urzustands als wünschenswert. Dieses Land, das alles in reicher Fülle bot, mußte vom Menschen kultiviert und genutzt werden, erst dann würde es wahrhaft schön sein.

Ein romantisches Naturgefühl entwickelte sich in Amerika wie in Europa unter dem Einfluß von Literatur und Kunst. Einer der einflußreichsten Exponenten dieser Bewegung war Ralph Waldo Emerson, dessen Essay über die Natur (1837) eine neue Sicht von der Beziehung des Menschen zu seiner Umwelt erkennen ließ. Das

Land dieses Kontinents, so sagte Emerson, sei ebenso wie der Körper eines Menschen Ausdruck eines lebendigen Geistes; und so sollten die Amerikaner, anstatt diesem Land ihr historisch bedingtes Bewußtsein aufzuzwingen, lieber ihre wahre, lebendige Beziehung zu ihm erkennen. Emersons Vision ist heute noch Vision: Die Geschichte Amerikas hätte die Geschichte der Wiedervereinigung des entfremdeten Menschen mit der Natur und damit die Beendigung des Krieges gegen die Natur sein können.

Emerson erkannte wie Wordsworth, daß eine achtungsvolle oder gar ehrfürchtige Haltung gegenüber der Natur selten ist:

Um die Wahrheit zu sagen, wenige Erwachsene sehen die Natur... Naturliebhaber ist der, bei dem innerer und äußerer Sinn wahrhaft zueinander stimmen; der sich den Geist der Kindheit bis ins Mannesalter bewahrt hat... In den Wäldern... streift ein Mann seine Jahre ab wie eine Schlange ihre Haut und ist stets ein Kind, in welchem Lebensalter auch immer. In den Wäldern ist zeitlose Jugend. In diesen Pflanzungen Gottes herrschen Würde und Heiligkeit, ein ewiges Fest wird ausgerichtet, und dem Gast will scheinen, er könne dessen auch in tausend Jahren nicht müde werden. In den Wäldern kehren wir zu Vernunft und Vertrauen zurück. Hier empfinde ich, daß nichts mir zustoßen kann – keine Schande, kein Unheil (wenn es mir nur die Augen läßt) –, was die Natur nicht zu beheben vermöchte. Ich stehe auf der bloßen Erde, die Ströme des universalen Seins durchfluten mich; ich habe teil an Gott.[12]

In den fünfziger Jahren des vorigen Jahrhunderts führten die neuen Eisenbahnlinien und die rapide wirtschaftliche Entwicklung dazu, daß auch die unberührten und ungenutzten Landstriche Amerikas immer weiter erschlossen wurden; jetzt war die Wildnis nicht mehr unermeßlich. Henry David Thoreau, ein Schüler Emersons, war einer der ersten, die die unberührte Natur bedroht sahen. Er machte den Vorschlag, jede Ortschaft in Massachusetts solle ein Stück Wald von 500 Acre von der Nutzung ausnehmen und für immer in seinem Urzustand belassen. Vergebens.

Thoreaus Bücher über die Natur stellen immer wieder die oberflächliche und materialistische Gesinnung seiner Mitmenschen der lebendigen Umwelt gegenüber. So beschreibt er etwa die Einstellung der Holzfäller in den Wäldern von Maine gegenüber den mächtigen Baumriesen:

> Von welcher Art die Bewunderung des Holzfällers ist, zeigt sich an seiner Ausdrucksweise. Spräche er alles aus, was ihn bewegt, so würde er sagen, ich habe ihn gefällt, und er war so groß, daß ein Ochsengespann auf dem Stumpf stehen konnte. Das schiere Holz, die Karkasse, die Leiche, ist ihm mehr Bewunderung wert als der Baum ... Der Angloamerikaner kann ohne Zweifel diesen ganzen wogenden Wald niedermachen ..., doch er kann nicht mit dem Geist der Bäume sprechen, die er fällt, und er kann die Poesie und Mythologie nicht lesen, die zurückweichen, indem er voranschreitet.[13]

Thoreau hatte nichts gegen Holzeinschlag oder Besiedlung und Bodenbearbeitung, aber er fand, sie müßten maßvoll betrieben werden und immer im Einklang mit der umgebenden wilden Natur. Er selbst hat ja in der Nähe seines Heimatortes Concorde in Massachusetts erfahren, was es heißt, in den Wäldern zu leben, doch er zog sich keineswegs ganz aus der Gesellschaft zurück und wohnte auch dort in einem Haus. Ganz so, wie es in der Pionierzeit üblich gewesen war, ging er zu Werk: «Es war gegen Ende März des Jahres 1845, als ich mir eine Axt borgte und in den Wald zum Waldenteich hinabwanderte, denn in dessen Nähe hatte ich vor, mir ein Haus zu bauen. Um Bauholz zu gewinnen, fing ich damit an, einige pfeilgerade gewachsene Weißtannen zu fällen.»[14] Er baute sich eine Hütte, legte ein Bohnenfeld an und entfernte

eigenhändig die Baumstümpfe von der gerodeten Fläche. Er bemühte sich, in Einklang mit der Natur zu leben, doch er hatte stets
gegen das engstirnige Nützlichkeitsdenken seiner Mitbürger zu
kämpfen. Nur fernab aller gesellschaftlichen Verstrickungen war
die Natur wirklich mit ganzer Intensität zu erfahren:

> Unbeschreibliche Unschuld und Güte der Natur – Sonne, Wind
> und Regen, Sommer und Winter –, wie gewährt ihr für immer
> solche Gesundheit, solchen Frohsinn, welch inniges Mitgefühl
> hegt ihr für das menschliche Geschlecht!... Soll ich nicht im
> Einvernehmen mit der Erde leben? Bin ich nicht selbst zum Teil
> Blätter und Pflanzenerde?[15]

Diese Inbrunst des Naturerlebens wurde noch verstärkt durch das
Gefühl, daß es vielleicht bald keine unberührte Natur mehr geben
würde. Verehrung der Natur ging Hand in Hand mit dem
Wunsch, sie zu verteidigen.

Der größte aller Naturliebhaber vom Geiste Emersons war John
Muir, Gründer des Sierra Club und oberster Schirmherr des Yosemite Park. Das Christentum war ihm durch eine streng presbyterianische Erziehung verleidet, aber er war trotzdem religiös und
fand seine Religion in der Natur: Die Wildnis war ein Ausdruck
Gottes, der Mensch ein Teil der Natur, und die Natur, Born dieser
Welt, blieb seine eigentliche Heimat. Freude erfüllte ihn auf seinen
Wanderungen durch die rauhe Wildnis der Hohen Sierras. «Ich
werde Gott nackt berühren», schrieb er beim Ersteigen eines Gletschers. Und wenn er dort ein trockenes Stück Brot verzehrte,
geschah es in dem Gefühl: «Mit einem Gletscher an einem sonnigen Tag zu speisen, das ist etwas Herrliches, und das übliche
Gelage mit Fleisch und Wein wirkt lächerlich dagegen. Ein Gletscher ißt Berge und Sonnenstrahlen.»[16]

1869 – in dem Jahr, als Muir die Berge im Westen erstmals als
«Gottes Tempel im Freien» bezeichnete – wurde die transkonti

nentale Bahnlinie fertig. Daß Muir die Berge so romantisch fand, lag wohl zum Teil auch daran, daß das Land schon nicht mehr gar so wild war und er von den meisten seiner Lagerplätze aus innerhalb eines Tages die nächste Siedlung erreichen konnte.[17] Jetzt aber war die Wildnis wirklich bedroht, und so trat Muir als politischer Lobbyist für die Erhaltung weiter Landstriche als Nationalparks ein.

Der Anstoß zur Bildung der Nationalparks und anderer Naturschutzgebiete war eigentlich religiöser Art. Doch solche Beweggründe lagen der amerikanischen Legislative ganz und gar fern, und so erklärt das Gesetz von 1872, das Yellowstone zum ersten Nationalpark bestimmte, nichts weiter, als daß das Gebiet «als öffentlicher Park dem Vergnügen des Volkes» erhalten bleiben solle.[18] Von heiligem Boden war hier nicht die Rede, aber es wurde auch nichts Gegenteiliges ausgedrückt, denn Vergnügen und Freude gehörten einfach zur Natur-Religion. Gegen Ende des Jahrhunderts wurden solche Schutzgebiete bereits als «die Kathedralen der modernen Welt» bezeichnet.[19] Sie gemahnten, wenn auch in einem weitaus größeren Maßstab, an die heiligen Haine der Antike, auch an die von Kanaan.

Ähnlich wie Tempel, Kathedralen und heilige Haine sind die vom Staat bestimmten Refugien der unberührten Natur von der Welt der alltäglichen Dinge getrennt, denn hier gelten andere Maßstäbe; und wie bei Tempeln, Kathedralen und heiligen Hainen steht es dem Besucher frei, ob er als Pilger kommen will – oder einfach als Tourist.

Der Poet im Wissenschaftler

Um die Wende zum 19. Jahrhundert, während die Philosophie des Materialismus an Einfluß und Überzeugungskraft gewann, vollzog sich auf der anderen Seite die Hinwendung der Romantiker zur Natur, in deren Leben sie die Essenz des Göttlichen erkannten. Romantik und Materialismus wuchsen zusammen auf.

Für Wordsworth war die Natur lebendig und gütig. Er spürte in ihr eine moralische und spirituelle Präsenz, die seinen Geist formte und auf ihn einwirkte. Er sah sich selbst im geistigen Austausch mit einem allumfassenden Geist-Wesen. Viele Naturwissenschaftler wurden von seiner Dichtung inspiriert. Die naturwissenschaftliche Zeitschrift *Nature* verdankt ihm ihren Namen und wählte auch als Motto ein Wort von ihm: «Auf den festen Grund der Natur baut der Geist, der für die Ewigkeit baut.»[20] Die erste Nummer erschien 1869 und brachte als Einführungstext Goethes *Fragment über die Natur*. Hier ein Auszug daraus:

Natur! Wir sind von ihr umgeben und umschlungen – unvermögend aus ihr herauszutreten, und unvermögend tiefer in sie hineinzukommen... Wir leben mitten in ihr und sind ihr fremde. Sie spricht unaufhörlich mit uns und verrät uns ihr Geheimnis nicht... Gedacht hat sie und sinnt beständig; aber nicht als ein Mensch, sondern als Natur... Sie liebt sich selber und haftet ewig mit Augen und Herzen ohne Zahl an sich selbst. Sie hat sich auseinander gesetzt, um sich selbst zu genießen. Immer läßt sie neue Genießer erwachsen, unersättlich sich mitzuteilen... Ihr Schauspiel ist immer neu, weil sie immer neue Zuschauer schafft. Leben ist ihre schönste Erfindung, und der Tod ist ihr Kunstgriff viel Leben zu haben.[21]

Es war der Zoologe Thomas H. Huxley, der der neuen Zeitschrift diese Worte Goethes voranstellte, und er schrieb dazu:

Als mein Freund, der Herausgeber von *Nature*, mich bat, für die erste Nummer einen Eröffnungsartikel zu schreiben, kam mir gleich diese wunderbare Rhapsodie über die Natur in den Sinn, die mich von Jugend an begeistert hat. Mir schien, man

könne kaum passendere Eröffnungsworte finden für eine Zeitschrift, die den Fortgang jener Arbeit der Natur am Bilde ihrer
selbst im Geist des Menschen widerzuspiegeln trachtet, die wir
Fortschritt der Wissenschaft nennen... Vielleicht wird – wenn
die Theorien der Philosophen, deren Leistungen auf diesen Seiten geschildert werden, längst überholt sind – diese Vision des
Dichters bestehen bleiben als treffendes und taugliches Symbol
für die Wunder und Geheimnisse der Natur.[22]

Auch Charles Darwin gewann in seiner Jugend Anregung aus der
direkten poetischen Naturerfahrung. In seiner Autobiographie
schreibt er: «Im Zusammenhang mit der Freude an Poesie will ich
noch anführen, daß im Jahre 1822, während einer Tour zu Pferde
an den Grenzen von Wales, zum ersten Male lebhaftes Entzücken
über eine Landschaft in mir erweckt wurde; und dies hat länger
angehalten als irgendein anderes ästhetisches Vergnügen.»[23] Seine
Lieblingslektüre war Miltons *Das verlorene Paradies*, das er während seiner Reisen auf der «Beagle» stets bei sich trug.[24] Doch
diese jugendliche Begeisterung verblaßte im Alter, und er schreibt,
er habe zu seinem «großen Bedauern später im Leben alle Freude
an Poesie jeder Art, einschließlich Shakespeare, verloren».[25] Von
dieser Quelle der Inspiration abgeschnitten, gewann er angesichts
seiner immer materialistischer werdenden Naturphilosophie den
Eindruck, sein eigenes Denken sei mechanisch geworden: «Mein
Geist scheint eine Art Maschine für das Sintern allgemeiner Gesetze aus großen Faktensammlungen geworden zu sein», klagt er
gegen Ende seines Lebens.[26]

Ich weiß nicht, wie viele Biologen es heute noch wie Thomas
Huxley schaffen, sich die in jungen Jahren erlebte Poesie der Naturerfahrung zu bewahren – es muß wohl einige geben.[27] Und wie
viele sind wie Darwin und verlieren sie? Wie viele erleben ihren
eigenen Geist als mechanisch? Wie viele haben keine Freude an der
Natur? Darüber gibt es keine Statistiken. Ich möchte aber doch

annehmen, daß poetische oder mystische Naturerfahrung nach wie vor für viele Naturwissenschaftler eine, wenn auch halb vergessene, Quelle der Inspiration ist.

Die heimliche Göttin des Darwinismus

Darwin deutete die romantische Sicht der Schöpferkraft der Natur in eine wissenschaftliche Theorie um. Den Gott der Newtonschen Weltmaschine, der nach Ansicht protestantischer Theologen wie William Paley die ganze Maschinerie des Lebendigen ersonnen und gemacht hatte, lehnte er ab. Nicht ein Vater im Himmel, sondern Mutter Natur selbst war für Darwin der Ursprung aller Lebensformen. Die Natur ließ den Baum des Lebens (Abb. 6) sprießen. Mit ihrer erstaunlichen Fruchtbarkeit und ihren Kräften der spontanen Variation und der Selektion brachte sie zuwege, was nach Paley Gottes Tun war. Mit der für ihn typischen Ehrlichkeit merkt Darwin an: «Der Kürze wegen spreche ich zuweilen von der natürlichen Zuchtwahl [Selektion] wie von einem geistigen Vermögen... Ich habe auch oft das Wort Natur personifiziert, denn es ist, wie ich gefunden habe, schwer, diese Zweideutigkeit ganz zu vermeiden.»[28]

Darwin rät seinen Lesern, nach den Implikationen solcher Redewendungen gar nicht erst zu fragen. Tun wir es aber doch, so sehen wir, daß hinter der Personifikation der Natur nach wie vor die Große Mutter steht, aus deren Schoß alles Leben hervorgeht und in die alles Leben zurückkehrt. Sie ist über die Maßen fruchtbar, aber auch grausam und erschreckend, denn sie verschlingt ihre Kinder. Von ihrer Fruchtbarkeit war auch Darwin tief beeindruckt, doch in ihrem destruktiven Aspekt sah er ihre eigentliche schöpferische Kraft: Er sah in der natürlichen Selektion, deren Funktion ja das Töten des weniger Tauglichen ist, «eine Kraft, die unentwegt aktionsbereit ist».[29]

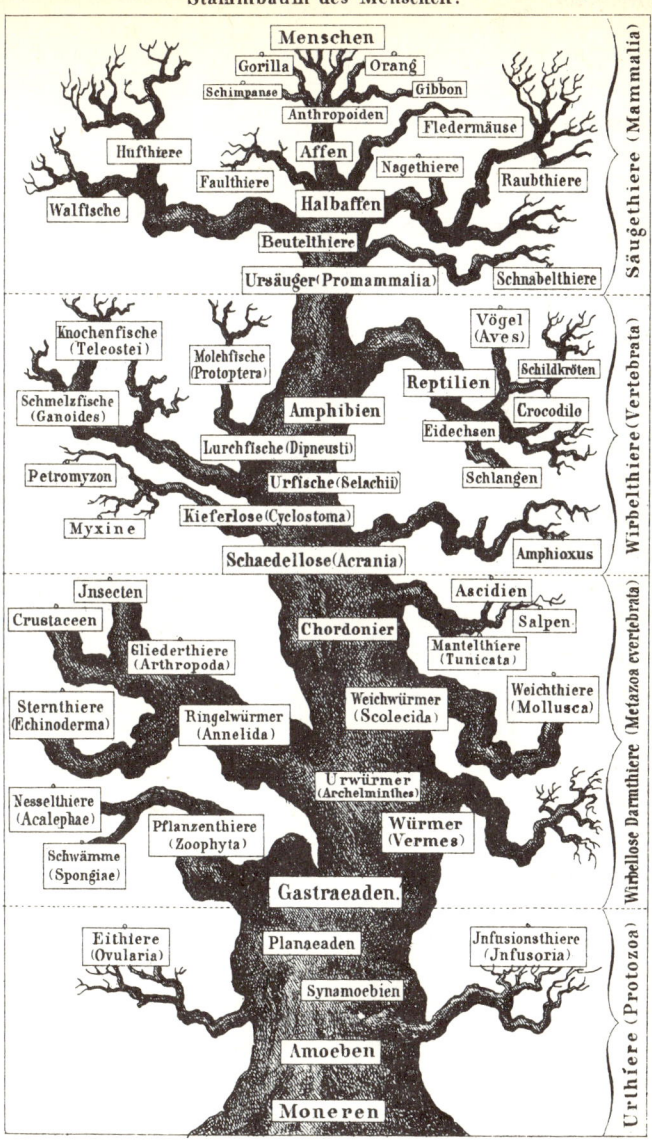

Stammbaum des Menschen.

Abbildung 6 Der Baum des Lebens und der Evolution (Haeckel, 1874).

87

Durch Darwins Theorie gewann also die Natur die schöpferischen Kräfte der Großen Mutter zurück, Kräfte, die das mechanistische Naturbild in seiner ursprünglichen Form wahrlich nicht vermuten ließ. Evolutionär denkende Philosophen haben sich von diesen schöpferischen Kräften die verschiedensten Vorstellungen gemacht. Im dialektischen Materialismus von Marx und Engels ist die Materie das schöpferische Mutterprinzip; sie durchläuft einen kontinuierlichen, spontanen Entwicklungsprozeß, in dessen Verlauf Widersprüche in aufeinanderfolgenden Synthesen aufgehoben werden. Herbert Spencer machte die Evolution in seiner Philosophie zum obersten Prinzip des Universums. Der vitalistische Philosoph Henri Bergson schrieb den schöpferischen Aspekt der Evolution dem *élan vital* zu. Für ihn war der Evolutionsprozeß nicht von einem transzendenten Gott ersonnen, sondern spontan und schöpferisch:

Vor der Entwicklung des Lebens... bleiben die Tore der Zukunft breit offen. Schöpfung ist sie, die sich kraft einer Ursprungsbewegung folgt und folgt ohne Ende. Und diese Bewegung ist es, die die Einheit der organischen Welt ausmacht; eine fruchtbare, eine grenzenlos reiche Einheit; dem überlegen, was ein Verstand je träumen könnte, da ja dieser Verstand nichts als eine ihrer Ansichten oder Erzeugungen ist.[30]

Diese Auffassung von Evolution als einem allumfassenden, spontanen Schöpfungsprozeß teilt auch die neodarwinistische Theorie. Der Molekularbiologe Jacques Monod beschreibt das Schöpferische in seinem Buch *Zufall und Notwendigkeit* als «das durch die Evolution Zutagetretende, das seinen Ursprung im wesentlich Unvorhersehbaren nimmt und gerade deshalb etwas *uneingeschränkt* Neues darstellt». Was Bergson dem *élan vital* zuschrieb, gilt bei Monod für «die Unerschöpflichkeit des Zufalls», die in den Zufallsmutationen der DNS zum Ausdruck kommt.[31]

Für Monod kommt die schöpferische Rolle des Zufalls, des Unbestimmten, in seinem Zusammenspiel mit der Notwendigkeit, dem Festgelegten, zum Ausdruck. Wenn diese abstrakten Prinzipien personifiziert werden, so ist Notwendigkeit das, was der Dichter Shelley die «all-genügende Kraft» oder «Mutter der Welt» nennt. Sie ist dann auch Schicksalsgöttin wie etwa die Nornen des vorchristlichen Europa, die den Lebensfaden spinnen und jedem Sterblichen bei der Geburt eine bestimmte Länge zumessen, um den Faden dann an der vorherbestimmten Stelle abzuschneiden. Diese alte Bildersprache findet in der neodarwinistischen Theorie – wenn auch auf der mikroskopischen Ebene – einen sonderbar konkreten Ausdruck. Der «Lebensfaden», der das genetische Geschick eines Organismus bestimmt, besteht aus DNS-Molekülen, die sich zu fadenartigen Chromosomen anordnen.

Der Zufall ist ein Aspekt der Göttin Fortuna. Ihr Glücksrad dreht sich und teilt Gedeihen und Verderben aus. Sie ist auch die Göttin der Glücksspieler. Fortuna ist blind, und blind ist der Zufall: «Reiner Zufall, absolut frei, aber blind, liegt am Grund dieses staunenswerten Gebäudes der Evolution.»[32]

Es mag sein, daß die alten Vorstellungen von der Großen Mutter und anderen Göttinnen durch die moderne Naturwissenschaft abgelöst worden sind. Vielleicht hängt aber die – auch emotionale – Anziehungskraft des Darwinismus zu einem guten Teil damit zusammen, daß diese weiblichen Archetypen eher Kraft gewinnen als verlieren, wenn sie unter der Oberfläche des bewußten Denkens wirken.

Materialismus und die Mutter

Der philosophische Materialismus behauptet, daß nur die Materie real ist und daß alles, auch das menschliche Bewußtsein, auf materielle Phänomene zurückgeführt werden kann. Als politische

Doktrin setzt der Materialismus sich das materielle Wohlergehen und den materiellen Fortschritt zum obersten Ziel. Im alltäglichen Sinne schließlich ist er die mehr oder weniger ausschließliche Ausrichtung auf materielle Bedürfnisse und Wünsche und läßt geistige Werte in den Hintergrund treten. In jeder Spielart des Materialismus ist die materielle Welt die einzige Wirklichkeit – jedenfalls die Wirklichkeit, auf die es letztlich ankommt.

Hinter jeder Form des Materialismus steht die Große Mutter als die materielle Wirklichkeit, als Mutter Natur, aber auch als die Wirtschaft und der Wohlfahrtsstaat. Sie ist die Umwelt, von der wir umgeben, in der wir enthalten sind, die uns ernährt, wärmt und schützt; doch wir sind ihr auch vollkommen ausgeliefert,[33] denn die Umwelt ist gleichgültig und gnadenlos, sie verschlingt und zerstört.

Die meisten Materialisten haben auch eine romantische Seite und lassen in ihrem Privatleben durchaus die Lebendigkeit der Natur gelten, wenn auch stillschweigend; doch wo sie Stellung beziehen müssen, leugnen sie diese Lebendigkeit und erklären den Menschen zur einzigen bewußten und zu planvollem Handeln befähigten Spezies in einer ansonsten unbeseelten Welt. Sie werden einräumen, daß die im materialistischen Denken so häufigen Mutter-Metaphern etwas über das Funktionieren unseres Verstandes aussagen; aber sie werden darauf beharren, daß dies mit der Natur selbst nichts zu tun habe, denn die Natur sei geistlos und mechanisch.

Die mechanistische Naturtheorie hat durch den Erfolg von Wissenschaft und Technik soviel Prestige gewonnen, daß sie jetzt schon mehr als bewiesenes Faktum denn als Theorie auftreten kann. Doch die Naturwissenschaft entwickelt sich weiter, und dabei zeigt sich nun, daß sie den materialistischen Standpunkt allmählich überwindet. Die Natur erwacht innerhalb der naturwissenschaftlichen Theorie zu neuem Leben. Und je deutlicher sich dies abzeichnet, desto schwieriger wird es, der Natur weiterhin alle Lebendigkeit abzusprechen. Denn wenn der Kosmos immer mehr wie ein sich entwickelnder Organismus und nicht wie eine ablaufende Maschine aussieht, wenn Organismen eben doch Organismen und nicht Maschinen sind, wenn die Natur organisch, spontan und schöpferisch ist – wozu dann noch glauben, alles sei mechanisch und geistlos?

Wenn das mechanistische Weltbild nach wie vor die orthodoxe Doktrin der industriellen Zivilisation ist, so einfach deshalb, weil das einstweilen noch am einfachsten ist. Das könnte sich aber ändern. Die Einstellung der Allgemeinheit wird immer grüner, alte politische und ökonomische Gewißheiten schwinden dahin. Die Zweifel an der mechanistischen Landwirtschaft und Medizin wachsen, die Vision von der Unterwerfung der Natur verliert ihren Glanz, und das Klima ändert sich – im wörtlichen wie im übertragenen Sinne.

Daß die Lebendigkeit der Natur geleugnet wird, hat seinen wichtigsten Grund vielleicht darin, daß die Annahme des Gegenteils ungeheure Konsequenzen hätte. Die persönliche, intuitive Naturerfahrung könnte dann nicht mehr als rein subjektives Phänomen des Privatlebens beiseite geschoben werden, denn sie könnte ja tatsächlich das sein, was sie dem Erfahrenden zu sein scheint: direkte Offenbarung der lebendigen Natur selbst. Wir könnten auch mythische, animistische und religiöse Denkweisen nicht länger ausgrenzen. Was bevorsteht, ist nichts Geringeres als eine Revolution.

Teil II

Die Wiedergeburt der Natur in der Wissenschaft

4. Die Wiederbelebung der stofflichen Welt

Die entmündigte Natur

Die naturwissenschaftliche Revolution des 17. Jahrhunderts beraubte die Natur ihrer traditionellen Attribute der Lebendigkeit und der Fähigkeit zu spontaner Bewegung und Selbstorganisation. Sie verlor ihre Autonomie. Die Seele als das belebende Prinzip von allem Körperhaften wurde aus der mechanistischen Welt der Physik ausgetrieben. Die Materie war unbelebt und passiv, und äußere Kräfte wirkten entsprechend den mathematisch formulierten Bewegungsgesetzen auf sie ein.

Dieser entscheidende Umbruch läßt sich anhand eines Begriffspaares verdeutlichen, das für die scholastische Philosophie des Mittelalters von großer Bedeutung war: *natura naturata* und *natura naturans*. Der erste Begriff bezeichnet das passiv Hervorgebrachte, die Phänomene, die wir mit den Sinnen wahrnehmen. Der zweite meint das aktive Prinzip, die unsichtbare Kraft, die alle Phänomene hervorbringt. In der animistischen Physik des Mittelalters spielte die Seele die Rolle der *natura naturans*; sie organisierte etwa Entwicklung und Verhalten eines Organismus und bildete gleichsam eine Vorgabe, zu der der Organismus sich durch Anziehung hinentwickelte oder hinbewegte. Ein Pflanzenkeim etwa entwickelte sich durch Anziehung zum Erscheinungsbild der ausgewachsenen Pflanze; die vegetative Seele, aktiv, aber unsichtbar, verlieh der Materie der wachsenden Pflanze Form und gestaltete sie nach dem in ihr angelegten Plan. Steine fielen zur Erde, weil sie von dem Ort angezogen wurden, an den sie gehörten: Sie strebten heimwärts. Nach Aristoteles und den von ihm beeinflußten Denkern des Mittelalters waren die Seelen nicht außerhalb der Natur, sondern ein Teil von ihr.[1] Als die Begründer der mechanistischen Naturwissenschaft die Seele aus der Natur vertrieben und nur passive Materie in Bewegung zurückblieb, schrieben sie alle aktiven Kräfte Gott zu, und die Natur in ihrer Gesamtheit war nur noch *natura naturata*. Die hervorbringende Kraft, *natura naturans*, war jetzt göttlich und damit über-natürlich.

Doch dieses Bestreben, alle Spuren von spontaner organisierender Aktivität aus der Natur zu tilgen, hatte von Anfang an mit großen Schwierigkeiten zu kämpfen. Der Geist der ausgetriebenen unsichtbaren Seele ging nun in der Form unsichtbarer Kräfte um. Die Gravitationskraft, eine Fernwirkung, zeigte, daß es in der stofflichen Welt doch mehr gab als passive Materie in Bewegung. Die Natur des Lichts blieb unenträtselt, und so war es auch mit chemischen, elektrischen und magnetischen Phänomenen. In diesem Kapitel möchte ich aufzeigen, wie die Physik selbst die mechanistische Naturtheorie allmählich überwunden hat.

Gravitation

Die von Newton postulierten Gravitationskräfte erschienen unerklärlich. Das gesamte Universum war von unsichtbaren Kräften erfüllt, weit über die materiellen Körper hinaus, auf die sie einwirkten. Diese Kräfte verbanden alle Körper des Universums mit allen anderen und hielten sie irgendwie im Gleichgewicht. Alles war mit allem verbunden.

Vor Newton hatte man diese Leistung der Weltseele, der *anima mundi*, zugeschrieben oder einem Äther, den man sich als wirbelbildende feinstoffliche Substanz vorstellte. Keines dieser Wirkprinzipien, auch Newtons Anziehungskräfte nicht, war materiell im üblichen Sinne des Wortes. Mit Newtons Gravitationsgleichung konnte man zwar die Stärke der Kräfte berechnen, doch sie erklärte nicht deren Natur.

Newton war der festen Überzeugung, die Materie selbst könne nicht der Ursprung dieser Anziehungskräfte sein:

> Unvorstellbar ist, daß unbelebte rohe Materie (ohne die Mittlerwirkung von etwas anderem, Nichtmateriellem) auf andere Materie einwirkt, ohne sie direkt zu berühren... Daß die Schwerkraft der Materie innewohnt und wesenhaft zu eigen sei, so daß ein Körper von ferne durch ein Vakuum auf einen anderen einwirken könne, ohne daß etwas anderes als Mittler auftritt, um die Wirkung oder Kraft vom einen auf den anderen zu übertragen, erscheint mir derart absurd, daß ich mir nicht denken kann, wie ein in philosophischen Dingen einigermaßen beschlagener Mensch je darauf verfallen kann.[2]

Newton erwog auch Erklärungen, die eine feinstoffliche, ätherische Materie annahmen, doch er verwarf sie schließlich. Solche unsichtbare Materie würde nur die Bewegungen am Himmel stören, für deren Berechnung er ein Vakuum vorausgesetzt hatte. Je weniger Materie, desto besser: «Die Himmel sind so weit als möglich aller Materie zu entkleiden, damit nichts die Planetenbewegungen behindern oder gar unregelmäßig machen kann.»[3] Ganz im Geist der mechanistischen Naturwissenschaft lehnte er die Idee einer Weltseele ab. Damit blieb nur noch Gott übrig, und so schloß er, die Gravitationskräfte seien ein direkter Ausdruck des göttlichen Willens: «Es existiert ein unendlicher und allgegenwärtiger Geist, in welchem die Materie gemäß den mathematischen Gesetzen bewegt wird.»[4]

Kritiker auf dem Kontinent, die an Descartes' Wirbeln feinstofflicher Materie festhielten, waren der Meinung, Newton führe erneut «okkulte Qualitäten» in die Natur ein, verborgene Ursachen, die sehr an Seelen gemahnten. Sehr verdächtig war ihnen auch sein Begriff «Anziehung» (*attraction*) mit seinen animistischen und sexuellen Assoziationen. Voltaire vertrat 1730 bei einem Besuch in London die Auffassung, dies sei ausschlaggebend dafür, daß Newtons Theorie in Paris noch nicht allgemein anerkannt sei; sie irritiere den menschlichen Verstand.

Hätte Newton nicht das Wort «Anziehung» in seiner bewunderungswürdigen Philosophie gebraucht, jeder in unserer Akademie hätte seine Augen dem Licht geöffnet. Doch leider gebrauchte er in London ein Wort, dem in Paris etwas Lächerliches anhaftet, und nur aufgrund dessen wurde er ungünstig beurteilt.[5]

Mit der Zeit wurde die mysteriöse Natur der Gravitation allmählich vergessen. Man gewöhnte sich an die Idee, und diese Gewöhnung setzte sich auch über Newtons entschiedenen Einwand hinweg, so daß man jetzt die Anziehungskraft doch als eine Eigenschaft der «unbelebten rohen Materie» betrachtete. Erst mit Einsteins Theorie der Gravitation erhielt diese rätselhafte Anziehungskraft eine Erklärung: Sie wurde zurückgeführt auf eine physikalische, aber nichtmaterielle Entität, das Gravitationsfeld.

Einsteins Gravitationsfeld ist wie die *anima mundi* nicht *im* Raum; die gesamte physikalische Welt, Raum und Zeit eingeschlossen, ist vielmehr in ihm *enthalten*. Das Gravitationsfeld *ist* die Raumzeit, und deren geometrische Eigenschaften sind für die Gravitationsphänomene verantwortlich. Das Gravitationsfeld wirkt formgebend wie die Seelen der mittelalterlichen Philosophie. Während Newtons Nachfolger glaubten, die Schwerkraft gehe irgendwie von materiellen Körpern aus und verbreite sich um diese her in alle Richtungen, ist in der modernen Physik das Feld das Primäre: Es liegt sowohl den materiellen Körpern als auch dem

Raum zwischen ihnen zugrunde. Der Mond beispielsweise um-
kreist nicht, wie die Newtonsche Physik annimmt, die Erde, weil
er durch eine Kraft zu ihr hingezogen wird, sondern weil die
Raumzeit, in der er sich bewegt, selbst so gekrümmt ist. Diese
Auffassung hat nichts mehr mit dem Materialismus des 19. Jahrhunderts gemein, der die «unbelebte rohe Materie» zur primären
Wirklichkeit und zum Ursprung unsichtbarer Kräfte machte.

Seelen und Felder

Als im 19. Jahrhundert der Begriff des elektromagnetischen Feldes
entstand, gelangte damit ein Prinzip der spontanen Selbstorganisation in die Physik zurück, das fast alle Eigenschaften besaß, die
man traditionell den Seelen zuschreibt. In unserem Jahrhundert
wurde der Feldbegriff auf die Gravitation und die Materiefelder
der Quantenphysik ausgedehnt, und nun sind Felder etwas
Grundlegenderes als die Materie.

An der Geschichte der Theorien des Magnetismus läßt sich ab-
lesen, wie das Feld die Funktion der Seele als unsichtbares Organisationsprinzip übernahm. Der altgriechische Philosoph Thales be-
hauptete, Magnete seien beseelt,[6] und die animistische Theorie des
Magnetismus beherrschte das europäische Denken bis ins
17. Jahrhundert. Man nahm an, eine unsichtbare Wirkkraft breite
sich um den Magneteisenstein aus und könne Materie bewegen.
Diese unsichtbare bewegende Kraft war eine Seele, nicht Materie,
und so besaßen Magnete, aber auch Dinge wie Bernstein, die sich
durch Reibung elektrisch aufladen, eine Seele. Wie die Seele der
Pflanzen und Tiere sich im Tode von der Materie löste, so konnten
auch Magnete und elektrische Körper ihre Kraft verlieren und
waren dann wieder unbeseelt. Ein Magnet konnte aber auch seine
Anziehungskraft auf ein Stück Eisen übertragen, und dieser neue
Magnet behielt dann seine Kraft für eine Weile. Die magnetische

Seele übertrug sich also ebenso, wie das Lebensprinzip der Pflanzen und Tiere auf die Nachkommen übergeht.

Auch die Chinesen hatten diese animistische Auffassung von Magnetsteinen und Bernstein; zumindest seit Beginn unserer Zeitrechnung benutzten sie schon den Magnetstein zur Divination. Im 11. Jahrhundert waren Magnetnadeln als Kompaß für die Navigation im Gebrauch. In Europa tauchte der Kompaß im 12. Jahrhundert auf, er wurde vermutlich von den Chinesen übernommen.[7] Da alle Kompaßnadeln nach Norden wiesen, mußte ihr Magnetismus irgendwie zur Erde in Beziehung stehen – aber wie? Manche meinten, die Anziehungskraft gehe vom Nordpol des Himmelsgewölbes aus, andere dachten, es gäbe magnetische Berge in der Nähe des irdischen Nordpols.

Im 13. Jahrhundert fertigte der Franzose Pelegrinus aus Magneteisenstein einen Kugelmagneten an und fuhr dessen Oberfläche mit einer Magnetnadel ab. Immer wieder markierte er die Richtung, in der die Nadel zur Ruhe kam, und bald wurde ihm klar, daß diese Linien Längenkreise bilden wie die Längenmeridiane der Kartographen. In zwei Punkten kreuzten sich alle Linien – wie die Meridiane der Erde sich alle im Nord- und Südpol treffen. Die Übereinstimmung veranlaßte ihn, diese Kreuzungspunkte auch am Magneten als Pole zu bezeichnen. Wie Magnete zur Ruhe kommen oder einander anziehen, so beobachtete er weiterhin, hängt allein von der Position ihrer Pole ab, so als wären diese der Sitz der magnetischen Kraft. Er zeigte, daß verschiedene Pole einander anziehen und gleiche einander abstoßen. Außerdem stellte er fest, daß man einen Magneten teilen kann und die Stücke dann wieder neue Magnete mit neuen Polen sind.[8] Er gelangte jedoch nicht zu dem Schluß, daß die Erde ein Magnet sei, sondern blieb bei der Auffassung, eine Kompaßnadel werde vom Polarstern angezogen.

Der Begründer der modernen Wissenschaft des Magnetismus, William Gilbert, tat diesen Schritt und verkündete in seinem Buch

De Magnete (1600), die Erde selbst sei ein gigantischer Magnet. Die Neigung der Kompaßnadel zeige nämlich, daß der magnetische Einfluß von der Erde und nicht vom Himmel ausginge. Auch die in verschiedenen Breiten unterschiedliche Abweichung der Nadel vom geographischen Norden deute auf einen irdischen Ursprung hin. Gilbert übernahm von Pelegrinus das Experimentieren mit sphärischen Magneten, und für ihn waren diese «Erdchen» (*terrellae*) wirklich kleine Erden. Er glaubte, «die wahre magnetische Potenz» der Erde habe etwas mit ihrer Kugelform und ihrer Rotation zu tun. Seine Sicht des Magnetismus hatte die traditionelle animistische Prägung. Magnetismus war für ihn Ausdruck einer Sympathiebeziehung, und «die magnetische Kraft ist beseelt oder doch der Seele ähnlich».[9] Mit größter Sorgfalt wog er Eisenstücke vor der Magnetisierung und stellte fest, daß sich an ihrem Gewicht nichts änderte; die Seele des Magneten war also gewichtslos wie andere Arten von Seelen auch.

Gilbert folgte den Philosophen der Antike, die an eine universale Seele, aber auch an die Seelen von Sternen und Planeten glaubten. Für ihn hatte jeder Magnet seine Kraft von der Erde selbst und war «ein beseelter Stein, Teil und geliebtes Kind der beseelten Mutter Erde». Seine Magnetismus-Theorie ruhte auf der Überzeugung, daß die Erde, die er immer wieder «die gemeinsame Mutter» aller Dinge nannte, lebendig sei.[10] Eisen und Magnete sind «wahrhaft und innigst der Erde zugehörig», da sie «die obersten Vermögen in der Natur in sich bergen, das Vermögen, einander anzuziehen, das Vermögen zu bewegen und das Vermögen, sich nach dem Erdball auszurichten».[11] Seine kosmologischen Spekulationen brachten ihn auf den Gedanken, daß die magnetischen Kräfte und die Schwerkraft der Erde irgendwie verwandt seien, zwei Aspekte der Erd-Seele.

Descartes und seine Nachfolger versuchten diese animistischen Vorstellungen auszuräumen und erklärten magnetische und elektrische Phänomene als *effluvia*, als Ströme feinstofflicher Materie.

Im Laufe des 18. Jahrhunderts wurde jedoch deutlich, daß es solche materiellen Emanationen nicht gibt; man konnte sie beispielsweise nicht wegblasen, also konnten sie nicht da sein. Bis zum Ende des Jahrhunderts hatte man festgestellt, daß magnetische und elektrische Kräfte mit dem Quadrat der Entfernung abnehmen, und diese Tatsache war auch mathematisch formuliert worden. Wie bei der Gravitation nahm man jetzt eine Fernwirkung an, die keines Mediums bedurfte.[12] Gilberts Seelen hatten damit nicht etwa eine mechanische Erklärung gefunden, sondern waren einfach durch unerklärliche Verbindungen ersetzt worden, für die keine stoffliche Grundlage zu erkennen war.

In der ersten Hälfte des 19. Jahrhunderts stellte Michael Faraday Forschungen zur Frage der Beziehung zwischen elektrischen und magnetischen Phänomenen an. Diese Arbeit erfolgte im Rahmen des ehrgeizigen Bestrebens, die gesamte physikalische Wirklichkeit anhand einer einzigen, überall im Raum wirkenden Kraft zu erklären. Anstatt die Kräfte von der Materie her zu erklären, wollte er die Materie auf konvergierende Kräfte zurückführen.[13] In diesem Sinne sind Einsteins Feldtheorien und die heutigen Bemühungen um die Theorie eines einheitlichen Ur-Feldes eine Weiterentwicklung jener großen Vision, die Faraday, Vater des wissenschaftlichen Feldbegriffs, antrieb. Er füllte mit seiner Arbeit das Vakuum aus, das die mechanistische Revolution des 17. Jahrhunderts hinterlassen hatte, nachdem sie die Seele des Alls und aller Einzeldinge einfach abgeschafft hatte. In der weiteren Geschichte der Naturwissenschaft wurde der Feldbegriff allmählich auf alle Phänomene ausgedehnt, die man einst anhand der Seele erklärt hatte.

Faraday stellte sich ein Feld als ein Muster von Kräften vor, wie es etwa in den Kraftlinien eines Magneten sichtbar wird (Abb. 7). Wenn solche Felder, so fragte er sich, nicht materiell in irgendeinem herkömmlichen Sinne waren, was war dann ihre physikalische Natur? Er fand zwei Erklärungsmöglichkeiten, von denen keine als eindeutig richtig zu bezeichnen war: Entweder sind Felder Zustände eines feinstofflichen, aber eben doch materiellen Mediums, «das wir Äther nennen mögen», oder sie sind Zustände des «bloßen Raumes». Die letztere, radikalere Deutung gefiel ihm besser, weil er gern alle physikalischen Phänomene als Muster und Schwingungen von Kräften im Raum erklärt hätte.[14] Der Physiker James Clark Maxwell machte sich die von Faraday weniger geschätzte Deutung zu eigen und faßte elektromagnetische Felder als Zustände des Äthers auf, der für ihn ein feinstoffliches Fluid war. Seine Feldgleichungen faßten Elektrizität, Magnetismus und Licht zu einer «Elektromagnetismus» genannten Klasse von Phänomenen zusammen und gingen von der Vorstellung aus, daß Kraftlinien röhrenartige Ätherwirbel seien. In Maxwells Feldmodell ist der Äther ein mechanisches Medium – doch es stellte sich bald heraus, daß Felder keine derartige mechanische Basis besitzen.

Zu Beginn unseres Jahrhunderts, nachdem die Bemühungen, den Äther – das mutmaßliche Medium etwa des Lichts – experimentell aufzuspüren, fehlgeschlagen waren, machte Albert Ein-

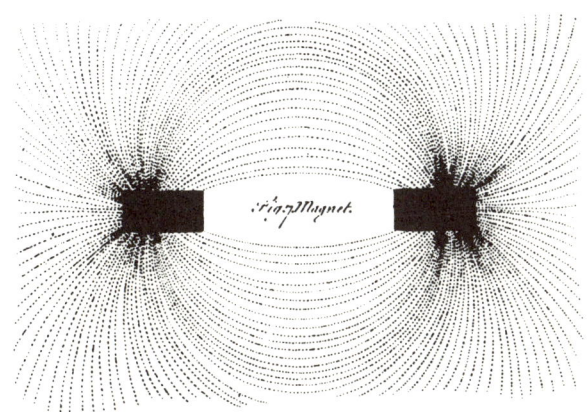

Abbildung 7   Das Magnetfeld um die beiden Pole eines Hufeisenmagneten, sichtbar gemacht durch Eisenfeilspäne (Kupferstich, 18. Jh.).

stein sich daran, elektromagnetische Phänomene allein anhand von Feldern zu erklären. Für ihn wurde der Äther «überflüssig». Nach seiner Speziellen Relativitätstheorie ist das elektromagnetische Feld im Raum ausgebreitet, besitzt aber keinerlei mechanische Basis. Dennoch ist es das Medium komplexer Prozesse und besitzt wie die Materie Energie und Impuls. Es kann in Wechselwirkung mit der Materie treten, und es kann dabei zu einem Austausch von Energie und Impuls kommen. Das Feld ist jedoch von der Materie unabhängig. Es ist kein Zustand der Materie, sondern des Raumes.[15] In der Allgemeinen Relativitätstheorie dehnte Einstein später den Feldbegriff auf die Gravitation aus. Das Gravitationsfeld ist ein Raumzeit-Kontinuum, das in der Nähe von Materie gekrümmt ist, und die Schwerkraft ist eine Folge eben dieser Krümmung des Feldes.

In der Quantentheorie werden Protonen, Elektronen und andere Teilchen als Wellenpäckchen oder Schwingungsquanten betrachtet. Sie existieren als Schwingungen von Quantenmateriefeldern, eine Feldart für jede Art von Teilchen: Ein Proton ist das Quantum des Schwingungsmusters im Proton-Antiproton-Feld, ein Elektron ein Quantum des Elektron-Positron-Feldes und so weiter. Diese Materiefelder sind Zustände des Raumes, der aber nicht leer ist, sondern voller Energie; in ihm finden spontane Fluktuationen statt, die neue Quanten «aus dem Nichts» entstehen lassen können. Ein Teilchen und sein Antiteilchen können an irgendeinem Punkt des Raumes plötzlich in ein «virtuelles Dasein» treten und einander dann augenblicklich annihilieren. «Ein Vakuum ist nicht inaktiv und gesichtslos, sondern vibriert vor Energie und Lebendigkeit.»[16] Die Atome des alten Materialismus – harte, unzerstörbare Materieteilchen, die sich im leeren Raum bewegen – sind nirgendwo zu finden. Atome und alle anderen Quantensysteme sind Aktivitätsstrukturen und nicht gleichbleibende träge Dinge.

Alle diese Veränderungen haben nun dazu geführt, daß Felder

und Energie die grundlegende physikalische Wirklichkeit geworden sind. Durch die moderne Physik, so drückt Karl Popper es aus, «hat der Materialismus sich selbst überwunden».[17]

Universale Energie

In der beseelten Welt der mittelalterlichen Philosophie bestand die Natur aus zwei Hauptkomponenten: Materie, die in sich selbst ziellos und chaotisch war, und die Seele, die der Materie ihre Form gab und die ordnende und treibende Kraft in allem äußeren Geschehen war. In diesem aristotelischen Sinne war Materie etwas ganz anderes als in der Newtonschen Physik. Sie war ein universales Prinzip, von Natur aus unbestimmt, nicht festgelegt: Sie war reine Potentialität und konnte jede Form annehmen. Mit der heutigen Vorstellung von einer einzigen universalen Energie, die in vielen verschiedenen Formen aufzutreten vermag, ist ein Einheitsprinzip in die Physik eingeführt worden, das mit dem aristotelischen Materiebegriff mehr zu tun hat als mit irgend etwas in der Newtonschen Physik.

Das mechanische Universum von Materie in Bewegung, wie es im 17. Jahrhundert gesehen wurde, setzte sich aus einer Reihe voneinander getrennter Gegebenheiten zusammen: Zunächst war da die Materie selbst, die aus unzerstörbaren passiven Atomen bestand, sodann Bewegung, die Gravitationskräfte, elektrische und magnetische Kräfte, Licht, die Kräfte der chemischen Bindung und die Wärme. Der heutige Energiebegriff stellt ein Vereinheitlichungsprinzip all dieser Formen dar.

Der erste große Schritt zu dieser Synthese wurde um die Mitte des vorigen Jahrhunderts mit der Einführung des allgemeinen Energiebegriffs (den es in der Physik bis dahin nicht gegeben hatte) und des Prinzips der Energie-Erhaltung getan. Hier kamen verschiedene Einflüsse zusammen: Einer lag in dem seit dem

17. Jahrhundert gebräuchlichen Begriff der *vis viva*, der «lebendigen Kraft», der definiert war als das Produkt aus der Masse (m) und dem Quadrat der Geschwindigkeit (v) eines bewegten Körpers, also mv^2. (Hier besteht eine direkte Entsprechung zum modernen Begriff der kinetischen Energie: $mv^2/2$.) Ein zweiter ging von der Erforschung elektrischer und magnetischer Kräfte aus, insbesondere von Faradays Bemühungen um einen einheitlichen Kraftbegriff. Einen dritten Einfluß bildeten die thermodynamischen Forschungen an Maschinen, die Wärme in Bewegung umsetzten; die Begründer der Thermodynamik versuchten sich die Wärmeleitung und -übertragung zunächst als das Fließen eines feinstofflichen «Wärmestoffes» von wärmeren hin zu kälteren Körpern zu erklären. Durch die Formulierung eines einheitlichen Energiebegriffs konnten nun alle diese Arten von Kräften, Strömungen, Bewegungen und Potentialitäten zueinander in Beziehung gesetzt werden. Dabei wurde zugleich die Beziehung zwischen Energie und mechanischer Arbeit deutlich, aber auch der Unterschied zwischen tatsächlich wirkender Energie und potentieller Energie. Maxwell verwendete diesen neuen Energiebegriff in seiner Theorie des Elektromagnetismus und brachte so Licht und andere elektromagnetische Phänomene zu einer neuen Synthese.[18]

In den neunziger Jahren behaupteten Physiker wie Wilhelm Ostwald, nicht die Materie, sondern die Energie sei die einzig reale Substanz in der Natur.[19] Dergleichen Behauptungen begegneten die meisten Physiker eher mißtrauisch, denn schließlich betrachtete man die Materie nach wie vor als aus unzerstörbaren Atomen bestehend. Den entscheidenden Schritt tat schließlich Einstein, der mit seiner berühmten Gleichung $E = mc^2$ (in der E die Energie, m die Masse und c die Lichtgeschwindigkeit ist) zeigte, daß Masse und Energie äquivalent, ja sogar konvertierbar sind.

Die weitere Entwicklung hat dazu geführt, daß man heute annimmt, die Natur bestehe durchweg aus Feldern und Energie. Die Energie – ganz wie die aristotelische Materie – kann in vielen verschiedenen Formen existieren. In der aristotelischen Physik war die Seele das formschaffende Prinzip; in der heutigen Physik ist es das Feld.

Indeterminismus und Chaos → *Zukunft ist nicht deterministisch sondern offen*

Drei Jahrhunderte lang, von der Zeit Descartes' an bis 1927, lebten die Physiker im Banne einer machtvollen Illusion. Sie glaubten, daß alles vollkommen determiniert sei und daher im Prinzip, wenn auch nicht in der Praxis, vollkommen vorhersehbar. Diese Illusion brachte zu Beginn des 19. Jahrhunderts der französische Physiker Pierre Simon de Laplace auf den Punkt, als er seine Phantasie von einem Weltdämon entwickelte, der alle Vergangenheit und Zukunft berechnen kann:

> Eine Intelligenz, welche für einen gegebenen Augenblick alle Kräfte, von denen die Natur belebt ist, sowie die gegenseitige Lage der Wesen, die sie zusammensetzen, kennen würde und überdies umfassend genug wäre, um diese gegebenen Größen einer Analyse zu unterwerfen, würde in derselben Formel die Bewegungen der größten Weltkörper wie die des leichtesten Atoms ausdrücken: Nichts würde für sie ungewiß sein und Zukunft wie Vergangenheit ihr offen vor Augen liegen.[20]

Dieser Dämon war kein allwissender Gott, sondern eher ein übermenschlicher Wissenschaftler. Er war eine körperlose Intelligenz, die durch mathematische Berechnung zu gottähnlichem Wissen kam, ein idealisierter Physiker mit einem Verstand, der die gesamte Natur erfassen konnte – eigentlich ein idealisierter Laplace.[21]

1927, mit der Entwicklung der Quantentheorie, wurde deutlich, daß physikalische Prozesse auf der atomaren und subatomaren Ebene *essentiell* unbestimmt und nur als Wahrscheinlichkeiten voraussagbar sind. Man nahm einige Jahrzehnte lang noch an, diese naturgegebene «Unschärfe» habe für die makroskopische Ebene, also unsere normale Erfahrungswelt, wenig Bedeutung. Seit etwa zwanzig Jahren wächst jedoch der Verdacht, daß die Unbestimmtheit in Systemen aller Größenordnungen eine Rolle spielt: in «dissipativen» Prozessen fern vom thermodynamischen Gleichgewichtszustand, wo geringe Fluktuationen verstärkt werden können, um große Wirkungen zu erzielen (etwa bei der Bildung von Konvektionszellen in erhitzten Fluiden);[22] in «katastrophischen» Prozessen wie dem Brechen von Wellen, dem turbulenten Fließen von Flüssigkeiten und bei Phasenübergängen (etwa Sieden und Gefrieren); beim Wetter; in lebenden Organismen; im Gehirn; bei Populationsdynamik und Ökologie; und bei den Fluktuationen der Wirtschaft. Prozesse dieser Art lassen sich nicht zufriedenstellend mit den Mitteln der alten deterministischen Physik beschreiben. Hier braucht man ganz neue mathematische Ansätze, und einer der wichtigsten dieser neuen Ansätze ist die «Chaos-Theorie».[23] Die durch den Computer ermöglichten mathematischen Modelle chaotischer Prozesse zeigen, daß das Modellsystem nicht einfach ausschwingt und zu einem Gleichgewichtszustand findet, sondern sich in komplexen Mustern weiterentwickelt (Abb. 8).

In der Rückschau sehen wir jetzt, daß die meisten physikalischen Systeme nicht einmal in der abstrakten Welt der Newtonschen Mechanik mit ihren Punktmassen, ihren perfekt elastischen Teilchen, ihren reibungsfreien Rädern und anderen mathematischen Fiktionen genau vorhersehbaren Bahnen folgen.[24] Schon ganz einfache Systeme aus gekoppelten Pendeln verhalten sich chaotisch.[25] Und das gilt auch für das Sonnensystem selbst, das ja lange als verläßlichste Basis der deterministischen Physik angesehen wurde.

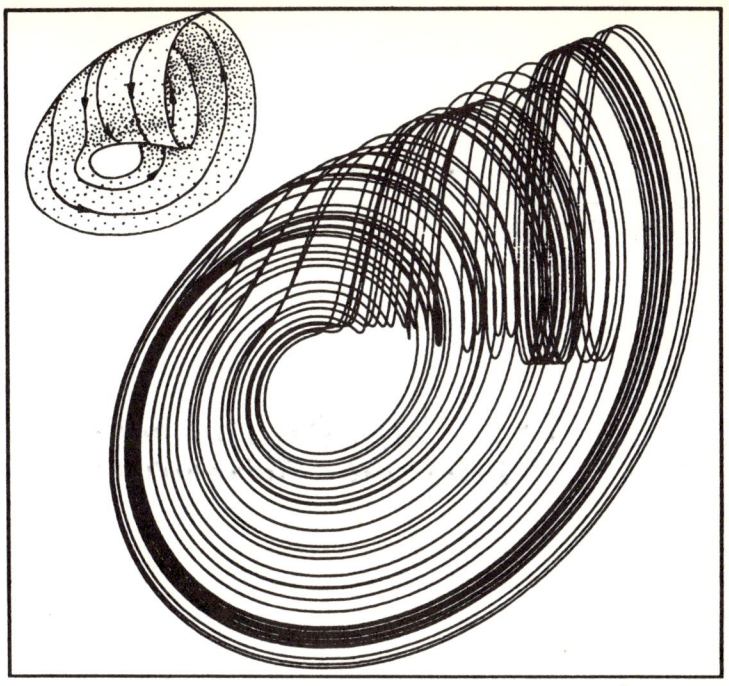

Abbildung 8 Ein chaotischer Attraktor, der Rössler-Trichter, entdeckt von Otto Rössler, einem der Pioniere auf dem Gebiet der Chaos-Dynamik. Chaotische Attraktoren existieren, wie andere Arten von Attraktoren, im «Phasenraum», in dem der Zustand eines dynamischen Systems in einem bestimmten Augenblick als Punkt dargestellt ist. Ändert sich das System, so bewegt sich der Punkt und beschreibt eine Bahn. Bei chaotischen Attraktoren schwingen sich diese Bahnen nicht auf ein einfaches repetitives Muster ein, sondern bleiben «chaotisch» (Abraham und Shaw).

Unser physikalisches Naturverständnis beruht weitgehend auf dem Studium nichtchaotischer Systeme, doch in Wirklichkeit sind solche Systeme etwa so selten wie weiße Raben. Die algorithmische Komplexitätstheorie und die nichtlineare Dynamik zusammengenommen lassen keinen Zweifel daran, daß der Determinismus nur einen recht begrenzten Geltungsbereich hat.

Außerhalb dieses kleinen Hafens der Ordnung liegt das größtenteils unerforschte weite Land des Chaos.[26]

Nach über drei Jahrhunderten entdeckt die Naturwissenschaft jetzt also wieder eine der Natur innewohnende Spontaneität. Die Zukunft ist nicht länger determiniert, sie ist offen. Sofern man überhaupt mathematische Modelle von ihr konstruieren kann, hat dies entsprechend einer chaotischen Dynamik zu geschehen. Und dieses Chaos, diese Offenheit, Spontaneität und Freiheit der Natur sind der Ansatzpunkt des Schöpferischen in der Evolution.

Attraktoren → *Zielorientiertheit auch von biologischen Phänomenen*

Einer der Hauptgedanken der mechanistischen Naturtheorie besagt, daß es in der Natur keine eigenen, in ihr selbst liegenden Zweckbestimmungen geben kann. In der animistischen Wissenschaft des Mittelalters und der Renaissance war es so, daß Organismen sich zu einem in ihnen selbst liegenden Ziel hin entwickelten; ihre Entwicklung war also zweckgerichtet und durch die Anziehungskraft des inneren Ziels bestimmt. In der mechanischen Welt der Newtonschen Physik hatten solche teleologischen Deutungen keinen Platz; allerdings gab es auch in dieser Welt geheimnisvolle Anziehungskräfte. Die Natur wurde hier nicht durch die Zugkraft von in der Zukunft liegenden Zielen bestimmt, sondern einfach durch die Schubkraft der Vergangenheit. In den letzten Jahrzehnten nun wurden solche Ziele, zu denen die Entwicklung physikalischer Systeme hinstrebt, in der Gestalt sogenannter dynamischer Attraktoren wieder eingeführt.

Die Wissenschaft der Dynamik befaßt sich mit den Kräften, die den Bewegungszustand von Massen ändern. Seit der Entwicklung einer geometrischen Theorie dynamischer Systeme kommt dem Begriff des Attraktors eine zentrale Bedeutung zu. Die mathemati-

schen Modelle enthalten Strukturen, die «Attraktor-Becken» genannt werden, und in jedem dieser Becken gibt es einen Kern, den
Attraktor. Das dynamische System – beispielsweise ein Pendel
oder ein evolvierender Embryo – entwickelt sich auf den Attraktor
zu, der Endpunkt und Ziel dieser Entwicklung ist.

Nehmen wir etwa eine Puddingschüssel als Attraktor-Becken.
Der Boden der Schüssel ist der Attraktor. Jetzt werfen wir kleine
Bälle in die Schüssel, aus verschiedenen Winkeln und mit verschiedener Geschwindigkeit, und je nachdem, wie wir sie werfen, werden sie in der Schüssel ganz unterschiedliche Bahnen nehmen. Alle
werden jedoch schließlich beim Attraktor, also am Boden der
Schüssel, zur Ruhe kommen. Dynamische Modelle sind so etwas
wie abstrakte Schüsseln, sie existieren in mathematischen Räumen,
die man Vektorfelder nennt. «Das Vektorfeld ist ein Modell für die
habituelle Tendenz der Situation, von einem Zustand zu einem
anderen zu evolvieren, und man nennt es die Dynamik des Modells.»[27]

Manche Attraktoren sind Punkte wie etwa der Boden einer Puddingschüssel: Das dynamische System kommt in einem definitiven
Endzustand zur Ruhe. Andere Attraktoren sind Zyklen: Das System findet zu einem repetitiven periodischen Verhalten (zum Beispiel das Pendel einer Uhr). Und manche Attraktoren werden als
«seltsam» oder «chaotisch» bezeichnet: Das System findet nie zu
einem ganz exakten Wiederholungsmuster (Abb. 8).

Mathematische Modelle von Attraktoren werden zwar im allgemeinen nicht teleologisch gedeutet, doch sie implizieren einfach
das Vorhandensein von Zielpunkten oder -zuständen, auch wenn
diese «chaotisch» sein mögen. In solchen Modellen spielt das Vektorfeld die formative Rolle der Seele, und der Attraktor ist das
«Ziel», zu dem ein dynamisches System im Attraktor-Becken hingezogen wird. Kein Wunder also, daß solche Modelle auch auf die
embryonale Entwicklung, auf tierisches Verhalten und andere biologische Phänomene angewendet werden.[28] Mathematische Mo-

delle bieten heute – zum erstenmal seit der mechanistischen Revolution – die Möglichkeit, die Zielorientiertheit lebender Organismen zu erfassen, anstatt ihr Verhalten einfach als Folge von Vorausgegangenem zu verstehen. Wir werden im nächsten Kapitel auf dieses Thema zurückkommen.

Das Rätsel der dunklen Materie

Eine der größten und zugleich rätselhaftesten Überraschungen für die moderne Kosmologie liegt darin, daß der größte Teil der im Universum enthaltenen Materie uns offenbar vollkommen unbekannt ist. Man spricht hier von der «dunklen Materie». Daß es sie geben muß, wurde zuerst aus dem Verhalten von Galaxien und ihrem Gas-Halo erschlossen. Enthielten Galaxien nur die Sterne und das Gas, das wir beobachten können, dazu vielleicht noch große Mengen anderer bekannter Materieformen, so würden all die so erzeugten Gravitationskräfte in keiner Weise das Verhalten der Galaxien erklären, etwa die Art und Weise, wie sie sich zu sogenannten Clustern gruppieren. Phänomene dieser Art sind nur zu erklären, wenn wir große Mengen verborgener Materie in und zwischen den Galaxien annehmen. Diese dunkle Materie wäre dann für die ungeheuren Gravitationskräfte verantwortlich – aber von welcher Art sie ist, das weiß niemand.

Neuere Schätzungen, was den Anteil der dunklen Materie angeht, liegen zwischen 90 und 99 Prozent. Mit anderen Worten: Die uns bekannten Materiearbeiten machen nur 1 bis 10 Prozent des Ganzen aus, weniger als die Spitze des Eisbergs. Zum Teil könnte die dunkle Materie aus den dunklen Überresten von Sternen bestehen, auch aus Schwarzen Löchern. Hauptsächlich besteht sie jedoch wahrscheinlich aus Teilchen, die anders sind als alle bisher von der Kernphysik entdeckten. Da diese dunklen Teilchen kaum je mit der uns bekannten Materie wechselwirken, also auch mit unseren Sinnesorganen und Instrumenten nicht, sind sie natürlich schwer aufzuspüren. Überall um uns her müssen sie vorhanden sein, doch wir merken nichts davon. Über ihre mutmaßlichen Eigenschaften wird noch spekuliert, und die Physiker brüten an Detektoren; man glaubt zum Beispiel, daß sie gelegentlich an höchst subtilen magnetischen Interaktionen teilnehmen.[29]

Das ist in der Tat ein gewaltiges Rätsel. Der größte Teil der Materie im Universum ist ausschließlich durch seine Gravitationswirkung bekannt, ansonsten völlig hypothetisch. Ihr Gravitationsfeld hat die Entwicklung des Universums entscheidend mitgestaltet. Es ist fast so, als hätten die Physiker hier das Unbewußte entdeckt. Wie das Bewußtsein gleichsam an der Oberfläche eines Meeres unbewußter geistiger Prozesse schwimmt, so schwimmt die bekannte physikalische Welt auf einem kosmischen Ozean dunkler Materie.

Diese dunkle Materie besitzt die archetypische Macht der dunklen, zerstörerischen Mutter. Sie ist wie Kali, deren Name ja sogar «schwarz» bedeutet. Von der Gesamtmenge der dunklen Materie hängt das künftige Schicksal des Universums ab: Liegt sie oberhalb einer bestimmten Grenze, so wird die Ausdehnung des Kosmos irgendwann zum Stillstand kommen und er sich unter dem Einfluß seiner eigenen Gesamtschwerkraft wieder zusammenziehen, bis schließlich alles durch eine gewaltige Implosion, die Umkehrung des Urknalls, verschlungen wird.

Die Wiedergeburt der Natur in der Wissenschaft

Erneut wird die Natur jetzt als etwas Sich-selbst-Organisierendes gesehen. Nur wird diese Organisation jetzt nicht mehr von einer Weltseele und allen Einzelseelen bewerkstelligt, sondern von einem universalen Gravitationsfeld und allen in ihm enthaltenen Feldern anderer Art. Unbestimmtheit, Spontaneität und Kreativität tauchen überall in der Natur wieder auf. Immanente Zwecke oder Ziele werden in Attraktor-Modellen dargestellt. Und unter allem, wie eine kosmische Unterwelt, liegt das unzerstörbare Reich der dunklen Materie.

Diese Entwicklungen haben vielen Aspekten einer lebendigen und beseelten Natur, die während der mechanistischen Revolution verworfen worden war, neue Geltung verschafft, ja im Grunde erwecken sie die Natur selbst zu neuem Leben.[30] Natürlich führen sie uns nicht zur vormechanistischen Weltsicht zurück, sondern weisen – auf einer höheren Windung der Spirale – die Richtung zu einer nachmechanistischen Weltsicht. Denn das heutige Bild der Natur vermittelt uns ein noch deutlicheres Gefühl von ihrer spontanen Lebendigkeit und ihrem schöpferischen Wirken, als es das Weltbild der Griechen, des Mittelalters und der Renaissance vermochten. Alles in der Natur ist auf Evolution hin angelegt. Der Kosmos ist wie ein großer sich entwickelnder Organismus, und die evolutionäre Kreativität liegt in der Natur selbst.

5. Die Natur des Lebens

Die Lebenskraft

Der Ansatzpunkt für Spekulationen über die Natur des Lebens ist der Tod. Was geschieht, wenn eine Pflanze, ein Tier, ein Mensch stirbt? Der Körper ist zunächst noch da. Sein Gewicht verändert sich nicht. Er hat noch die gleiche Gestalt und materielle Zusammensetzung. Und doch ist er nun tot. Er kann nicht mehr wachsen, sich regen, sich erhalten. Er zersetzt sich. Irgend etwas scheint ihn verlassen zu haben – die Lebenskraft, der Lebenshauch, der Geist, die Seele, der feinstoffliche Körper, der Vitalfaktor oder das Organisationsprinzip.

Überall auf der Welt sind die Menschen zu ähnlichen Schlußfolgerungen gelangt. Irgend etwas verläßt den Körper, wenn er stirbt. Und was auch immer das ist, es besteht nicht aus gewöhnlicher Materie; es ist entweder immateriell oder aus feinstofflicher Materie, oder es ist eine Art Strom wie das Strömen des Atems, oder es ist wie Feuer. Wo das Leben als ein Strömen betrachtet wird, da besteht traditionell auch die Vorstellung, daß der Strom des Lebens, der Lebensgeist, nicht nur *in* den Organismen ist, sondern sie auch *umgibt*. Der Lebenshauch ist auch die Luft, der Wind, der Geist. Er ist das Lebensprinzip der Natur. Nehmen wir als Beispiel die Vorstellungen eines Indianerstammes im Amazonasgebiet:

Die Ufaina glauben an eine Lebenskraft, die sie *fufuka* nennen; sie ist essentiell männlich und in allen Lebewesen gegenwärtig. Diese Lebenskraft, deren Ursprung die [als männlich aufgefaßte] Sonne ist, zirkuliert ständig zwischen Pflanzen, Tieren, Menschen und der Erde selbst, die als weiblich gesehen wird. Jede Art von Lebewesen – Menschen, Pflanzen, Tiere, die Erde oder was auch immer – bedarf eines bestimmten Mindestmaßes dieser Energie, um leben zu können. Wird ein Wesen geboren, so tritt die Lebenskraft in dieses Wesen ein und damit in die ganze Art oder Gruppe, der es angehört. Die Gruppe entleiht diese Energie aus dem gesamten Energievorrat. Stirbt ein Wesen, so gibt es diese Energie wieder frei, und sie geht zurück in den Gesamtvorrat und damit zurück in den Kreislauf. Und wenn ein Lebewesen ein anderes verzehrt – ein Hirsch das Laub eines Strauchs oder ein Mensch einen Hirsch –, so geht die Energie des getöteten Wesens auf den über, der es verzehrt, und sammelt sich in dessen Körper an.[1]

Naturwissenschaftlich formuliert, ist diese Lebenskraft Energie. Energie ist in der Tat in allen Dingen vorhanden. Die Lebewesen beziehen sie aus ihrer Umwelt – die Pflanzen durch Photosynthese von der Sonne, die Tiere als chemische Energie, die sie durch Verdauung und Atmung aus ihrer Nahrung gewinnen. Sie akkumulieren sie in ihrem Körper und «betreiben» damit ihre Bewegungen, ihr Verhalten. Sterben sie, so wird die angesammelte Energie freigesetzt und sucht Wohnung in anderen Formen. Der Energiestrom, von dem Ihr Körper und Ihr Gehirn in eben diesem Augenblick abhängen, ist Teil eines kosmischen Stroms, und Ihre Energie wird weiterfließen, wenn Sie tot sind, und immer wieder neue Formen annehmen.

Doch die Lebenskraft, der Lebenshauch, der Energiestrom, das kann nur ein Aspekt des Lebendigen sein. Wenn die Energie so viele verschiedene Formen annehmen kann, muß noch etwas anderes dasein, das für diesen Formaspekt verantwortlich ist. Wenn ein und dieselbe Energie in einer Pflanze sein kann, dann in dem Hirsch, der sie verzehrt, und wieder in dem Menschen, der den Hirsch verzehrt, dann muß die Verschiedenheit von Pflanze, Hirsch und Mensch auf einem formativen Aspekt beruhen, der neben dem Energieaspekt besteht, und zwar auf einem Prinzip, das gemäß seinen eigenen «Absichten» den Energiestrom formt. Artistoteles nannte dieses Prinzip *psyche*, die Seele. Er nannte es auch *Entelechie*, und das heißt wörtlich: «was sein Ziel in sich selbst hat».

Zum Leben gehört also ein Energiestrom, den man als Aspekt des universalen Energiestroms auffassen kann, und ein formatives Prinzip, das einem Organismus gleichsam sein Ziel vorgibt, zu dem seine Lebensprozesse hingezogen werden. Worin nun aber dieses formative Prinzip besteht, das ist die große Frage. Schon seit mehr als dreihundert Jahren ist nun die Wissenschaft vom Leben der Schauplatz eines endlosen und manchmal erbittert geführten Disputs über eben diese Frage.

Drei Theorien des Lebens und der Natur

[Handschriftliche Notiz: - Mechanistisch, vitalistisch, -holistisch]

Die als Vitalismus bezeichnete Tradition des Denkens geht davon aus, daß Lebewesen wahrhaft lebendig und beseelt sind. In ihrem körperlichen Aspekt sind sie geformt und organisiert von immateriellen Seelen oder Vitalfaktoren oder formativen Impulsen oder Entelechien.[2] Im Grunde ist der Vitalismus ein Produkt der animistischen Naturtheorie, die in Europa vor der mechanistischen Revolution bestimmend war. Während jedoch die alten animistischen Theorien *allem* in der Natur Lebendigkeit zusprachen, schränkt der Vitalismus den Begriff «Leben» auf biologische Organismen ein und überläßt den Rest der Natur der Physik.

Die mechanistische Theorie des Lebens bestreitet demgegen-

[Handschriftliche Notizen am unteren Rand:]
mechanistisch → Physik, Chemie, Zufall, DNS
vitalistisch → Seelen, Lebenskraft
holistisch → lebendige Natur, Ganzheit

über, daß überhaupt ein Wesensunterschied zwischen lebenden Organismen und toten Organismen oder ganz allgemein der unbelebten Materie besteht. Sie betrachtet Organismen als Maschinen, die nach den in Physik und Chemie geltenden allgemeinen Gesetzen funktionieren. Es ist natürlich zu erkennen, daß ihre Organisation zusammenbricht, wenn sie sterben, doch es gibt keinen qualitativen Unterschied zwischen einem lebenden und einem toten Organismus, nur einen Gradunterschied: Lebendigkeit beinhaltet kein zusätzliches Prinzip, das der Physik unbekannt wäre. Die universalen Gesetze der Physik und Chemie gelten für lebendige und tote Organismen gleichermaßen. Und die Organisation eines lebendigen Organismus beruht nicht auf irgendeinem über diese Gesetze hinausgehenden immateriellen Prinzip; sie ergibt sich vielmehr – in einer Weise allerdings, die nach wie vor niemand aufzuzeigen vermag – irgendwie aus komplexen physikalisch-chemischen Wechselwirkungen.

Seit Descartes ist die an lebendigen Organismen erkennbare Zielstrebigkeit eines der unangenehmsten und hartnäckigsten Probleme der Mechanisten. Ein Embryo scheint geradezu den inneren Drang zu haben, zur Gestalt des ausgewachsenen Organismus heranzureifen, und selbst wenn er Schaden leidet, kann er sich häufig trotzdem noch zur normalen Form entwickeln. Das Instinktverhalten der Tiere – etwa der Netzbau der Spinnen oder der alljährliche Flug der Zugvögel – zeugt von einem inneren Zielbewußtsein als treibender Kraft. Vitalisten führen diese in den Lebewesen selbst liegenden Motivationen auf deren Seele oder Lebensprinzip zurück. Mechanisten bestreiten, daß es dergleichen gibt, und sind daher gezwungen, andere Erklärungen zu finden. Die laufen freilich immer wieder darauf hinaus, daß sie doch wieder eine Seele einführen, wenn auch in mechanistischer Verkleidung. Gegen Ende des 19. Jahrhunderts glaubte man dieses innere Organisationsprinzip im sogenannten Keimplasma des Zellkerns entdeckt zu haben. Der Kern war eine Art winziges Gehirn, das den Körper der Zelle steuerte und beherrschte. Diese Rolle hat man nun inzwischen den aus DNS-Molekülen bestehenden Genen übertragen. Doch wenn man deren Eigenschaften betrachtet, sind sie keineswegs seelen- und leblose Moleküle, sondern mit Lebendigkeit und Geist begabt: Sie können sogar egoistisch sein. Die Welt des Lebendigen ist insgesamt so etwas wie ein kapitalistisches Wirtschaftssystem, und das egoistische Konkurrenzdenken des Menschen, das alle Theorien der freien Marktwirtschaft gleichsam als anthropologische Konstante voraussetzen, wird auf die Gene projiziert.

In der plastischen Sprache Richard Dawkins' sind Organismen «Wegwerf-Überlebensmaschinen», die die «egoistischen Gene» sich selbst als Behausung bauen. Diese Gene sind demnach nicht etwa bloße Chemikalien, sondern lebendig, und sie kalkulieren ihren Vorteil so rücksichtslos wie der Mensch. Sie besitzen nicht nur die Fähigkeit, «Form zu schaffen», «Materie zu gestalten» und «Entscheidungen zu fällen», sondern betreiben auch ein «evolutionäres Wettrüsten» und «streben nach Unsterblichkeit».[3] Die Theorie des egoistischen Gens treibt den Anthropomorphismus in der Naturwissenschaft weiter als je zuvor.

Die populärste Maschinenmetapher des Lebendigen ist heute der Computer und seine Programme. Für die zielgerichteten Organisationsprinzipien lebendiger Organismen hat sich der Begriff «genetisches Programm» längst eingebürgert. Auch hier werden die DNS-Moleküle im Handumdrehen wieder zu molekularen Seelen mit Leben und Geist, denn bei Computerprogrammen weiß man wohl, daß sie von Menschen zu bestimmten Zwecken ersonnen werden – wer aber schreibt die genetischen Programme? Und so behaupten die meisten Biologen zwar immer noch, Mechanisten zu sein, aber letztlich ist das Paradigma der modernen Biologie doch eine ziemlich kryptische Form des Vitalismus, in dem die organisierenden Vitalfaktoren einfach anders genannt werden, zum Beispiel «genetisches Programm» oder «egoistisches Gen».

Mechanistische und vitalistische Theorien reichen bis ins 17. Jahrhundert zurück, doch der dritte der Ansätze, die wir hier betrachten wollen – der holistische oder organismische Ansatz, auch Systemtheorie genannt –, bildete sich in den zwanziger Jahren unseres Jahrhunderts heraus. Die uralte Kontroverse zwischen Mechanismus und Vitalismus soll durch diesen neuen Ansatz beigelegt werden. Er stimmt mit dem Mechanismus überein im Postulat der Einheit der Natur, betrachtet also das biologische Leben als nur graduell und nicht qualitativ verschieden von der übrigen Natur; und er stimmt mit den Vitalisten überein in der Behauptung, daß Organismen organische Ganzheiten sind, die sich nicht auf die Physik und Chemie einfacherer Systeme zurückführen lassen.

In der holistischen Theorie wird letzten Endes die gesamte Natur als lebendig betrachtet, und insofern stellt sie eine modernisierte Fassung des vormechanistischen Animismus dar. Hier sind sogar Kristalle, Moleküle und Atome Organismen (Abb. 9). Tatsächlich sind die Atome ja sogar, wie die moderne Physik gezeigt hat, Aktivitätsstrukturen, Muster energetischer Aktivität innerhalb von Feldern. So lesen wir bei Alfred North Whitehead: «Biologie ist das Studium größerer Organismen, Physik ist das Studium kleinerer Organismen.»[4] Im Lichte der modernen Kosmologie ist Physik auch das Studium des allumfassenden kosmischen Organismus sowie der galaktischen, stellaren und planetarischen Organismen, die sich in ihm entwickelt haben.

Das Rätsel von Entwicklung und Regeneration

Ihre größten Erfolge errang die mechanistische Biologie mit der Erklärung der Physiologie ausgewachsener Organismen. Diese werden dabei als Maschinen betrachtet, und ihre Organe sind wie Maschinenteile, die harmonisch zusammenwirken und so die organisierte Ganzheit des Organismus wahren. Das Zusammenwirken der Teile hängt von Feedback-Prozessen ab: Interne Steuerungseinrichtungen registrieren die Aktivitäten der Maschine und greifen ihrerseits regelnd in das Geschehen ein – denken wir nur an die Arbeitsweise von Thermostaten oder an die computergestützten Leitsysteme, die Marschflugkörper ins Ziel lenken. Das zielgerichtete Funktionieren von Organen in Relation zum Gesamtorganismus ist von der Natur im Laufe der Evolution durch Selektion so eingerichtet worden, aber es hat so wenig mit einer Seele oder Vitalfaktoren zu tun wie das «Verhalten» einer Rakete. Der Zweck, den Organe und Organismen haben, ist ihren Genen einprogrammiert, er ergibt sich aus den Molekülen des genetischen Materials, der DNS.

Die Maschinenanalogie ist, was ausgewachsene Organismen angeht, nicht ganz von der Hand zu weisen. Maschinen, vor allem regelkreisgesteuerte, sind tatsächlich künstlichen Organen oder

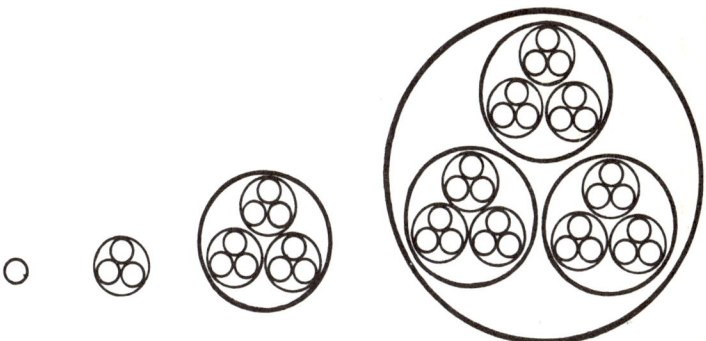

Abbildung 9 Ebenen einer geschachtelten Hierarchie von morphischen Einheiten (Holons). Holons sind auf jeder Ebene Ganzheiten, die wiederum aus Ganzheiten einer untergeordneten Art aufgebaut sind. Das Diagramm könnte zum Beispiel für subatomare Teilchen in Atomen, in Molekülen, in Kristallen stehen oder für Zellen in Geweben, in Organen, in Organismen oder für Planeten in Sonnensystemen, in Galaxien, in galaktischen «Clusters» oder für Phoneme in Wörtern, in syntaktischen Phrasen, in Sätzen.

Organismen nicht unähnlich: Flugzeuge sind wie Vögel, Kameras wie Augen, Pumpen wie Herzen, Computer wie Gehirne. In von Menschen für menschliche Ziele gemachten Maschinen ist etwas vom organischen, intentionalen Charakter jener, die sie konstruieren und benutzen. Aber wenn Maschinen wie künstliche Organismen funktionieren, so heißt das noch nicht, daß Organismen nichts als Maschinen sind.

Die Maschinenanalogie versagt völlig, wenn es um die Erklärung von Wachstum und Entwicklung der Organismen geht, um ihre Morphogenese oder «Form-Werdung». Eine Eiche entsteht aus einem winzigen Keim in der Eichel. Ein Elefant entwickelt sich aus einer kleinen befruchteten Eizelle, die den Eizellen irgendwelcher anderer Säugetiere sehr ähnlich sieht. Maschinen werden nicht aus Maschineneiern erbrütet, sondern müssen in der Fabrik aus fertigen Teilen zusammengesetzt werden. Sie vermehren sich auch nicht durch Ableger oder gar geschlechtlich, und sie können sich nach Beschädigungen nicht selbst regenerieren. Zerschneidet man dagegen einen Plattwurm, so kann jedes Stück sich zu einem neuen vollständigen Plattwurm entwickeln (Abb. 10). Aus einer Weide kann man Hunderte von Stecken schneiden, und jeder einzelne wächst zu einem neuen Baum heran. Stücke von Wundengewebe an Pflanzensprossen können Wurzel- und Sproß-triebe ausbilden;[5] sogar einzelne Zellen aus solchem Wundergewebe können im Reagenzglas zu vollständigen Pflanzen herangezogen werden.[6]

Die Vitalisten haben schon immer gesagt, daß man Morphogenese und Regeneration unmöglich mechanistisch erklären kann. Als physikalische Systeme sind Maschinen nicht mehr als die Summe ihrer Teile und das Zusammenwirken dieser Teile. Nimmt man Teile weg, so ist die Ganzheit der Maschine zerstört. Die Ganzheit lebendiger Organismen ist dagegen mehr als die Summe ihrer Teile und deren Zusammenwirken, denn häufig können sie ihre normale Form zurückgewinnen, wenn Teile entfernt werden. Es ist in ih-

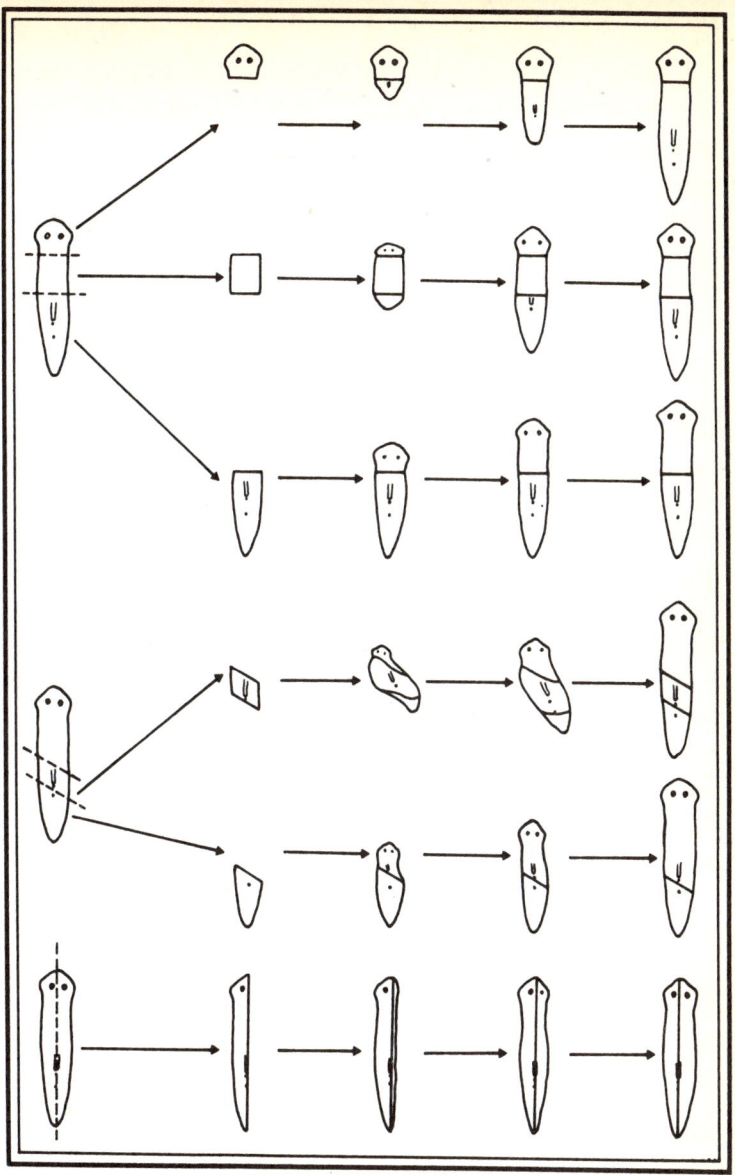

Abbildung 10 Die Regeneration vollständiger Plattwürmer aus Stücken, deren Gewinnung am linken Rand dargestellt ist (nach Morgan).

nen etwas Übergreifendes und Zielgerichtetes, das ihre Entwicklung zur normalen ausgewachsenen Form ihrer Spezies hinlenkt. Dies ist es, was man Seele oder Lebensprinzip nennt.

Der deutsche Embryologe Hans Driesch hat zu Beginn dieses Jahrhunderts eine hochdifferenzierte vitalistische Theorie entwickelt.[7] In Anlehnung an Aristoteles nannte er den nichtmateriellen zielgerichteten Vitalfaktor «Entelechie». Für ihn enthielt die Entelechie eines Organismus irgendwie die Form oder den Plan seiner ausgewachsenen Gestalt und zog den sich entwickelnden Organismus zu diesem Ziel hin. Innerhalb dieses Organismus sah Driesch eine geschachtelte Hierarchie von Entelechien, etwa die Entelechie des Auges und in dieser wiederum Entelechien seiner Teile, also der Netzhaut, der Linse und so weiter. Die Gene, so sagte er, sind für die chemische Seite des Aufbaus eines Organismus verantwortlich; aber wie diese chemischen Stoffe in Augen, Blättern, Federn und Gehirnen zu Zellen, Geweben und Organen gefügt werden, das hängt von den Entelechien ab.

Driesch glaubte, daß die Entelechie den physikalischen und chemischen Prozessen im Organismus, die, sich selbst überlassen, regellos und probabilistisch ablaufen würden, eine Ordnung gibt. Da er aber in einer Zeit schrieb, die noch an den physikalischen Determinismus glaubte, mußte er annehmen, die Entelechie selbst würde die Determiniertheit der physikalischen Prozesse im Körper aufheben. Das schien eine fatale Schwäche seiner Theorie zu sein, denn daß irgendein mysteriöser Vitalfaktor die deterministische Physik außer Kraft setzen könne, war einfach undenkbar. Wie eine Ironie der Geschichte mutet es an, daß Drieschs Theorie erst in den zwanziger Jahren, als die mechanistische Theorie sich die Vormachtstellung in der akademischen Biologie erobert hatte und der Vitalismus als überwundene Irrlehre galt, durch die Quantenrevolution erheblich an Plausibilität gewann. Nach der Quantentheorie sind nämlich physikalische und chemische Prozesse grundsätzlich probabilistisch.

Die mechanistische Biologie hat alle vitalistischen Argumente schon immer aus Prinzip abgelehnt. Entelechien und sonstige Vitalfaktoren sind für sie lediglich Relikte eines Aberglaubens aus animistischer Vergangenheit, die im rationalen wissenschaftlichen Diskurs einfach keinen Platz haben. Eine wissenschaftliche Erklärung muß mechanistisch sein, sonst taugt sie von vornherein nichts. Doch wie wir gesehen haben, widersetzen sich Morphogenese und Regeneration in ihrer Zielstrebigkeit und Ganzheitlichkeit einer mechanistischen Erklärung, und so werden die Vitalfaktoren immer wieder in mechanistischer Verkleidung eingeschmuggelt, mal als egoistische Gene, mal als genetisches Programm. Solche Programme sind vererbte, zielorientierte, holistische Organisationsprinzipien, und sie leisten das, was man früher den Entelechien zuschrieb (Abb. 11). Sie bestehen nicht aus Materie, son-

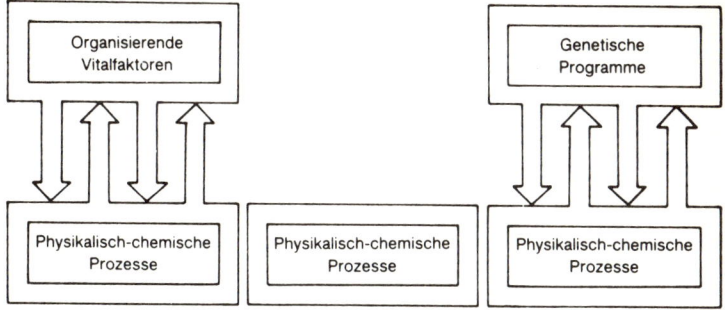

Abbildung 11 Schematische Darstellung der vitalistischen (links), der mechanistischen (Mitte) und der modernen kryptovitalistischen (rechts) Theorie des Lebens. Nach der vitalistischen Theorie werden die physikalisch-chemischen Prozesse des Lebens von Vitalfaktoren wie etwa den Entelechien organisiert. Die mechanistische Theorie bestreitet die Existenz solcher Vitalfaktoren und behauptet, das Leben lasse sich allein anhand der physikalisch-chemischen Prozesse verstehen. Nach der modernen Auffassung, die mechanistisch zu sein vorgibt, werden diese Prozesse von genetischen «Programmen», «Informationen» oder «Instruktionen» organisiert, die aber eine ganz ähnliche Rolle spielen wie die Organisationsfaktoren des Vitalismus.

dern aus Information. Und Information ist das, was den Dingen Form gibt, sie in-formiert; sie spielt also die gleiche Rolle wie die Entelechie, klingt aber wissenschaftlicher.

Die Computeranalogie, Hintergrund der Idee vom «genetischen Programm», ist in sich dualistisch. Das Programm, die Software, steuert und organisiert die Operationen der materiellen Bestandteile eines Computers, der Hardware. Die Programme sind auf bestimmte Ziele hin angelegt und formuliert. Was an ihnen geistähnlich ist, verdankt sich dem Umstand, daß sie von Menschen ersonnen wurden. Der Begriff «genetisches Programm» suggeriert also, daß dieses einen quasimentalen und zielorientierten Charakter hat und entsprechend diesem in ihm vorgeprägten Ziel auf die Materie des Organismus formend einwirkt. Damit stellt es zwar eine neue Metapher für die Seele oder Entelechie dar, bringt uns aber einer echten mechanistischen Erklärung keinen Schritt näher.

Das genetische Programm, da es nicht aus Materie, sondern aus Information besteht, ist nicht mit den DNS-Molekülen der Gene identisch, denn die sind einfach Moleküle und nichts Geist-Ähnliches. Man vergißt das allzuleicht, da doch immer wieder mentale Eigenschaften auf die Gene projiziert werden wie im Fall des egoistischen Gens, das nach guter kapitalistischer Manier nichts weiter als sein eigenes Wohl im Sinn hat. Tatsächlich spielen Genmoleküle nur auf der chemischen Ebene eine Rolle: Der genetische Code in den DNS-Molekülen bestimmt die Sequenz der Aminosäurebausteine in Eiweißmolekülen, also die sogenannte Primärstruktur der Proteine. Die Gene diktieren die Primärstruktur von Proteinen, nicht aber die bestimmte Gestalt eines Entenfußes, einer Lämmerniere oder einer Orchideenblüte. Wie Proteine zu Zellen, Zellen zu Geweben, Gewebe zu Organen und Organe zu Organismen zusammengefügt werden – das ist nicht im genetischen Code programmiert. Mit den richtigen Genen und den daher richtigen Proteinen sowie dem richtigen Steuerungssystem für die Proteinsynthese soll der Organismus sich irgendwie selbst zusammenbauen. Das ist so, als könnte man bei rechtzeitiger Anlieferung von Baumaterialien am richtigen Ort erwarten, es werde dort spontan ein Haus entstehen.

Nehmen wir unsere eigenen Arme und Beine: Sie enthalten exakt die gleichen Arten von Muskelzellen, Nervenzellen und so weiter. Sie enthalten die gleichen Proteine und anderen chemischen Stoffe: alle Knochen bestehen aus den gleichen Substanzen. Dennoch sind sie unterschiedlich geformt, wie man ja auch aus ein und demselben Material verschiedene Häuser bauen kann. Die Chemikalien allein bestimmen nicht die Form. Und die DNS kann es auch nicht, denn es ist überall die gleiche DNS, nicht nur in Armen und Beinen, sondern im ganzen Körper. Alle Zellen sind genetisch gleich programmiert. Dennoch verhalten sie sich unterschiedlich, bilden Gewebe und Organe von unterschiedlicher Struktur. Offenbar gestaltet ein anderer formativer Einfluß als die DNS die sich entwickelnden Teile des Körpers. Kein Entwicklungsbiologe wird diese Tatsache leugnen, und doch versuchen sie es weiter mit mechanistischen Erklärungen, deren Fadenscheinigkeit hier allerdings kaum noch zu übersehen ist, wenn sie etwa von «komplexen raum-zeitlichen Mustern physikalisch-chemischer Interaktion» sprechen, die «noch nicht voll durchschaut» seien. Das ist offensichtlich nicht die Lösung, sondern nur eine neue Formulierung des Problems.

In den sechziger und siebziger Jahren begannen einige bedeutende Molekularbiologen – beflügelt von der Genugtuung, «den genetischen Code geknackt» zu haben – sich auf dem Feld der Entwicklungsbiologie zu betätigen, denn sie trauten sich zu, deren Grundprobleme in ein, zwei Jahrzehnten lösen zu können. Man glaubte, es komme jetzt nur noch darauf an, die Steuerung der Proteinsynthese zu durchschauen. Doch allmählich macht sich nun Ernüchterung bemerkbar. Sydney Brenner faßte 1984 auf einer Konferenz das derzeitige Denken der Entwicklungsbiologen so zusammen:

Zunächst hieß es, die Antwort auf alle Fragen der Entwicklung werde sich aus der Aufschlüsselung der molekularen Mechanismen der Gensteuerung ergeben. Ich bezweifle, daß irgend jemand das noch glaubt. Die molekularen Mechanismen sind geradezu langweilig simpel, und sie sagen uns nicht, was wir wissen wollen. Wir müssen versuchen, die Prinzipien der Organisation aufzudecken.[8]

Brenner hält «genetisches Programm» für einen irreführenden Ausdruck und vermutet, daß man das Phänomen der Organisation besser anhand von Begriffen wie «interne Repräsentation» oder «interne Beschreibung»[9] erfassen kann. Man sieht diesen Begriffen schon an, daß sie wieder ein neuer Versuch sind, sich ein Bild von den organisierenden Vitalfaktoren zu machen.

Morphogenetische Felder

In den zwanziger Jahren vertraten mehrere Biologen ein neues ganzheitliches Denken gegenüber dem Phänomen der Morphogenese und gelangten zu Begriffen, denen der Bestandteil *Feld* gemeinsam war: embryonales Feld, Entwicklungsfeld, morphogenetisches Feld. Diese Felder wurden wie die bekannten Felder der Physik als unsichtbare Kraftzonen mit ganzheitlichen Eigenschaften aufgefaßt, aber es war eine neue Art von Feldern, von der die Physik nichts wußte. Diese Felder, so nahm man an, existieren in den Organismen und in deren Umgebung und bilden eine geschachtelte Hierarchie von Feldern in Feldern: Organfelder, Gewebefelder, Zellenfelder. In der Wissenschaft des Magnetismus und der Elektrizität hatte das elektromagnetische Feld die Seele verdrängt, und in ähnlicher Weise traten nun in der Biologie diese biologischen Felder an die Stelle der alten Entelechien.

Das magnetische Feld war einer der wichtigsten Anknüpfungspunkte bei der Entwicklung der Theorie morphogenetischer Felder. Wenn man einen Magneten in Stücke sägt, entstehen lauter kleine, aber vollständige Magnete, jeder mit seinem eigenen Magnetfeld; zerschneidet man einen Organismus wie etwa den Plattwurm, so erhält man Stücke mit vollständigen Plattwurm-Feldern, und diese Felder erlauben den Stücken, sich zu vollständigen Plattwürmern zu regenerieren.

Morphogenetische Felder, wie früher die Entelechien, stellen für ein sich entwickelndes System einen Attraktor dar; sie ziehen es zu einem Ziel- oder Endpunkt hin, der irgendwie in ihnen vorgegeben ist. Mathematisch lassen sich morphogenetische Felder im Sinne von Attraktoren in Attraktor-Becken oder -Bassins darstellen.[10] Der Mathematiker René Thom hat das so formuliert: «Alles Entstehen oder Vergehen von Form, alle Morphogenese, läßt sich beschreiben als das Verschwinden der Attraktoren, welche die Anfangsform repräsentieren, und ihre Ersetzung durch die Attraktoren, welche die endgültige Form repräsentieren.»[11]

Die Idee morphogenetischer Felder ist von der Entwicklungsbiologie durchaus angenommen worden, aber von welcher Natur diese Felder sind, bleibt ungeklärt. Manche Biologen sagen, der Begriff sei zwar ganz nützlich, bezeichne aber im Grunde doch nur «komplexe raum-zeitliche Muster physikalisch-chemischer Interaktion», die «noch nicht voll durchschaut» seien. Andere glauben, die Feldgleichungen solcher morphogenetischen Felder existierten in einem platonischen Reich ewiger mathematischer Formen. Das heißt, daß die morphogenetischen Feldgleichungen etwa für Dinosaurier schon immer existiert haben, sogar vor dem Urknall. Weder die Evolution der Dinosaurier noch ihr Aussterben hatte irgendeinen Einfluß auf diese Gleichungen. Die morphogenetischen Feldgleichungen aller früheren, gegenwärtigen und künftigen Spezies – ja aller überhaupt möglichen Spezies, ob sie jemals existieren werden oder nicht – sind irgendwie in einem transzendenten mathematischen Raum aufbewahrt. Sie stehen völlig außerhalb der Zeit, können sich nicht entwickeln und bleiben unberührt von allem, was in der manifesten Welt tatsächlich geschieht. Sie sind wie die Idealbilder aller überhaupt möglichen Organismen im Geist eines mathematischen Gottes.

Es gibt eine dritte Möglichkeit, sich diese Felder vorzustellen. Nach der Hypothese der Formenbildungsursachen sind sie Felder einer der Physik noch unbekannten Art, nämlich Felder von wesenhaft evolutionärem Charakter. Die Felder einer jeden Spezies, etwa der Giraffe, haben sich entwickelt, und sie werden von früheren Giraffen auf jetzt lebende vererbt. Sie enthalten eine Art kollektives Gedächtnis, aus dem jedes Individuum der Spezies schöpfen kann und zu dessen weiterer Ausgestaltung es selbst wiederum beiträgt. Der formative Einfluß des Feldes beruht nicht auf zeitlosen mathematischen Gesetzen (wenngleich diese Felder bis zu einem gewissen Grade in mathematischen Modellen nachgebildet werden können), sondern auf den wirklichen Formen, die frühere Mitglieder der Spezies angenommen haben. Je öfter ein bestimmtes Entwicklungsmuster wiederholt wird, desto größer die Wahrscheinlichkeit, daß es sich erneut wiederholt. Die charakteristischen Züge einer bestimmten Spezies sind in diesem Sinne Gewohnheiten, und diese Gewohnheiten bilden sich nicht nur unter dem Einfluß von Feldern, sondern werden auch von Feldern bewahrt und über Felder vererbt.

Morphische Resonanz

Die Hypothese der Formenbildungsursachen habe ich erstmals dargelegt in meinem Buch *Das schöpferische Universum* und dann ausgestaltet und vertieft in *Das Gedächtnis der Natur*. Sie besagt, daß selbstorganisierende Systeme aller Komplexitätsgrade – also Moleküle oder Kristalle ebenso wie Zellen, Gewebe, Organismen und Gesellschaften von Organismen – von Feldern organisiert werden, die ich «morphische Felder» nenne. Morphogenetische Felder sind einfach eine bestimmte Art von morphischen Feldern, nämlich solche, die für die physische Entwicklung und Erhaltung von Organismen sorgen. Morphogenetische Felder organisieren auch die Morphogenese von Molekülen, also etwa die Einfaltung der genetisch codierten Aminosäureketten zu den komplexen dreidimensionalen Strukturen der Proteine. Auch die Bildung von Kristallen wird von morphogenetischen Feldern gesteuert, denen eine «Erinnerung» an frühere Kristalle der gleichen Art innewohnt. Das würde bedeuten, daß eine Substanz wie zum Beispiel Penizillin nicht etwa unter dem Einfluß zeitloser mathematischer Gesetze auf die für sie charakteristische Art kristallisiert, sondern weil sie früher schon so kristallisierte: Sie folgt dabei einer durch Wiederholung gebildeten Gewohnheit.

Der Einfluß, den frühere Hämoglobinmoleküle, Penizillinkristalle oder Giraffen auf die morphischen Felder späterer Vertreter ihrer Art ausüben, wird durch einen Prozeß vermittelt, den ich «morphische Resonanz» nenne. Das ist, wie der Begriff «Resonanz» besagt, ein auf Ähnlichkeit beruhender Einfluß, der aber, anders als die in der Physik bekannten Resonanzphänomene, unabhängig ist von Raum und Zeit. Morphische Resonanz wird mit der Entfernung nicht schwächer, und sie kann aus der Vergangenheit auf die Gegenwart einwirken. Übertragen wird hierbei nicht Energie, sondern Information. Diese Hypothese gibt uns die Möglichkeit, die Regelmäßigkeiten in der Natur nicht mehr wie bisher auf ewige, nichtmaterielle und nichtenergetische Gesetze zurückzuführen, sondern auf Gewohnheiten, die durch morphische Resonanz vererbt werden.

Diese Hypothese ist natürlich umstritten, doch immerhin ist sie experimentell überprüfbar, und manches deutet schon jetzt darauf hin, daß sie zumindest nicht aus der Luft gegriffen ist. Denken wir zum Beispiel an die Kristallisation neuer organischer Substanzen, wie sie etwa von den Arzneimittelherstellern ständig synthetisiert werden. Hier gibt es für die Kristallisation keine direkten Vorbilder, also auch keine morphische Resonanz mit früheren Kristallen dieser Art. Ein neues morphisches Feld muß sich bilden, und von den vielen unter energetischen Gesichtspunkten möglichen Arten zu kristallisieren wird eine schließlich verwirklicht. Wenn diese Substanz irgendwo auf der Welt ein zweitesmal zur Kristallisation gebracht werden soll, wird die morphische Resonanz mit dem ersten Kristall die Wiederholung dieses Kristallisationsmusters wahrscheinlicher machen als alle anderen möglichen Muster, und die Wahrscheinlichkeit wird um so größer, je häufiger der Vorgang sich wiederholt – bis schließlich unter dem Einfluß der kumulativen Erinnerung ein Gewohnheitsmuster entsteht. Es wäre dann zu erwarten, daß diese Kristalle sich auf der ganzen Welt immer bereitwilliger bilden.

Dieses Phänomen der wachsenden Kristallisationsbereitschaft ist in der Tat bekannt. Bei neuen Verbindungen dauert es oft Wochen oder Monate, bis es gelingt, aus der übersättigten Lösung dieser Substanz Kristalle zu gewinnen. Mit der Zeit schwinden aber diese Schwierigkeiten, und zwar weltweit. Die Chemiker nehmen hier an, daß Spuren der Substanz als Kristallisationskerne durch reisende Chemiker von Labor zu Labor weiterverschleppt werden oder als feinster Staub in die Atmosphäre gelangen und so um den Erdball transportiert werden.[12] Die Hypothese der Formenbildungsursachen gibt eine andere Erklärung und sagt voraus, daß dieses Phänomen auch dann noch zu beobachten sein wird, wenn man solche Experimente unter standardisierten Bedingungen durchführt und diese beiden Störquellen ausschließt.

Auch auf den Bereich der biologischen Morphogenese ist die Hypothese der Formenbildungsursachen anwendbar. In dem Fall etwa, daß ein Organismus einem ungewöhnlichen Entwicklungspfad folgt – zum Beispiel wenn sich aufgrund von ungewöhnlichen Umweltbedingungen Abnormitäten bilden –, sagt die Hypothese voraus, daß dies um so öfter geschehen wird, je häufiger es bereits geschehen ist. Zahllose Experimente mit Taufliegen deuten bereits darauf hin, daß bei gleichbleibend abnormen Umweltbedingungen tatsächlich die späteren Generationen stärker zu Mißbildungen neigen als die früheren.[13]

Daraus wäre zu schließen, daß lebende Organismen nicht nur Gene, sondern auch morphische Felder erben. Die Gene werden in materieller Form weitergegeben und ermöglichen den Nachkommen, bestimmte Arten von Proteinmolekülen zu synthetisieren. Morphische Felder werden auf nichtmateriellem Weg, nämlich durch morphische Resonanz vererbt, und nicht nur von den Eltern auf die Kinder, sondern im Grunde von der gesamten Spezies auf die gesamte nächste Generation: Der sich entwickelnde Organismus stimmt sich wie ein Empfänger auf das morphische Feld seiner Spezies ein und wird dadurch Teilhaber an einer kollektiven Erinnerung.

Genetische Mutationen können diesen Abstimmungsprozeß stören und damit die Fähigkeit des Organismus, sich dem Spezies-Feld gemäß zu entwickeln, beeinträchtigen. Das ist etwa so wie bei einem Fernsehgerät, das nach einer «Mutation», also aufgrund von Ausfall oder Veränderung wichtiger Teile, bestimmte Programme nicht mehr oder nur noch verzerrt empfangen kann. Die Tatsache nun, daß «mutierte» Teile Einfluß auf das haben, was der Apparat von sich gibt, erlaubt nicht den Schluß, das Fernsehprogramm sei irgendwie in diesen Teilen des Apparats enthalten oder werde dort erzeugt. Und so ist auch mit der Tatsache, daß genetische Veränderungen Form und Verhalten eines Organismus beeinflussen können, keineswegs bewiesen, daß Form und Verhalten in den Genen programmiert sind.

Instinkt

Das Instinktverhalten besitzt den gleichen ganzheitlichen und zielgerichteten Charakter wie die Morphogenese. Eine weibliche
Lehmwespe zum Beispiel baut ein unterirdisches Nest, kleidet es
mit Lehm aus und errichtet dann über dem Eingang eine Röhre
mit einem Trichter. Diese Außenanlage scheint eine Schutzvor-
richtung gegen parasitierende Wespen zu sein, die an der glatten
Innenseite des Trichters keinen Halt finden (Abb. 12 A). Am Ende
der Niströhre legt die Lehmwespe ein Ei, verschließt die Lege-
kammer und baut davor noch weitere Kammern an, in denen sie
zur Versorgung ihres Nachkömmlings Raupen unterbringt, die sie
mit ihrem Gift gelähmt hat. Schließlich versiegelt sie die Höhle in
Höhe der Erdoberfläche mit Lehm, zerstört die sorgsam erbaute
Trichterröhre und verstreut die Bruchstücke.

Diese Verhaltenssequenz besteht wie alles Instinktverhalten aus
«fixierten Aktionsmustern».[14] Der Endpunkt eines Musters ist der
Auslöser für das nächste. Und wie bei der Morphogenese kann der
gleiche Endpunkt auf verschiedenen Wegen erreicht werden, wenn
der normale Weg blockiert ist. Zerstört man etwa einen fast fertigen Trichter, so baut die Wespe ihn wieder auf; er wird «regene-
riert» (Abb. 12 B).

Nach der vitalistischen Auffassung beruht solch zielstrebiges
Instinktverhalten auf dem organisierenden Wirken einer Seele oder
Entelechie, die die sinnliche, nervliche und motorische Aktivität
auf dieses Ziel hin koordiniert. Nach der heute gängigen Auffassung (die, wie wir gesehen haben, ein verkappter Vitalismus ist)
läßt sich diese Zielorientiertheit auf das genetische Programm zurückführen. Tatsächlich kann diese Theorie jedoch nicht erklären,
wie aus der Synthese bestimmter Proteine ein so komplexes Verhalten wie das der Lehmwespe hervorgehen soll.

Für die holistische Theorie beruht zielorientiertes Verhalten auf
holistischen Organisationsprinzipien. Die Natur dieser Prinzi-

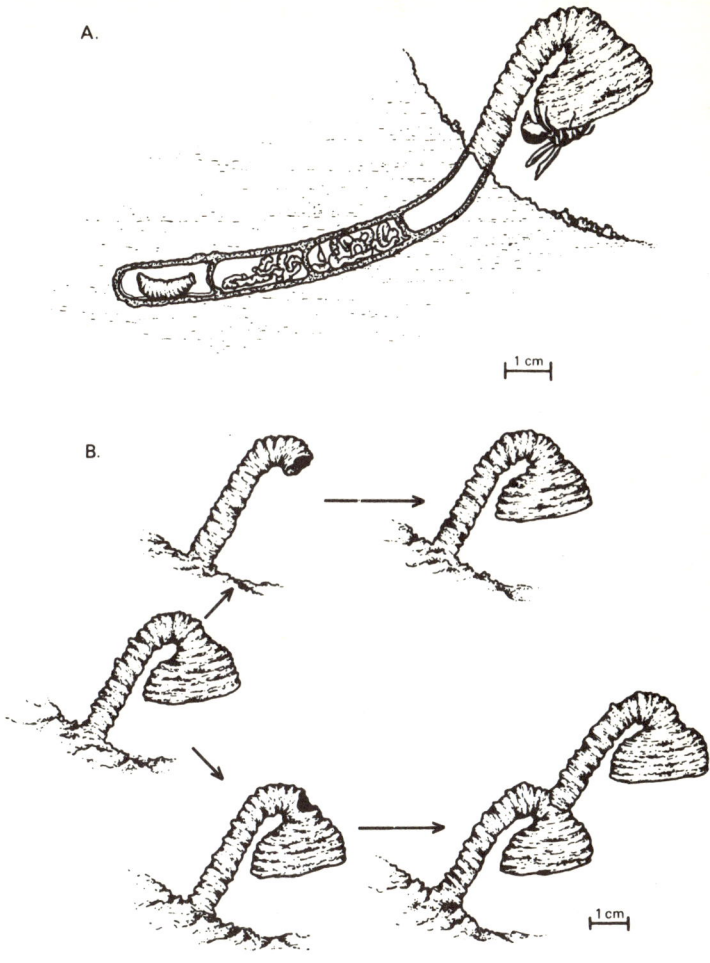

Abbildung 12 A: Das mit Futter versehene Nest der Lehmwespe *Paralastor*.
B. Reparaturen am Trichter. Oben der Bau eines neuen Trichters nach dessen Entfernung durch den Experimentator. Unten der Doppeltrichter, der als Reaktion auf die dargestellte Bruchstelle entstand (nach Barnett).

pien, auch «entstehende Systemeigenschaften» genannt, bleibt jedoch meist im dunkeln. Ich denke mir diese Prinzipien als morphische Felder, die durch morphische Resonanz vererbt werden. Instinkte sind die Verhaltensgewohnheiten der Spezies, die eingebettet sind in ein kollektives unbewußtes Gedächtnis. Die morphischen Felder richten die Verhaltensmuster auf durch die Felder vorgegebene Attraktoren oder Zielpunkte aus.

Sollte das Verhalten wirklich von morphischen Feldern gesteuert sein, so ließen sich daraus Voraussagen ableiten: Wenn einige Individuen einer Spezies – etwa aufgrund eines Lernprozesses – eine neue Verhaltensweise annehmen, so würde sich damit auch ein neues Verhaltensfeld bilden; von anderen Individuen dieser Art sollte man dann erwarten können, daß sie diese neue Verhaltensweise schneller erlernen, selbst wenn alle bekannten Kommunikationsmöglichkeiten ausgeschlossen sind. Aufgrund des kumulativen Effekts sollten wir außerdem erwarten können, daß dies überall auf der Welt um so schneller geht, je mehr Individuen dieser Spezies das neue Verhalten bereits angenommen haben. Wenn etwa Laborratten in Amerika einen neuen Trick erlernen, sollte sich bei Ratten in irgendeinem Labor die Tendenz zeigen, diesen Trick schneller zu erlernen. Es gibt bereits experimentelle Anzeichen dafür, daß sich dieser Effekt tatsächlich einstellt.[15]

Gedächtnis

Sogar sehr einfache Tiere besitzen die Fähigkeit, durch Erfahrung zu lernen. Auch die fixierten Aktionsmuster des Instinktverhaltens schließen ein individuelles Lernen nicht aus: Die Lehmwespe zum Beispiel muß sich einige Charakteristika des Geländes in der Nähe ihrer Nestbaustelle merken können, sonst würde sie den Rückweg nicht finden, wenn sie neuen Lehm holt oder auf Raupenjagd geht. Lernen impliziert also Gedächtnis. Wie funktioniert das Erinnern?

Mechanistische Theorien des Gedächtnisses setzen stets voraus, daß Gedächtnis auf materiellen «Erinnerungsspuren» beruht, die irgendwie im Nervensystem gespeichert sind. Die verschiedenen technischen Einrichtungen mußten schon als Analogie herhalten: Telefonzentralen, Tonband- oder Videoaufzeichnungen und die Speicher von Computern. Besonders populär ist zur Zeit die Idee, daß Gedächtnisspuren irgend etwas mit den Synapsen, den Umschaltstellen zwischen den Nervenzellen, zu tun haben.

Die Neurowissenschaftler jagen den Gedächtnisspuren seit Jahrzehnten in den Gehirnen von Experimentaltieren nach. Meist geht man dabei so vor, daß man dem Tier eine bestimmte Verhaltensweise andressiert und dann Teile seines Gehirns entfernt, um herauszufinden, wo die betreffenden Gedächtnisinhalte gespeichert sind. Doch selbst wenn man große Teile des Gehirns entfernt, bis zu über 60 Prozent, können die armen Tiere sich manchmal noch an das erinnern, was man ihnen vor der Operation beigebracht hat.[16] Einer dieser Forscher faßte die wiederholten Fehlschläge bei der Suche nach lokalisierbaren Gedächtnisspuren so zusammen: «Das Gedächtnis scheint überall und zugleich nirgendwo im besonderen zu sein.»[17]

Manche Wissenschaftler vermuten, daß Gedächtnisinhalte auf nichtlokale Weise gespeichert werden, etwa so vielleicht, wie die Information in einem Hologramm gespeichert ist.[18] Andere postulieren für die Speicherung von erlernten Verhaltensweisen ein «Stütz-System», das in Aktion tritt, wenn die mutmaßlichen Primärspeicher chirurgisch entfernt wurden. Könnte es aber nicht auch sein, daß die Gedächtnisspuren deshalb so schwer aufzufinden sind im Gehirn, weil es dort keine gibt? Wenn Sie in Ihrem Fernsehgerät nach Spuren des Programms von gestern suchen, werden Sie auch nichts finden, denn der Apparat speichert nichts, sondern empfängt nur, was gesendet wird.

Die Hypothese der Formenbildungsursachen besagt, daß Gedächtnis auf morphischer Resonanz und nicht auf materiellen Spuren beruht. Morphische Resonanz setzt wie alle Resonanz Ähnlichkeit voraus. Je ähnlicher ein Organismus einem früheren Organismus ist, desto spezifischer und wirksamer ist die morphische Resonanz. Am ähnlichsten ist ein Organismus seinen eigenen früheren Zuständen, und deshalb ist auch die morphische Resonanz mit der eigenen Vergangenheit besonders ausgeprägt. Aufgrund dieser Selbst- oder Eigenresonanz behält ein Organismus trotz des ständigen Stoffaustauschs mit seiner Umwelt seine Gestalt bei. Auch im Bereich des Verhaltens ist die morphische Resonanz mit dem eigenen früheren Verhalten besonders stark und spezifisch. Weder unsere Verhaltens-, Sprech- und Denkgewohnheiten noch unsere Erinnerungen an Fakten und zurückliegende Ereignisse müssen als materielle Spuren im Gehirn gespeichert sein.

Wie steht es aber mit der Tatsache, daß das Gedächtnis aufgrund von Gehirnverletzungen verlorengehen kann? Bestimmte Schädigungen in bestimmten Hirnregionen können zu spezifischen Ausfällen führen. Nehmen wir als Beispiel den Verlust der Fähigkeit, Gesichter zu erkennen, nachdem der sekundäre visuelle Kortex der rechten Hemisphäre geschädigt wurde. Menschen, die solche Verletzungen erlitten haben, können nicht einmal mehr Frau und Kinder an ihren Gesichtern erkennen, wohl aber an der Stimme und anderen Merkmalen.[19] Beweist das nicht, daß die entsprechenden Gedächtnisinhalte im zerstörten Gewebe gespeichert waren? Durchaus nicht. Denken wir wieder an das Fernsehgerät. Wenn an seinen Innereien etwas beschädigt wird, können die Bilder verzerrt erscheinen oder ganz wegbleiben; die Beschädigung anderer Teile raubt dem Apparat vielleicht die Fähigkeit, Töne hervorzubringen; bei Ausfall wieder anderer Teile kann er plötzlich diesen oder jenen Kanal nicht mehr empfangen. Das alles heißt jedoch nicht, daß Bilder, Töne oder ganze Programme in den zerstörten Komponenten gespeichert waren.

Aufgrund dieser Überlegungen können wir das individuelle Gedächtnis und die Vererbung von Instinkten und Verhaltensanlagen als verschiedene Aspekte ein und desselben Phänomens auffassen. Beide beruhen auf morphischer Resonanz, wobei allerdings das individuelle Gedächtnis eine spezifischere Form der Resonanz darstellt. Das individuelle Gedächtnis und die individuelle Lernfähigkeit sind vor dem Hintergrund eines kollektiven Gedächtnisses zu sehen, das von früheren Individuen der Spezies durch morphische Resonanz vererbt wird. Im Bereich des Menschen existiert eine solche Vorstellung bereits in C. G. Jungs Theorie vom kollektiven Unbewußten, das ich als eine Art erbliches kollektives Gedächtnis verstehe.[20] Die Hypothese der morphischen Resonanz läßt das kollektive Unbewußte als Aspekt eines sehr viel allgemeineren Prozesses erscheinen: der Vererbung von Gewohnheiten in allen Bereichen der Natur.

Soziale Organisation

Termiten-, Ameisen-, Wespen- und Bienenstaaten können aus Tausenden, ja Millionen von Einzeltieren bestehen. Sie können große, weitverzweigte Bauten anlegen und sind zu einer komplexen Arbeitsteilung fähig. Vielfach werden solche Staaten in ihrer Gesamtheit als Organismen einer höheren Art angesehen.

Natürlich ist durchaus strittig, ob solche Staaten wirklich eine höhere Organisationsebene mit ganz eigenen ganzheitlichen Eigenschaften darstellen oder eher als Aggregate zu betrachten sind, die man besser anhand der Eigenschaften und mechanistisch aufgefaßten Interaktion ihrer Glieder deutet. Für die Vitalisten besitzt der Staat eine Gesamtseele, die das Verhalten seiner Einzelinsekten koordiniert.[21] Mechanisten müssen dagegen versuchen, alles aus dem Verhalten isoliert untersuchter Einzeldinge abzuleiten. Den Gedanken, daß hier eine Seele oder andere ganzheitliche Organisationsfaktoren mitwirken könnten, lehnen sie rundweg ab.[22]

Das holistische Denken faßt solche Staaten oder Kolonien in der

Tat als Organismen einer höheren Art auf. Deren Organisationsprinzipien werden allerdings meist in ziemlich unscharfen Begriffen
wie «Systemeigenschaften» oder «selbstorganisierende Informa-
tionsmuster» beschrieben. Ich schlage vor, sie als morphische Felder
aufzufassen. Solche Felder umschließen die Einzelwesen wie ein
Magnetfeld die Eisenspäne, die es zu einem bestimmten Muster
ausrichtet. Die einzelnen Insekten befinden sich im sozialmorphi-
schen Feld wie die Eisenspäne im Magnetfeld. Unter diesem Gesichtspunkt wäre es unmöglich, die Züge des sozialen morphischen
Feldes aus dem Verhalten isoliert betrachteter Insekten abzuleiten;
über das Magnetfeld erfährt man ja auch nichts, wenn man ihm
Eisenspäne entnimmt und diese isoliert auf ihre mechanischen
Eigenschaften hin untersucht.

Insektenstaaten, schon von der erstaunlichen Komplexität ihrer
sozialen Organisation her ein Wunderwerk, weisen darüber hinaus
sehr rätselhafte Züge auf. Der Naturforscher Eugene Marais beispielsweise entdeckte bei südafrikanischen Termiten, daß sie Beschädigungen ihres Baues sehr schnell reparieren konnten: Von beiden
Seiten einer von Marais geschaffenen Bresche her erneuerten sie
Gänge und Bögen, die in der Mitte genau passend zusammentrafen,
obgleich die einzelnen Tiere blind sind. Danach führte er ein einfaches, aber faszinierendes Experiment durch. Er trieb eine Stahlplatte, die erheblich breiter und höher war als der Hügel, durch die
Bresche senkrecht in den Boden, so daß der Hügel und der ganze
Termitenstaat nun aus zwei getrennten Teilen bestand. Er berichtet:

Die Arbeiter auf der einen Seite der Bresche wissen nichts von
denen auf der anderen Seite. Dennoch errichten die Termiten auf
beiden Seiten ähnliche Bögen und Türme. Entfernt man dann die
Stahlplatte, so fügen sich die beiden Hälften nach Schließung der
Lücke perfekt zusammen. Wir kommen nicht an der Schlußfolgerung vorbei, daß irgendwo ein fertiger Plan existiert, den die
Termiten lediglich ausführen.[23]

Unserer Hypothese zufolge existiert dieser Plan im übergreifenden morphischen Feld des Staates. Dieses Feld vermittelt dem Staat durch morphische Resonanz nicht nur eine kollektive und kumulative Erinnerung an alle früheren Termitenstaaten ähnlicher Art, sondern auch durch Eigenresonanz die Erinnerung an seine eigene Vergangenheit.

Auch im Verhalten von Fisch- und Vogelschwärmen ist eine Koordination zu erkennen, für die es bisher noch keine plausible Erklärung gibt. Man hat die Flugmanöver großer Vogelschwärme untersucht, die sich wie ein einziger großer Organismus verhalten, und stellte fest, daß die «Manöverwellen» sich schneller durch den Schwarm fortsetzen als aufgrund einfacher mechanistischer Erklärungsansätze möglich wäre. Sinnvoller erscheint hier die Annahme, daß das übergreifende morphische Feld des gesamten Schwarms für die Koordination sorgt.[24]

Einen ähnlichen Effekt kann man sich auch bei Rentier- und Walfischherden, ja bei allen sozialen Organisationsstrukturen vorstellen – und warum eigentlich nicht auch bei menschlichen Gesellschaften?[25] Die Angehörigen einer Stammeskultur zum Beispiel stehen im sozialen Feld des Stammes und in den Feldern seiner kulturellen Strukturen. Diese Felder haben ein Eigenleben, und sie geben dem Stamm seine gewohnte, durch Eigenresonanz mit der eigenen Vergangenheit stabilisierte Organisation. Das Feld des Stammes schließt also nicht nur die gegenwärtig lebenden Angehörigen ein, sondern auch alle früheren. Tatsächlich gilt ja in allen traditionell lebenden Gesellschaften auf der ganzen Welt als selbstverständlich, daß die Ahnen unsichtbar gegenwärtig sind.

Die Kontroverse hält an

Der Vitalismus entdeckt in den Organisationsformen der Natur etwas Zielstrebiges und führt diese Zielstrebigkeit auf nichtmaterielle Prinzipien zurück, die unter den verschiedensten Namen wie Seele oder Vitalfaktoren auftauchen. Mechanistische Theorien haben die Existenz solcher «mystischen» Entitäten stets bestritten, mußten sie dann aber doch in allen möglichen Verkleidungen wieder einführen. Die Vitalisten kritisieren den Reduktionismus des mechanistischen Ansatzes und zeigen seine Grenzen und Mängel auf. Die Mechanisten finden den Vitalismus unfruchtbar, weil er sich, wie sie finden, auf rein hypothetische Wirkprinzipien beruft, die keiner experimentellen Erforschung zugänglich sind. Sie selbst, sagen sie, könnten doch wenigstens ein paar Erfolge vorweisen, zum Beispiel die Aufschlüsselung des genetischen Codes für die Proteinsynthese.

Der Organizismus bemüht sich unterdessen seit über sechzig Jahren, diese Kontroverse zu überwinden und die holistischen Eigenschaften lebendiger Organismen herauszustellen. Seine Vertreter betrachten biologische Organismen als eine Art von holistischen Systemen, wie man sie auf allen Ebenen findet, von der einfachsten bis zur komplexesten, vom Atom bis zur Galaxis.[26] Manche Organizisten, vor allem Vertreter der Systemtheorie, haben die Maschinenmetapher beibehalten, aber entscheidend verfeinert.[27] Teils aus Furcht, als Vitalisten abgestempelt zu werden, haben die Systemtheoretiker es meist vermieden, neue Kausalfaktoren wie Seelen oder noch unbekannte Felder zu postulieren. Sie versuchen die Probleme anhand von Begriffen wie Informationstransfer oder Feedback abstrakt zu lösen und kümmern sich nicht allzusehr um die materielle Basis dieser Prozesse, deren Erforschung sie lieber den Physikern überlassen.[28]

Andere Organizisten haben sich mit der Idee organisierender Felder wie etwa der morphogenetischen Felder befaßt. Solche Felder scheinen auf den ersten Blick eine Entmystifizierung zu bewirken, weil sie Begriffe wie «Seele» überflüssig machen, doch auf der anderen Seite mystifizieren sie offenbar den Feldbegriff, indem sie ihn um Aspekte erweitern, die für die herkömmliche Physik rätselhaft, wenn nicht eine Zumutung sind. Die Natur dieser Felder liegt leider nach wie vor im dunkeln, und die Mechanisten richten gegen sie die gleiche Kritik wie gegen die Vitalfaktoren: Sie seien nicht experimentell nachweisbar. Und diese Kritik ist berechtigt, wenn man in der Theorie der morphogenetischen Felder nicht mehr als eine neue Darstellungsart komplexer, aber ansonsten wie bisher aufgefaßter physikalisch-chemischer Wechselwirkungen sieht oder die Felder selbst wie alle anderen Felder der Physik als Manifestationen ewiger mathematischer Wahrheiten begreift.

Betrachten wir jedoch morphogenetische Felder (wie andere morphische Felder) als habituell, also als durch Entwicklung und Gewöhnung entstanden, dann *sind* sie experimentell zu erforschen. Solchen Feldern wohnt, durch morphische Resonanz vermittelt, ein Gedächtnis inne, und insofern weichen sie vom gegenwärtigen Feldbegriff der Physik ab, der zeitlose, transzendente Gesetze zugrunde legt. Nach der Hypothese der Formenbildungsursachen sind morphische Felder nicht nur in lebenden Organismen wirksam, sondern auch in Kristallen, Molekülen und anderen physikalischen Systemen. Auch sie werden von Feldern mit einem inhärenten Gedächtnis organisiert. Die evolutionäre Sicht bezieht sich heute nicht mehr nur auf das biologische Leben, sondern auf die Natur in ihrer Gesamtheit, und wir können einfach nicht mehr darauf beharren, daß alle physikalischen und chemischen Systeme von ewigen Naturgesetzen bestimmt werden. Diese Naturgesetze sind vielleicht selbst eher so etwas wie Gewohnheiten, aufrechterhalten durch morphische Resonanz.

6. Kosmische Evolution und die Gewohnheiten der Natur

Ewigkeit und Evolution

Die jüngste Revolution in der Kosmologie hat die Naturwissenschaft in eine Krise gestürzt. Sie brachte unsere beiden grundlegendsten Wirklichkeitsmodelle zur Kollision. Das erste dieser beiden, wir könnten es «Ewigkeits-Paradigma» nennen, besagt, daß im Grunde nichts sich ändert. Nach dem zweiten Paradigma, dem «Evolutions-Paradigma», ist alles in stetem Wechsel begriffen. Bis vor kurzem haben wir diese beiden Modelle säuberlich auseinandergehalten. Evolution blieb auf die Erde beschränkt, und die Himmel waren ewig.

Die Physiker gingen davon aus, daß sie ein ewiges Universum erforschten, das von ewigen Gesetzen regiert wird und – entsprechend den Erhaltungssätzen von Materie und Energie – für alle Zeiten eine bestimmte Menge an Materie und Energie aufweist. Diese grundlegenden Realitäten der Physik galten als unveränderlich, als nicht dem Einfluß des tatsächlichen Geschehens im Universum unterliegend: Die Evolution des Lebens etwa ist für diese fundamentalen Realitäten ohne Relevanz, und die Auslöschung des Lebens auf unserem Planeten würde es ebenfalls sein. Die Naturgesetze und die Gesamtmenge an Materie und Energie werden immer so sein, wie sie schon immer waren.

Doch in der Biologie und den Humanwissenschaften, in Politik, Wirtschaft und Technik hat sich mittlerweile das evolutionäre

Paradigma durchgesetzt. Alles wandelt und entwickelt sich in der Zeit. Dieses Entwicklungsdenken bestimmt unsere Vorstellung von uns selbst, vom Leben überhaupt und vom gesamten Planeten.

Für die Philosophie der ewigen Weltmaschine war die Evolution auf der Erde nichts weiter als eine lokale Fluktuation in einem Universum, das, in sich wiederholenden Zyklen, für alle Zeit in gleicher Weise fortbestehen würde. Nach einer noch pessimistischeren Auffassung wird dieser Weltmaschine irgendwann einmal der Dampf ausgehen, und wenn die Entropie, die wachsende Unordnung, ihr Maximum erreicht hat, wird sie einen thermodynamischen «Wärmetod» finden. Man kann es auch mythisch ausdrücken und sagen, daß der Kosmos ins Chaos zurückfallen wird. Diese trübe Zukunftsaussicht ist von vielen Intellektuellen unseres Jahrhunderts als unumgängliche, von der Naturwissenschaft unwiderleglich aufgedeckte Wahrheit akzeptiert worden. Hier haben wir den wissenschaftlichen Hintergrund für eine ganze Flut von Büchern, Schauspielen, Gedichten und Werken der bildenden Kunst, die von Existenzangst und Sinnverlust, ja letztlich von der Sinnlosigkeit des Daseins überhaupt sprechen. Der optimistischen Idee der Evolution auf der Erde stand also ein kosmischer Pessimismus gegenüber. Alles würde schließlich zu Ende gehen in einem erschöpften Universum, das nirgendwo mehr eine Zuflucht bieten würde.

Wie der Prokrustes des griechischen Mythos, der alle Menschen, die ihm in die Hände fielen, auf ein Bett legte, die zu kleinen gewaltsam streckte und die zu langen gewaltsam kürzte, zwang Darwin die Evolution des Lebens auf das Prokrustesbett des deterministischen und mechanistischen Naturbildes der damaligen Physik. Seine Nachfolger im 20. Jahrhundert versuchen immer noch, die Evolution des Lebens auf das Maß zu zwingen, daß sie haben müßte, um in ein ewiges Universum zu passen. In den dreißiger und vierziger Jahren wurden durch eine «neue Synthese» die Grundlagen des Neodarwinismus geschaffen.[1] Ziel dieser Bewegung war eine an der Physik orientierte, das heißt durch und durch materialistische Theorie der biologischen Evolution. Alle Phänomene der Evolution sollten, zumindest im Prinzip, anhand der ewigen Gesetze der Physik und Chemie zu erklären sein. Mit der Auffassung, daß alle evolutionären Neuerungen auf genetische Zufallsmutationen zurückzuführen seien, wurde der Natur eine gewisse Kreativität innerhalb eines im Grunde blinden, ziellosen und gleichbleibenden Universums zugestanden.

Doch die Physik selbst hat nun inzwischen eine evolutionäre Kosmologie hervorgebracht. Nach dieser neuen Auffassung evolviert die Natur insgesamt, nicht bloß das Leben auf der Erde. Und dies stellt viele der alten Gewißheiten in Frage. Wenn die Natur insgesamt evolviert, was ist dann mit den Naturgesetzen? Wurden der Natur von außen ewige Gesetze auferlegt, eine Art kosmischer Code Napoléon? Oder haben sich die Naturgesetze wie ein universales Common Law mit der Natur selbst entwickelt? Oder sind die Regelmäßigkeiten in der Natur eher wie Gewohnheiten, die sich im evolvierenden Universum gebildet haben?

Kosmische Evolution

Das neugeborene Universum war von auseinanderstiebender Energie erfüllt. Als der Kosmos sich mit wachsender Ausdehnung abkühlte, entstanden zuerst subatomare Teilchen, dann Atome, Galaxien, Sterne, Moleküle, Kristalle, Planeten und schließlich das biologische Leben. Wir leben in einer Welt, die vor etwa fünfzehn Milliarden Jahren geboren wurde, seither stetig gewachsen ist und immer noch wächst. Auf dem Planeten Erde entwickelt sich das Leben seit drei Milliarden Jahren, und dieser Evolutionsprozeß geht in uns und durch uns weiter. Die Entwicklung der Naturwissenschaft liegt nicht außerhalb dieses Prozesses.

Das ist die moderne Schöpfungsgeschichte. Der Urknall ist wie ein Ur-Orgasmus, eine Ur-Zeugung. Oder wie das Aufbrechen des kosmischen Eies.[2] Der Kosmos ist wie ein wachsender Organismus, der im Laufe seiner Entwicklung immer neue Strukturen ausbildet. Daß wir diese Schöfungsgeschichte intuitiv als ansprechend empfinden, liegt wohl auch daran, daß sie uns alle Dinge als zueinander in Beziehung stehend schildert. Alle Dinge haben einen gemeinsamen Ursprung, alle Galaxien, Sterne und Planeten, alle Atome, Moleküle und Kristalle, alle Mikroben, Pflanzen und Tiere und alle Menschen auf diesem Planeten. Wir selbst sind mehr oder weniger eng mit allen anderen Menschen, mit allen Lebewesen verbunden, letztlich mit allem, was ist oder je war. Eines der großen Themen traditioneller Schöpfungsmythen ist die Trennung der ursprünglichen Einheit in viele Teile, das Hervorgehen der Vielheit aus der Einheit. Die moderne Theorie der kosmischen Evolution ist mit dieser mythischen Sicht vereinbar.

Ansprechend ist die moderne Schöpfungsgeschichte auch dadurch, daß sie dem Schöpferischen wieder einen Platz einräumt im Universum, im Leben und im Menschen. Die Schöpfung ist nicht etwas längst Vergangenes, weit zurückliegend in der mythischen Ursprungszeit, sondern geht seitdem weiter und ist auch heute noch ein fortwährender Prozeß. Diese Sicht entspricht unserer Faszination für Neuerungen, für Wandel und Entwicklung; wir können jetzt die menschliche Kreativität als Aspekt dieses kosmischen Schöpfungsprozesses betrachten.

Die moderne Schöpfungsgeschichte spiegelt gewiß auch die Grundeinstellungen wider, die wir heute haben, aber es läßt sich schwer ausmachen, in welchem Maße sie eine Projektion unserer Anschauungen auf die Welt darstellt. Im jüdisch-christlichen Geschichtsmythos ist das Ende (die neue Schöpfung) wie ein Spiegelbild des Anfangs (der ersten Schöpfung). Jahrzehntelang haben wir den Untergang der Menschheit und fast allen Lebens auf diesem Planeten durch einen apokalyptischen Atomkrieg befürchtet, und dazu paßte eine Kosmologie, die eine große Explosion an den Anfang setzte, Spiegelbild unserer Furcht vor dem eigenen Untergang in einem atomaren Weltenbrand.

Als in den sechziger Jahren der Gedanke aufkam, das Universum werde sich endlos weiter ausdehnen, da war das für uns fast wie die Versicherung, daß unsere Hoffnung auf grenzenloses Wirtschaftswachstum berechtigt sei. Inzwischen kamen uns Zweifel, und schon erscheint, buchstäblich wie aus dem Nichts, unbekannte dunkle Materie unter der Oberfläche des sichtbaren Universums und droht die Expansion des Kosmos zu beenden.

Naturgesetze oder Naturgewohnheiten?

Die heutigen Ansätze zu einer mathematischen «Theorie von Allem» beruhen immer noch auf etlichen Grundannahmen, die die alte mechanistische Physik als Erbe hinterließ. Die wichtigste dieser Grundannahmen besagt, daß die Naturgesetze ewig sind; sie waren «vor» dem Anfang da und regieren das Universum seit dem Urknall. Heinz Pagels hat das so formuliert:

Das Nichts «vor» der Erschaffung des Universums ist die leerste Leere, die sich überhaupt denken läßt: kein Raum, keine Zeit, keine Materie. Das ist eine Welt ohne Ort, ohne Dauer oder Ewigkeit, ohne Zahl – sie ist das, was die Mathematiker als «leeres Set» bezeichnen. Und doch verkehrt sich dieses unausdenkliche Nichts in eine Fülle des Seins – eine notwendige Konsequenz der physikalischen Gesetze. Wo stehen diese Gesetze geschrieben im Nichts? Was «sagt» dem Nichts, daß es mit einem möglichen Universum schwanger geht? Es sieht so aus, als wäre selbst das Nichts der Gesetzlichkeit unterworfen, einer Logik, die vor Raum und Zeit existiert.[3]

Diese Betrachtungsweise hat manches gemeinsam mit der traditionellen christlichen Auffassung, daß die Schöpfung durch das Wort Gottes ins Werk gesetzt worden sei. Das Ur-Chaos, die schwangere Leere, ist das Mutterprinzip. Die Auffassung, daß die Natur von gottgegebenen ewigen Gesetzen regiert wird, avancierte zur Grundlage der mechanistischen Naturwissenschaft und ist auch heute noch die implizite metaphysische Basis der Kosmologie. Nachdem der Geist Gottes allmählich aus dem Bild verschwunden ist, haben wir es jetzt mit freischwebenden mathematischen Gesetzen zu tun, doch die besitzen genau den gleichen Stellenwert wie Gesetze im Geist Gottes. Auch Stephen Hawking beispielsweise glaubt an die Vorgegebenheit ewiger Gesetze. Wenn erst «die Grundgesetze der Schöpfung und der darauf folgenden Evolution des Universums» verstanden würden, so meint er, dann würde die theoretische Physik an ihr Ende gelangen, und dieses Ende sei bereits in Sicht.[4]

Um aber einen so ehrgeizigen Gedanken überhaupt ins Auge fassen zu können, muß Hawking – wie es heute noch die meisten Physiker tun – eine ganze Reihe schwerwiegender Annahmen zugrunde legen. Eine dieser Annahmen ist die alte reduktionistische Doktrin, alles sei letztlich anhand der Physik der kleinsten Materieteilchen zu erklären:

Da die Struktur der Moleküle und ihre wechselseitigen Reaktionen allen chemischen und biologischen Prozessen zugrunde liegen, ermöglicht uns die Quantenmechanik im Prinzip, innerhalb der von der Unschärferelation gesetzten Grenzen nahezu alles vorherzusagen, was wir um uns herum wahrnehmen. (In der Praxis sind jedoch die Berechnungen bei Systemen, die mehr als einige wenige Elektronen enthalten, so kompliziert, daß wir sie nicht mehr durchführen können.)[5]

Diese Idee ist also nicht gerade von großem praktischem Nutzen, wenn wir – in der Welt unserer Alltagserfahrung – die Grundprobleme der Biologie oder Chemie oder irgendeiner anderen Disziplin durchschauen wollen. Sie ist ebenso gegenstandslos wie Laplaces Anschauung, der Lauf des Universums sei im Prinzip mit den Mitteln der Newtonschen Mechanik voraussagbar. Sie ist der Traum von der mathematischen Allwissenheit im modernen Gewand.

Die moderne mathematische Kosmologie ist eine sonderbare Theorie-Kreuzung aus Ewigkeits- und Evolutions-Paradigma. Sie bleibt einerseits bei der von allen Mathematikern so geliebten Annahme der Pythagoreer und Platoniker, daß alles einem Raum und Zeit transzendenten Reich ewiger mathematischer Ordnung untersteht.[6] Andererseits entwirft sie ein großartiges Bild vom evolutionären Charakter der gesamten Natur und stellt damit ihre eigenen Grundlagen in Frage. Wenn alles in der Natur sich entwickelt, warum dann nicht auch die Naturgesetze? Wozu weiterhin annehmen, sie seien für alle Zeiten festgelegt?

Der Idee der Naturgesetze liegt eine politische Metapher zugrunde: Wie menschliche Gesellschaften von Gesetzen geordnet werden, so unterliegt die Natur den Naturgesetzen. Im 17. Jahrhundert war das gar nicht metaphorisch gemeint: Gott, der Herr der Weltmaschine, hatte diese Gesetze erlassen, und sie existierten für alle Ewigkeit in seinem mathematischen Geist.

Wenn wir diese Analogie ernstzunehmen versuchen, sehen wir gleich, daß menschliche Gesetze alles andere als ewig sind, sie verändern und entwickeln sich mit der Zeit und mit den politischen, gesellschaftlichen und wirtschaftlichen Umständen. Wenn wir die Metapher des Naturgesetzes beibehalten wollen, wäre es in einem evolvierenden Universum durchaus sinnvoll anzunehmen, daß sich die Naturgesetze mit der Natur entwickeln.

Problematisch ist an der Gesetz-Metapher, daß sie einen autokratischen Gesetzgeber oder jedenfalls irgendeine kosmische Legislative voraussetzt und außerdem eine universale Überwachungsinstanz, die für die Einhaltung der Gesetze sorgt. In den Anfängen der mechanistischen Physik ließ sich dieser Posten noch mit Gott besetzen, und seine Macht war derart, daß kein Materieteilchen je hätte wagen können, sich ihm zu widersetzen. Die Natur selbst hatte weder Leben noch Macht noch Kreativität noch Spontaneität, sie unterwarf sich Gottes Gesetz bedingungslos. Aber wenn die Naturgesetze mit der Evolution gehen, wer erläßt sie dann und überwacht ihre Einhaltung?

Gott könnte auch jetzt noch die Antwort geben, doch er würde sie nicht mehr ewig unverändert in seinem Geist tragen, sondern müßte ein evolutionärer Gott sein, der parallel zur Entwicklung des Kosmos neue Gesetze formuliert und durchsetzt. Als der erste Kristall, das erste Proteinmolekül, die erste lebende Zelle, der erste Vogel, das erste denkende Gehirn entstanden, muß er die entsprechenden Gesetze formuliert und dann dafür gesorgt haben, daß sie fortan überall im Universum galten.

Wenn wir ohne Gott auskommen möchten, aber an der Idee universaler Gesetze festhalten wollen, könnten wir sagen, mit der Erschaffung des ersten Kristalls, Proteins und so weiter seien spontan die entsprechenden Gesetze und Regeln entstanden und hätten augenblicklich im gesamten Universum Gültigkeit erhalten. Es wäre jedoch unmöglich, diese Auffassung und die herkömmliche Anschauung, daß die Naturgesetze ewig seien, experimentell gegeneinander abzuwägen. Solange kein neues Phänomen auftaucht, das nicht aus den bekannten Gesetzen abzuleiten ist, können wir nicht wissen, ob mit einem solchen neuen Phänomen neue Gesetze einhergehen oder nicht.

Dagegen ist die Vermutung, daß die Regelmäßigkeiten in der Natur eher so etwas wie Gewohnheiten sind, wissenschaftlich überprüfbar. Wie wir in Kapitel 5 erörtert haben, ist nach der Hypothese der Formenbildungsursachen zu erwarten, daß neue Arten von Molekülen, Kristallen, Organismen, Verhaltensmustern und Denkmustern um so eher und leichter auftreten, je häufiger sie bereits aufgetreten sind. Und manches deutet schon jetzt darauf hin, daß es diesen Prozeß der Gewohnheitsbildung tatsächlich gibt.

Die Gewohnheiten der meisten physikalischen, chemischen und biologischen Systeme haben sich im Laufe von Jahrmillionen oder Jahrmilliarden gebildet. Deshalb bewegen sich die meisten der von Physikern, Chemikern und Biologen untersuchten Systeme in derart tief eingegrabenen Bahnen, daß sie praktisch unveränderlich sind. Ihre Gewohnheiten sind so weit ausgebildet, daß weitere Habitualisierung nicht mehr ins Gewicht fällt; solche Systeme verhalten sich tatsächlich so, als unterstünden sie der Herrschaft ewiger Gesetze. Dennoch ist der Begriff «Naturgesetz» hier nur annähernd richtig, eine Idealisierung und keine metaphysische Wahrheit.

Es gibt also im Kontext der evolutionären Kosmologie drei Möglichkeiten, die Regelmäßigkeiten der Natur zu erklären. Die erste besteht in der Annahme, daß die Naturgesetze ewig sind und sogar dem Universum von Raum und Zeit vorausgehen. Die zweite besagt, daß die Gesetze sich mit der Evolution der Natur bilden und dann universal gültig sind. Die dritte schließlich beschreibt die Regelmäßigkeiten der Natur als habituell und nimmt darüber hinaus an, daß der Natur eine Art Gedächtnis innewohnt. Dieses letztere Modell impliziert einen Einfluß früherer Aktivitätsmuster auf gegenwärtige. Nach der Hypothese der Formenbildungsursachen wird dieser Einfluß über morphische Resonanz wirksam. Da das Gewohnheitsmodell und die Theorie unwandelbarer Gesetze einander experimentell gegenübergestellt werden können, sollte es möglich sein zu ermitteln, welche Anschauung die richtige ist. Gegenwärtig ist die Frage noch offen.

Wem «Gedächtnis der Natur» zu mysteriös klingt, der sollte sich einmal klarmachen, daß transzendente mathematische Gesetze, die das Geschehen in der Natur bestimmen, eher noch mysteriöser sind – jedenfalls eher metaphysisch als physikalisch. Wie mathematische Gesetze völlig unabhängig von der evolvierenden Natur existieren und doch auf sie einwirken sollen, bleibt völlig unerklärlich. Wer an Gott glaubt, kann sagen, dies gehöre mit zum Mysterium der Beziehung Gottes zu seiner Schöpfung; wer nicht an Gott glaubt, der steht hier einfach vor einem Rätsel, das ihm völlig dunkel bleibt. Ein quasimentales Reich mathematischer Gesetze existiert irgendwie unabhängig von der Natur, aber nicht in Gott, und regiert die evolvierende physikalische Welt, ohne selbst physikalischer Natur zu sein.

Viele Wissenschaftler weichen diesem Problem aus, indem sie auf entsprechende Fragen antworten, die mathematischen Modelle der Physik existierten nur im menschlichen Bewußsein. Stephen Hawking zum Beispiel geht davon aus, «daß eine Theorie aus einem Modell des Universums oder eines seiner Teile sowie aus einer Reihe von Regeln besteht, die die Größen innerhalb des Modells in Beziehung zu unseren Beobachtungen setzen. Eine Theorie besteht nur in unserer Vorstellung und besitzt keine andere Wirklichkeit (was immer das bedeuten mag).»[7] Aber wenn diese Modelle nur in unserer Vorstellung bestehen, wie erklären wir dann die Regelmäßigkeiten der Natur selbst, die wiederholbaren Phänomene, die die Wissenschaftler untersuchen und von denen sie sich Modelle machen? Angesichts dieses Problems ziehen sich die meisten Wissenschaftler dann (meist ohne es direkt auszusprechen, häufig auch unbewußt) doch wieder auf die Position zurück, daß die Naturgesetze unabhängig vom menschlichen Bewußtsein existieren, daß sie objektive Realitäten sind, ob wir sie nun erklären können oder nicht. Wenn dann gefragt wird, was diese immateriellen Gesetze denn nun sind und wie sie funktionieren, kann man immer noch rasch wieder auf die Idee zurückgreifen, daß sie einfach Modelle in unseren Köpfen sind.

Wenn die Naturgesetze tatsächlich mathematische Modelle im menschlichen Bewußtsein sind, dann beschreiben sie vielleicht

eher Gewohnheiten der sich entwickelnden Natur als ewig gleichbleibende Gesetzmäßigkeiten. Müssen sich in einem evolvierenden
Universum nicht auch die Gesetze entwickeln?

Evolutionäre Physik

Die Kosmologen und die Physiker befassen sich heute sehr intensiv mit den ersten Sekundenbruchteilen im Leben des neugeborenen Kosmos, mit dem Augenblick, in dem alle Energie dieses
Kosmos auf einen Schlag freigesetzt wurde und die Grundbaustei-
ne und Grundfelder der Natur entstanden.

Das beliebteste Erklärungsmodell für die Entstehung der verschiedenen Feldarten in der Natur ist derzeit die sogenannte Su-
perstring-Theorie, die an den Anfang ein einheitliches Ur-Feld
von zehn Dimensionen – neun räumlichen und einer zeitlichen –
stellt. Als das Universum sich ausdehnte und kühler wurde, bra-
chen die Symmetrien des Ur-Feldes auf und die bekannten Felder
der Physik differenzierten sich eines nach dem anderen aus dem
einheitlichen Feld (das weiterbesteht, wenn auch seine einheitliche
Natur nicht mehr manifest ist) heraus. Zuerst sonderte sich nach
etwa 10^{-44} Sekunden das Gravitationsfeld ab; nach etwa 10^{-36} Sekunden folgten die Quantenmateriefelder, die für die starken
Kernkräfte verantwortlich sind, und nach etwa 10^{-10} Sekunden
lösten sich das elektromagnetische Feld und die Felder der schwa-
chen Kernkraft ab.[8]

Wie wir schon in Kapitel 4 gesehen haben, spielen die Felder der
modernen Physik vielfach ähnliche Rollen, wie die Seelen sie in
der vormechanistischen animistischen Naturphilosophie spielten.
Hier möchte ich das Augenmerk nun auf den Umstand lenken,
daß das einheitliche Ur-Feld der heutigen Physik, ein Feld der
Felder, ziemlich viel Ähnlichkeit mit dem neuplatonischen Begriff
der Weltseele hat. Plotin dachte sich diese kosmische Seele als

Ursprung aller Einzelseelen: «Notwendig muß ... die Seele Einheit und Vielheit sein, und aus der einen müssen die vielen als verschiedene hervorgehen.»[9] In dieser Weise kann man die modernen einheitlichen Feldtheorien paraphrasieren: «Notwendig muß das Feld Einheit und Vielheit sein, und aus dem einen müssen die vielen als verschiedene hervorgehen.» Natürlich ist die moderne Theorie weitaus detaillierter und evolutionärer als die alten Theorien der Weltseele. Sie beschreibt das Werden des Kosmos, gibt sogar ungefähre Zeiten an, zu denen sich Energie und Felder, Materie, Galaxien, Sterne und Planeten im expandierenden und evolvierenden Universum bildeten.

Warum ist das Universum so, wie es ist?

Jede Kosmologie wirft unweigerlich die Frage auf, warum die Welt gerade so und nicht anders organisiert ist. In früheren Zeiten konnte man sich bei der Antwort auf Gott berufen. Gott hätte viele andere Welten erschaffen können, doch in seiner Güte erschuf er die beste aller möglichen Welten. Diesen Gedanken arbeitete Leibniz weiter aus, doch einem breiteren Publikum bekannt wurde die Idee durch Voltaires satirischen Roman *Candide*: Hier läßt er Dr. Pangloss auch angesichts der aberwitzigsten Mißgeschicke entschlossen daran festhalten, daß alles zum Besten stehe in der besten aller möglichen Welten.

In der modernen evolutionären Kosmologie ist nicht Gott, sondern der Mensch das Kriterium für die oben gestellte Frage. Eine Kosmologie hat sich nämlich auch der Tatsache zu widmen, daß es überhaupt Kosmologen gibt. Wie alle anderen Menschen könnten sie in den meisten Welten, die die Physiker sich durch Abänderung ihrer Gleichungen oder die Annahme anderer Werte für die Natur-«Konstanten» als Alternativen auszumalen vermögen, nicht existieren. «Wenn zum Beispiel die Kernkräfte und die elektromagne-

tische Kraft in einem geringfügig anderen Größenverhältnis zueinander stünden, gäbe es keine Kohlenstoffatome, und Physiker wären nie entstanden.»[10] Das Universum *muß* also die Eigenschaften
haben, die für unsere Evolution und gegenwärtige Existenz erforderlich waren und sind. Dieser Umstand findet Ausdruck im sogenannten kosmologischen anthropischen Prinzip. In seiner «schwa-
chen Form» ist das anthropische Prinzip nicht umstritten:

> Die aus der Beobachtung abgeleiteten Werte für die physikali-
> schen und kosmologischen Größen sind nicht alle von gleicher
> Wahrscheinlichkeit; sie liegen jedoch in Größenordnungen, die
> den einschränkenden Bedingungen entsprechen, daß es Orte
> gibt, an denen auf Kohlenstoff basierendes Leben sich entwik-
> keln kann, und daß das Universum alt genug ist, daß dies bereits
> geschehen konnte.[11]

Von hier aus ist es nur ein kleiner Schritt zum Starken Anthropischen Prinzip: «Das Universum muß Eigenschaften aufweisen, die
es möglich machen, daß sich an irgendeinem Punkt seiner Geschichte Leben in ihm entwickelt.»[12] Das freilich ist umstritten,
denn es impliziert eine übergeordnete Absicht in Ursprung und
Entwicklung des Universums, und jedes Nachdenken über Absichten oder Zielvorgaben in der Natur ist ja von der mechanistischen Naturwissenschaft seit Jahrhunderten geächtet. Eine der In-
terpretationen des Starken Anthropischen Prinzips lautet: «Es existiert *ein* mögliches Universum, das mit dem Ziel ‹geplant› wurde,
Beobachter hervorzubringen und zu erhalten.»

Vom Starken Anthropischen Prinzip führt ein weiterer Schritt
zum «Endgültigen Anthropischen Prinzip», das diese Zielorientiertheit noch stärker hervorhebt:

> Angenommen, das Starke Anthropische Prinzip trifft aus ir-
> gendeinem unbekannten Grund zu und es muß an irgendeinem

Punkt in der Geschichte des Universums zwangsläufig zur Entwicklung von vernunftbegabtem Leben kommen. Wenn dieses jedoch auf unserem Entwicklungsstand wieder ausstirbt, lange bevor es einen ins Gewicht fallenden Einfluß auf das Gesamtuniversum ausüben konnte, ist kaum einzusehen, weshalb es überhaupt entstehen *mußte*. Dieser Gedanke führt zu der folgenden Generalisierung des Starken Anthropischen Prinzips, zum «Endgültigen Anthropischen Prinzip»: Intelligente Informationsverarbeitung *muß* im Universum entstehen und wird, wenn sie einmal entstanden ist, nie wieder aussterben.[13]

Ob wir nun die Evolution des kosmischen Organismus für zielgerichtet halten oder nicht, auf jeden Fall stellt sich mit der Idee anderer möglicher Universen die Frage, weshalb dieses besondere Universum gerade diese Züge und keine anderen hat und auf welche Weise diese besonderen Züge gewahrt bleiben. Das Reich ewiger mathematischer Wahrheiten enthält für platonisch gesinnte Geister die Gesetze aller überhaupt möglichen Universen; wie also wurde die Verbindung hergestellt zwischen einer bestimmten Teilmenge der mathematischen Möglichkeiten und dem neugeborenen Universum, und wie wird diese Beziehung aufrechterhalten?

Wieder könnte man Gott als Begründung angeben: Als er den Plan zu diesem Universum entwarf, wählte er geschickt die richtigen Werte für die Naturkonstanten, und seither bleiben sie so, wie sie sind, weil sie in seinem Gedächtnis sind. Man könnte natürlich ebensogut annehmen, daß die Natur selbst und kein transzendentes Bewußtsein diese «Konstanten» erinnert. Als bestimmte Muster sich einmal etabliert hatten (wie auch immer man sich ihre ursprüngliche Entstehung denken mag), konnten sie durch Wiederholung immer mehr zur Gewohnheit werden. Vielleicht sind also die Konstanten der Physik und die Eigenschaften der bekannten Felder uralte Gewohnheiten. Sie hätten vielleicht anders sein können, doch nur ein Universum, das diese besonderen Gewohnheiten entwickelte, konnte den inneren Zusammenhalt bekommen, den unser Universum hat und der es zu einem geeigneten Ort für die Evolution von Gewohnheiten der chemischen, biologischen, kulturellen und mentalen Organisation macht.

Natürliche Auslese der Naturgewohnheiten

Sollte die Natur ewigen, transzendenten mathematischen Gesetzen unterworfen sein, so müßten diese Gesetze sehr präzise gefaßt werden. Die numerischen Werte aller «Konstanten» müßten von Anfang an mit höchster Genauigkeit festgelegt werden. Sollte aber die Organisation der Natur eher habituellen Charakter besitzen, so könnten alle sogenannten Konstanten und alles, was in der Natur regelmäßig abläuft, im Zuge eines organischen Evolutionsprozesses wachsen. Nicht alle neuen Organisationsmuster physikalischer, chemischer, biologischer, kultureller und mentaler Art sind lebensfähig. Nur die können überleben, die in Harmonie mit ihrer Umwelt sind, und nur durch Wiederholung können sie habituell werden.

Die Evolution von Gewohnheiten – zum Beispiel Proteineinfaltung, Kristallisation und Pflanzenwachstum, die Instinkte der Tiere oder kulturelle und geistige Gewohnheiten des Menschen – ist ein Zwei-Stufen-Prozeß: Zuerst muß durch einen schöpferischen Sprung, eine schöpferische Synthese, ein neues Muster entstehen; dann unterliegt dieses neue Muster der natürlichen Auslese.

Jeder kennt vermutlich diesen zweistufigen Prozeß aus eigener Erfahrung. Neue Ideen, neue Verfahren sind meistens durch eine Eingebung, einen schöpferischen Sprung, plötzlich da. Dann werden sie der Selektion ausgesetzt. Manche sind so erfolgreich, daß sie sich bald durchsetzen und habituell werden, andere erweisen sich als untauglich und sterben wieder aus. Ähnliches gilt auch für die biologische Evolution. Neue Körperformen und Verhaltensmuster bilden sich urplötzlich, etwa durch Mutation oder besondere Umweltbedingungen. Im weiteren Verlauf zeigt sich nun, welche dieser Formen und Muster sich wiederholen können, um schließlich habituell zu werden, und welche der Selektion zum Opfer fallen. Die Bildung neuer Gewohnheiten hängt nach der Hypothese der Formenbildungsursachen nicht allein von der biologischen Vererbung ab, sondern auch von der morphischen Resonanz mit früheren Organismen der gleichen Art.

Kreative Sprünge gibt es auch im Bereich der Chemie. Täglich werden ganz neue Stoffe synthetisiert und kristallisiert. Auch alle natürlichen Molekül- und Kristallformen müssen an irgendeinem Punkt der Vergangenheit zum erstenmal aufgetreten sein. Auch Atome hat es nicht immer gegeben. Alle gegenwärtigen Formen könnten einfach durch Wiederholung zur Gewohnheit geworden sein. Das würde bedeuten, daß die natürliche Auslese auf der Ebene der Atome, Moleküle und Kristalle genauso wirkt wie im Bereich des biologischen Lebens. Und wenn Moleküle und Kristalle tatsächlich aufgrund von morphischer Resonanz eine Art Erinnerung an frühere Exemplare ihrer Art besitzen, sollte es möglich sein, den Gewohnheitsbildungsprozeß an neuen Chemikalien und Kristallen experimentell zu erforschen.

Auch an Galaxien und Sternen erkennen wir typische, überall im Universum auftretende Organisationsformen, die man in bestimmte Typen mit charakteristischen Verlaufsformen einteilen kann. Vielleicht sind auch das Gewohnheiten, erfolgreiche Strukturen galaktischer und stellarer Organisation, die durch Wiederholung immer wahrscheinlicher wurden. Das könnte auch für Planetensysteme und die einzelnen Planeten gelten. Vielleicht gibt es anderswo Planeten von derselben «Spezies» wie Venus oder Jupiter oder die Erde. Das könnte bedeuten, daß die Erde in morphischer Resonanz mit ähnlichen Planeten irgendwo im Kosmos steht. Es könnte dann sein, daß die Evolution auf der Erde einem Gewohnheitsmuster folgt, das auf ähnlichen Planeten schon länger besteht. Es könnte aber auch sein, daß unsere Erde der erste Planet ist, der diese besondere Entwicklung nimmt, und dann gibt es vielleicht andere Planeten, die diesem Muster folgen.

Die evolvierenden Gewohnheiten der Natur

Vor über einem Jahrhundert kam Samuel Butler durch die Beobachtung, daß lebende Organismen vor allem Gewohnheitswesen sind, auf den Gedanken, daß sie von ihren Vorfahren so etwas wie ein unbewußtes Gedächtnis erben. Die Instinkte eines Tieres sind die Verhaltensgewohnheiten seiner Art. Auch das Wachstum der Organismen ist habituell, wie Butler erkannte. Ein sich entwickelnder Embryo durchläuft Stadien, die an ferne Vorfahren gemahnen; die individuelle Entwicklung eines Organismus scheint irgendwie den gesamten Evolutionsprozeß zu rekapitulieren, der zu dieser besonderen Spezies geführt hat. Auch der menschliche Embryo durchläuft ein fischähnliches Stadium, in dem Kiemenspalten an ihm zu erkennen sind (Abb. 13). Butler betrachtete dies als Manifestation der ererbten Erinnerung eines Organismus. «Die kleine, unstrukturierte befruchtete Eizelle, aus der jeder von uns hervorgegangen ist, besitzt eine potentielle Erinnerung an alles, was jedem einzelnen seiner Vorfahren jeweils widerfahren ist.»[14]

Solche Ideen wurden von den Biologen noch zu Beginn unseres Jahrhunderts lebhaft diskutiert, und man überlegte sehr genau, was etwa der Gedanke, daß «Vererbung eine Art unbewußtes organisches Gedächtnis» sei, im einzelnen bedeutet.[15] In den zwanziger Jahren schien jedoch durch die Genetik bewiesen worden zu sein, daß die Vererbung allein durch die Gene zu erklären sei und ganz und gar mechanisch ablaufe. Heute im Zeitalter der evolutionären Kosmologie, nach der möglicherweise alles in der Natur Gewohnheit ist, gewinnt der Gedanke, daß Lebewesen Geschöpfe der Gewohnheit sein könnten, neue Aktualität. Die biologische

161

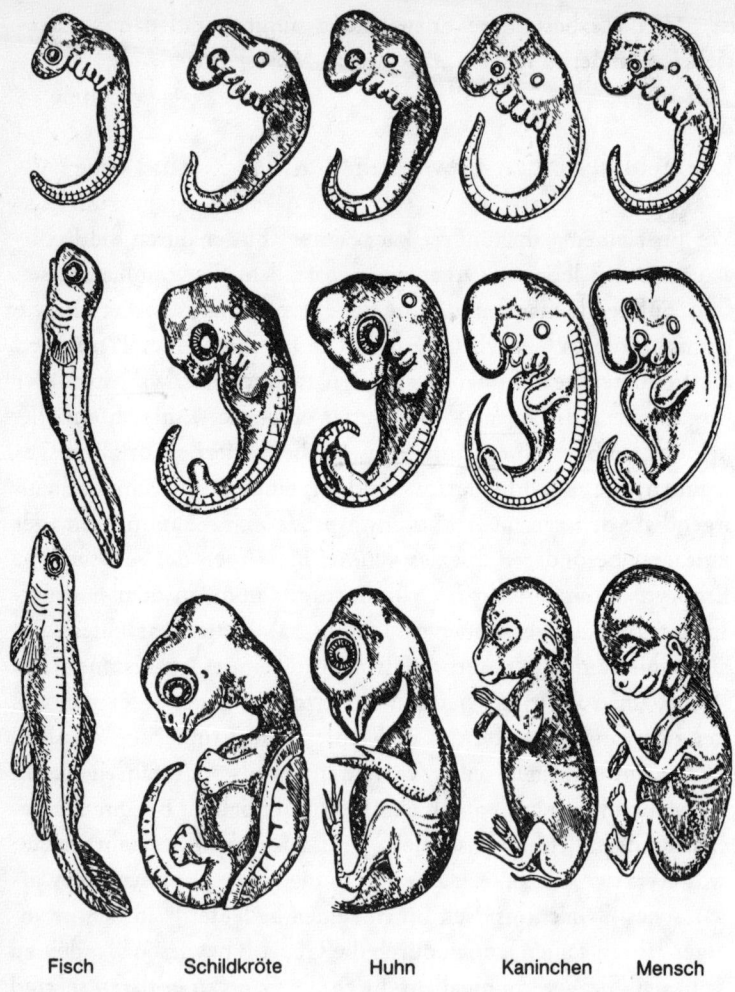

Fisch   Schildkröte   Huhn   Kaninchen   Mensch

Abbildung 13 Die embryonale Entwicklung bei vier Arten von Wirbeltieren und dem Menschen zeigt in den frühen Stadien erstaunliche Übereinstimmungen. Zwischen Augen und Vordergliedmaßen sind die embryonalen Kiemenspalten zu erkennen (nach Haeckel, 1874).

Vererbung ist vielleicht doch mehr als nur die Weitergabe materieller Gene, nämlich eine Weitergabe von Gewohnheiten auf nichtmateriellem Wege.

Wie bilden sich neue Gewohnheiten? Neue Formen treten im allgemeinen auf veränderte Umwelteinflüsse oder auf eine genetische Mutation hin auf. Die meisten Neuerungen finden keine günstigen Umstände vor und fallen der natürlichen Auslese zum Opfer; für gewöhnlich setzen sich die habituellen Muster der Art durch. Dieser etablierte Habitus, der «Wildtyp» einer Art, bleibt bei den meisten Arten über Hunderttausende, ja Millionen von Jahren (bei «lebenden Fossilien» wie den Schachtelhalmgewächsen der Gattung *Equisetum* sogar über Hundertmillionen Jahre oder länger) relativ stabil. In der Sprache der Genetik würden wir sagen, daß Mutationen rezessiv sind, also weniger genetisches Gewicht besitzen: Wird ein mutierter Organismus mit dem normalen oder Wildtyp seiner Art gekreuzt, so ist der Wildtyp in der nächsten Generation dominant.

Wenn solche mutierten Formen oder Verhaltensmuster durch die Umstände und damit durch die natürliche Auslese begünstigt werden, können sie sich wiederholen und habituell werden, wobei sich ihr zunächst rezessiver Charakter immer mehr zur Dominanz hin entwickelt. Die Genetiker sprechen hier denn auch von der Evolution der Dominanz. Man nimmt Veränderungen in der genetischen Feinstruktur an, die im Detail noch nicht festgestellt werden können.[16] Daß eine neue Gewohnheit sich durch morphische Resonanz allmählich bildet, ist ebenso plausibel und gibt eine alternative Erklärung für die Dominanz des Wildtyps.[17]

Das Beharrungsvermögen uralter Gewohnheiten wird auch sehr deutlich, wenn wir sehen, wie manche domestizierten Tiere zum Wildtyp ihrer Art zurückkehren, wenn sie aus der Sphäre des Menschen fliehen und verwildern. Verwilderte Katzen verhalten sich schon nach relativ kurzer Zeit wieder wie Wildkatzen. Verwilderte Tiere kehren jedoch nicht nur zum Verhalten des Wildtyps zurück, sondern auch die Körpermerkmale ändern sich. Verwilderte Schweine etwa werden borstiger, und häufiger wachsen ihnen wieder Hauer; an Frischlingen erkennt man wieder die Streifenzeichnung des Wildtyps. Darwin bemerkte dazu: «In diesem Falle und in vielen anderen können wir nur sagen, daß eine Veränderung der Lebensweise dem Anscheine nach eine der Spezies inhärente oder latente Neigung begünstigt habe, zu ihrem primitiven Zustand zurückzukehren.»[18]

Manchmal treten Entwicklungsgewohnheiten früherer Arten, sogar solcher, die seit Millionen von Jahren ausgestorben sind, spontan wieder auf. So kommt es zum Beispiel auch beim Menschen vor, daß Neugeborene mit einem Schwanz geboren werden. Dieses Reversionsphänomen wird Atavismus oder Rückschlag genannt. Manchmal sind solche Phänomene von beträchtlicher evolutionärer Bedeutung. Es gibt unter den fossilen Funden zahlreiche Beispiele, die vermuten lassen, daß bestimmte Evolutionsbahnen sich wiederholen: Immer wieder treten Organismen auf, die in ihren Zügen früheren Arten fast gleich sind. Dies bezeichnet man als evolutionäre Iteration.[19]

Bei atavistischen Organismen könnten wir annehmen, daß sie sich durch morphische Resonanz auf die Entwicklungsgewohnheiten früherer Spezies eingestimmt haben; bei anderen Merkwürdigkeiten könnte morphische Resonanz mit jetzt irgendwo auf der Welt lebenden Arten vorliegen. Mutierte Organismen dieser Art führen uns die erstaunlichsten evolutionären Plagiate vor. Denken wir nur an die vielen Fälle der parallelen Evolution bei den plazentaren Säugetieren einerseits und den Beuteltieren Australiens andererseits (Abb. 14).

Beuteltiere   Plazentatiere

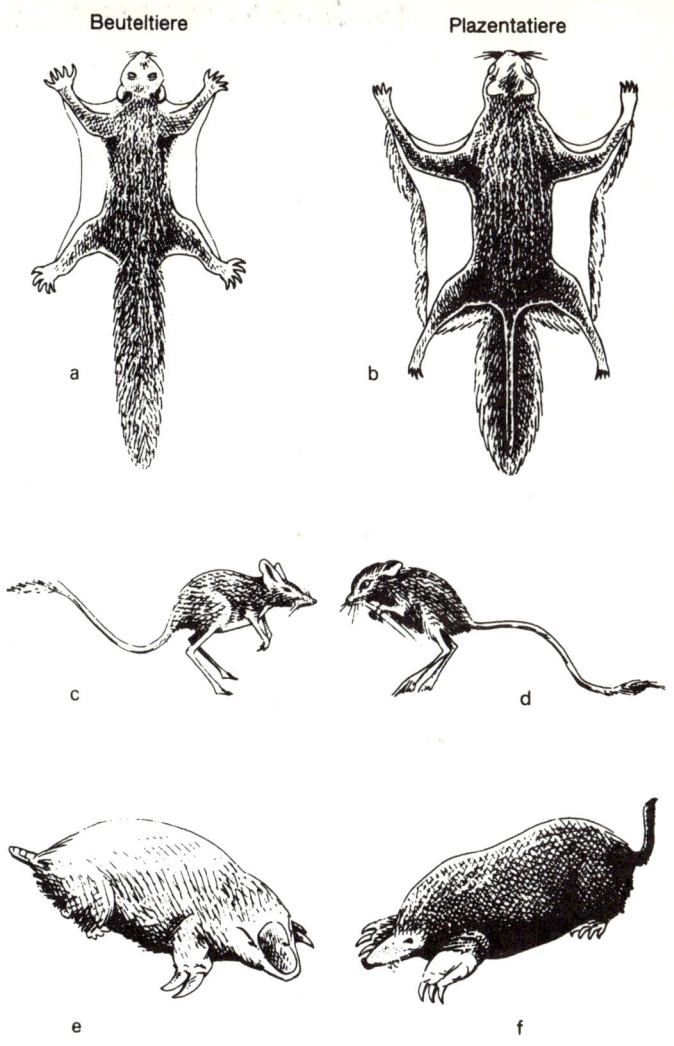

Abbildung 14 Beispiele für parallele Evolution. a und b: Flugbeutler und Flug-hörnchen; c und d: Wüstenspringmäuse; e und f: Maulwürfe (nach Hardy).

Spontane Variation → *schöpferische Reaktion :*
Geschiedenheiten → vererbt !?

Wenn mutierte Organismen, die sich irgendwie in die Entwick-
lungs- oder Verhaltensgewohnheiten anderer Arten eingeschaltet
haben, durch die Selektion begünstigt werden, habitualisieren sich
die neuen Züge durch Wiederholung und werden irgendwann nor-
mal für diese neue Art von Organismen. Diese «Anleihen» mögen
eine große Rolle gespielt haben im Evolutionsprozeß. Doch Evolution ist ganz offensichtlich mehr als Permutation und Rekombi-
nation existierender Organisationsmuster. Es muß auch wirkliche
Neuerungen geben – die erste Zelle, das erste Auge, die erste
Feder, das erste Spinnennetz, das erste Wirbeltier, den ersten Vogel; und jede Spezies ist eine neue Variation des allgemeinen Organisationsmusters seiner Gattung oder Familie.

Nach herkömmlicher Auffassung kommen evolutionäre Neuerungen durch genetische Zufallsmutation und natürliche Auslese
zustande. Das ist allerdings eher eine dogmatische Behauptung als
ein ausgemachtes wissenschaftliches Faktum. Zunächst einmal
können wir heute nicht mehr so ohne weiteres davon ausgehen,
daß Mutationen zufällig zustande kommen, denn neuere Experimente mit Bakterien lassen vermuten, daß es doch gezielte Mutationen gibt. Wenn man etwa Bakterien, die an Nahrungsmangel
einzugehen drohen, einen Zucker anbietet, den sie normalerweise
nicht verdauen können, treten sehr viel häufiger, als nach der Zu-
fallstheorie zu erwarten wäre, Mutationen auf, durch die die Bakterien genau die Enzyme bekommen, die sie in ihrer gegenwärtigen Lage brauchen.[20]

Außerdem erklärt das Vorhandensein einer genetischen Mutation (auch einer echten Zufallsmutation) noch nicht, wie der Organismus es schafft, sich auf diese genetische Veränderung einzustellen. Wenn beispielsweise ein Vogel aufgrund einer genetischen
Veränderung blind geboren wird, kann er nicht das übliche Instinktverhalten seiner Art annehmen. Man kann wohl davon aus-

166

gehen, daß solche Tiere im allgemeinen früh sterben. Irgendwann aber könnte solch einem Vögelchen ein schöpferischer Sprung gelingen, wenn es etwa armselig piepsend herumhüpft und dabei entdeckt, daß es sich mit Hilfe des Echos zurechtfinden kann. Dieses neue Verhalten der Echo-Ortung wäre eine schöpferische Reaktion auf die Blindheit und nicht etwa in den für die Blindheit verantwortlichen Genen enthalten. Gelänge es diesem Vogel, sich zu paaren, so würden seine Nachkommen die Echo-Ortung durch Vorbild, aber auch durch morphische Resonanz leichter erlernen. Die Echo-Ortung wird für die blinden Vögel bei Nacht und in dunklen Höhlen gewiß von großem Vorteil sein. Wenn die natürliche Auslese sie nun auch noch begünstigt, könnte eine neue Spezies entstehen, die in solchen Höhlen leben kann und deren Verhaltensgewohnheiten sich stark von denen ihrer Vorfahren unterscheiden. Solche Vögel gibt es tatsächlich: die Höhlensalanganen, die in dunklen Höhlen Asiens leben und in ähnlicher Weise navigieren wie Fledermäuse.

Zufallsmutationen stellen den Organismus vor neue Situationen und verlangen von ihm eine schöpferische Reaktion. Wenn ein Organismus sich auf eine genetische Mutation oder veränderte Umweltbedingungen einstellen muß, kann es zu einem schöpferischen Sprung, zur Synthese eines neuen Organisationsmusters kommen. Nach der Hypothese der Formenbildungsursachen sind morphische Felder für die Organisation solcher Muster verantwortlich, und wenn die Felder durch natürliche Auslese begünstigt werden, gewinnen sie an Durchsetzungskraft und werden immer mehr zur Gewohnheit. Zufallsmutationen sind also nicht das einzige schöpferische Prinzip bei der Entstehung neuer Formen und Verhaltensmuster. Vielmehr muß der Organismus selbst auch schöpferisch reagieren und nicht nur ein neues Verhaltensmuster entwickeln, sondern dieses neue Muster auch in seine übrigen Verhaltensweisen integrieren.

Charles Darwin sprach in seiner Evolutionstheorie natürlich

noch nicht von genetischen Zufallsmutationen, wenn es um die Erklärung spontaner Abwandlungen bestehender Formen ging – er wußte noch nichts von Genen. Er nahm aber an, daß den spontanen Abwandlungen oder Mutationen so etwas wie eine ganzheitliche Formkraft gegenübersteht, der *nisus formativus*, wie er von den Vitalisten des frühen 19. Jahrhunderts postuliert wurde. So nahm er beispielsweise an,

> daß, wenn irgendein Teil oder Organ durch Variation und beständige Zuchtwahl entweder an Größe bedeutend zugenommen hat oder völlig unterdrückt ist, das koordinierende Vermögen der Organisation dahin streben wird, alle die Teile wieder in Harmonie miteinander zu bringen.[21]

Für Darwin war selbstverständlich, daß erworbene Merkmale vererbt werden können, und er maß der Gewohnheit große Bedeutung im Evolutionsprozeß bei. An zahlreichen Beispielen zeigte er auf, wie Lebensgewohnheiten sich allmählich im Erbgut niederschlagen. Bei Hausgeflügel stellte er beispielsweise fest, daß die Flügelknochen kleiner und die Beinknochen größer geworden waren. Es «läßt sich nicht daran zweifeln, daß gewisse Teile des Skeletts bei unseren von alters her domestizierten Tieren durch die Wirkung vermehrten oder verminderten Gebrauchs an Länge und Gewicht gewonnen oder verloren haben».[22] Er zweifelte nicht daran, daß ähnliche Prinzipien auch unter natürlichen Bedingungen gelten. Strauße etwa hatten im Laufe vieler Generationen durch mangelnden Gebrauch der Flügel das Fliegen verlernt und waren zu Laufvögeln mit besonders stark ausgebildeten Beinen geworden. Auch für die Evolution des Menschen gilt nach Darwin dieses Prinzip:

> Jedermann weiß, daß harte Arbeit die Epidermis der Haut schwielig macht, und wenn wir hören, daß bei Kindern lange

vor ihrer Geburt die Epidermis an den Handflächen und Fuß-
sohlen dicker ist als an irgendeinem anderen Teil des Körpers,
so werden wir natürlich geneigt, dies den vererbten Wirkungen
lange fortgesetzten Gebrauchs oder Drucks zuzuschreiben.[23]

Darwin war sich der Macht der Gewohnheit sehr bewußt. Er sagte
einmal über die Natur, daß sie «der Gewohnheit Allmacht verlieh
und ihre Wirkungen erblich machte». Francis Huxley beschreibt
Darwins Haltung so:

> Eine Struktur war ihm eine Gewohnheit, und in einer Gewohn-
> heit bekundete sich nicht nur ein inneres Bedürfnis, sondern
> auch äußere Kräfte, an die der Organismus sich wohl oder übel
> gewöhnen mußte... Unter diesem Gesichtspunkt hätte er sein
> Buch auch *Von der Entstehung der Gewohnheiten* statt *Von der
> Entstehung der Arten* nennen können.[24]

Die Idee, daß die Gewohnheiten der Natur sich unter dem Einfluß
der natürlichen Auslese entwickeln, entspricht also Darwins Denken – nicht jedoch der neodarwinistischen Doktrin, wie sie derzeit
die akademische Biologie beherrscht.

Die Ausbreitung neuer Gewohnheiten

Pflanzen und Tiere besitzen die manchmal verblüffende Fähigkeit,
sich auf veränderte Umweltbedingungen einzustellen. Pflanzen
zum Beispiel entwickeln sich je nach Klima unterschiedlich, sie
stellen sich auf die klimatischen Gegebenheiten ein. Tiere entdek-
ken neue Verhaltensformen und sind in der Lage, neue Möglichkeiten zu nutzen, wenn sie sich ihnen bieten. Darwin nahm, wie
gesagt, an, daß solche erworbenen Neuerungen erblich werden
können. Die neodarwinistische Schule lehnt diesen Aspekt des

Darwinschen Denkens ab, bestreitet also, daß erworbene Merkmale vererbt werden können. Vererbt werden nach dieser Auffassung einzig und allein Gene, und erworbene Merkmale finden keinen genetischen Niederschlag, bewirken also keine Gen-Mutation. Mit anderen Worten: Es gibt keinen genetischen Mechanismus für die Vererbung erworbener Merkmale, und deshalb kann es diese Art der Vererbung nicht geben.

Sollten jedoch neue Gewohnheiten durch morphische Resonanz weitergegeben und durch Wiederholung verstärkt werden, so wäre es *doch* möglich, daß neue Verhaltensweisen vererbt werden. Einfach durch Wiederholung wird sich dann bei den nachfolgenden Individuen der Spezies eine wachsende Tendenz zeigen, unter vergleichbaren äußeren Bedingungen dem neuen Entwicklungsmuster zu folgen. Das neue Verhalten kann durch morphische Resonanz nicht nur von einer Generation auf die nächste übergehen, sondern auch auf andere Angehörige der gleichen Art, die vielleicht weit entfernt leben. Es gibt bereits Hinweise darauf, daß dergleichen tatsächlich vorkommt, im Bezug auf das Verhalten ebenso wie im Bereich der Morphogenese.[25]

Ein Beispiel: Zu Beginn unseres Jahrhunderts wurde es in Großbritannien üblich, sich die Milch morgens an die Haustür bringen zu lassen. Sie wurde in Flaschen mit Pappdeckeln geliefert. Anfang der zwanziger Jahre häuften sich in Southampton Fälle von Milchdiebstahl: Die Deckel lagen in Fetzen um die Flaschen, und in den geöffneten Flaschen fehlte ein wenig Milch. Als Schuldige wurden Meisen ausgemacht. Die Gewohnheit verbreitete sich zunächst lokal, wohl durch «schlechtes Vorbild». Meisen sind sehr an ihre vertraute Umgebung gebunden und entfernen sich nur in Ausnahmefällen mehr als einige Kilometer von ihren Nistplätzen; ein Ausflug von fünfundzwanzig Kilometern kann schon als außergewöhnlich gelten. Dennoch kam es bald schon in ganz anderen Teilen des Landes zu Milchdiebstählen; die Diebe waren hier offenbar ohne direkte Anstifter auf die gleiche Idee gekommen. Zwischen 1930 und 1950 ist dieses Verhalten systematisch dokumentiert worden. Die Analyse der Aufzeichnungen offenbarte, daß der Milchdiebstahl allein auf den britischen Inseln mindestens 89mal neu entdeckt worden sein muß; außerdem folgten die Neuentdeckungen im Laufe der Zeit immer schneller aufeinander.[26] Das war derart erstaunlich, daß ein führender britischer Zoologe sich zu der Vermutung hinreißen ließ, es sei vielleicht so etwas wie Telepathie im Spiel.[27]

Der Milchdiebstahl der Meisen trat auch in Dänemark, Schweden und Holland auf. Die niederländischen Aufzeichnungen sind besonders interessant. Die Milchlieferungen wurden während des Zweiten Weltkrieges eingestellt und erst 1947/48 wieder aufgenommen. Die Vorkriegsmeisen, die sich noch an das Schlaraffenland der Milch hätten erinnern können, mußten inzwischen ausgestorben sein. Dennoch breitete die Unsitte sich sehr schnell wieder aus. Bald ging wieder überall in den Niederlanden der Milchdieb um, und «es scheint so gut wie sicher, daß viele Einzeltiere an vielen verschiedenen Orten die Gewohnheit erneut entstehen ließen».[28]

Dies könnte durchaus ein Beispiel für die Wirkung der morphischen Resonanz bei der Evolution des Verhaltens sein. Hier würde dann auch deutlich, wie eine neue Gewohnheit sich durch morphische Resonanz sehr viel schneller ausbreiten kann als durch genetische Mutation und den anschließenden Selektionsprozeß, der sich in der Regel über viele Generationen hinzieht.

Kreativität und Gewohnheit

In diesem Kapitel habe ich zu zeigen versucht, daß zum Evolutionsprozeß ein Wechselspiel von Kreativität und Gewohnheit gehört. Ohne Kreativität würden keine neuen Gewohnheiten entstehen; die Natur würde stereotypen Mustern folgen wie unter dem

Einfluß nichtevolutionärer Gesetze. Ohne den steuernden und stabilisierenden Einfluß der Gewohnheitsbildung würde andererseits die Kreativität einfach in ein Chaos der wahllosen Veränderung einmünden, in dem nichts sich je stabilisieren könnte.

Die evolutionäre Kreativität läßt neue Organisationsmuster entstehen, und diese werden, wenn die natürliche Auslese sie begünstigt, durch Wiederholung immer mehr zur Gewohnheit. Die bereits bestehenden Gewohnheiten der Natur, der Kultur und des Geistes bilden den Hintergrund für das schöpferische Prinzip, das neue Muster entwirft und der natürlichen Auslese anheimstellt.

Wenn wir die Regelmäßigkeiten der Natur, der Kultur und des Geistes als Gewohnheiten bezeichnen, ist damit natürlich noch nicht geklärt, wie neue Muster überhaupt zustande kommen: Wir sagen damit etwas über die Stabilisierung neuer Muster, nachdem sie sich gebildet haben, aber noch nichts über den schöpferischen Akt, der sie entstehen ließ. Wo also liegt der Ursprung der evolutionären Kreativität? Wir werden auf diese Frage in Kapitel 9 zurückkommen.

Teil III

Ein neuer Animismus

7. Und sie lebt doch

Mutter Erde wird wiederentdeckt

Einige Jahrhunderte lang hat eine gebildete Minderheit im Abendland geglaubt, unser Planet sei tot, nichts als eine dunstverhangene Kugel unbelebten Gesteins, von mechanischen Kräften getrieben durchs All wirbelnd. Das ist eine sehr dominante, aber eigentlich doch ziemlich exzentrische Auffassung: In früheren Zeiten war es für alle Menschen selbstverständlich, daß die Erde lebendig ist, und für den größten Teil der Menschheit gilt das auch heute noch.

Daß sogar wir Abendländer heutzutage wieder mehr dazu neigen, die Erde als lebendig zu betrachten, mag unter anderem in verbliebenen Resten mythischen Denkens seinen Ursprung haben, dürfte aber vor allem zwei ganz neuen Anstößen zu verdanken sein: Erstmals haben Menschen, Astronauten und Kosmonauten, die Erde vom Weltraum aus gesehen, und wir können zumindest die dabei entstandenen Bilder betrachten; und außerdem wird jetzt allmählich allen klar, daß unsere Art der Zivilisation, ihre Wirtschaft und Industrie, das Klima weltweit verändert.

Schon in den Anfängen der naturwissenschaftlichen Revolution war es keine Schwierigkeit, sich ein Bild von der Erde zu machen: ein sphärischer Himmelskörper, der durch den Raum schwebt und um seine eigene Achse rotiert. Generationen von Schulkindern wurden durch den Gebrauch von Globen völlig vertraut mit diesem Bild, und vielleicht hat das Leblose dieser Miniaturmodelle die Annahme bestärkt, die Erde selbst sei unbelebt. Jedenfalls hat der tatsächliche Anblick der Erde von künstlichen Satelliten oder von der Mondeoberfläche aus in gewissem Sinne nur bestätigt, was die meisten gebildeten Menschen ohnehin glaubten. Dieser Anblick war ein Triumph für die Menschheit, und nicht nur im Hinblick auf den heldenhaften Mut der Raumfahrer oder auf die Technik, die diese Flüge ermöglichte, sondern weil hier die Macht der wissenschaftlichen Vorstellungskraft manifestiert wurde. So schilderte der russische Kosmonaut Igor Wolk den Augenblick, in dem ihm dies dämmerte:

> Nachdem wir die Erde einige Tage lang betrachtet hatten, kam uns der kindische Gedanke, daß man uns Kosmonauten nur etwas vormache. «Wenn wir wirklich die ersten im Kosmos sind, wer konnte da den Globus so perfekt konstruieren?» Dieser Gedanke wich dem Stolz auf die Fähigkeit des Menschen, mit dem Auge des Verstandes zu sehen.[1]

Der Anblick der Erde in ihrer Gesamtheit hatte aber auch eine tiefere, beinahe mystische Wirkung. Viele Raumfahrer zeigten sich erschüttert von der Schönheit der Erde, von ihrer Reinheit und ihrem strahlenden Glanz. Andere staunten über die Vielfältigkeit ihrer Züge, die statische Bilder nicht wiedergeben können. «Die Wolken waren immer anders, das Licht war verschieden. Es konnte schneien, es konnte regnen – aber nie konntest du dir ein Bild fest einprägen.»[2]

Einer der Kosmonauten, Aleksandr Aleksandrow, brachte auf den Punkt, was wohl für alle Menschen die wichtigste Botschaft ist. Er sah über Amerika und Rußland den ersten Schnee liegen, und er dachte an die Menschen, die hüben und drüben ihre Vorkehrungen für den Winter trafen. «Mir wurde bewußt, daß wir alle Kinder unserer Erde sind. Es spielt keine Rolle, welches Land man sieht. Wir alle sind Kinder der Erde; und sie ist für uns die Mutter.»[3]

Die Erkenntnis, daß wir die Erde verschmutzen, die Natur aus dem Gleichgewicht bringen und das Klima weltweit verändern, weist in die gleiche Richtung. Die zerstörerischen Kräfte, die mit der Entwicklung von Wirtschaft und Technik freigesetzt wurden, haben sich verselbständigt und entwickeln sich ungeachtet aller globalen Folgen explosionsartig weiter. Und begleitet werden sie von einem nie dagewesenen Bevölkerungswachstum. Dieser Prozeß scheint nicht mehr aufzuhalten zu sein. Doch wir sind mit allem, was wir tun, nicht getrennt von der Erde. Sie ist unser Lebensraum. Wenn wir einfach unseren menschlichen Zielen nachgehen, ohne auf sie zu achten, gefährden wir letztlich unser eigenes Überleben. Denn sie hat auch eine furchteinflößende Seite – wie die Große Mutter der alten Mythen:

Gaia, wie ich sie sehe, ist weder eine nachgiebige Mutter, die endlos alle Ungezogenheiten erduldet, noch ein zerbrechliches, zartes Frauchen, das sich vor der Brutalität der Menschheit fürchten müßte. Sie ist streng und unnachgiebig, sie hält die Welt warm für alle, die sich ihren Regeln beugen, und sie macht kurzen Prozeß mit denen, die gegen diese Regeln verstoßen.[4]

Daß wir als Menschen abhängen vom Lebensganzen der Erde, geriet mit dem Wachstum der industriellen Zivilisation immer mehr in Vergessenheit. Jetzt sind wir gezwungen, uns erneut klarzumachen, daß Gaia größer ist als wir, daß Ökonomie eingebettet ist in das ökologische Gesamtgefüge. In welchem Sinne also ist Gaia lebendig? Und welchen Unterschied macht es, ob wir sie als lebendigen Organismus oder als lebloses physikalisches System betrachten?

Das Leben der Erde

Die holistische oder organismische Philosophie der letzten sechzig Jahre ist eine moderne Form des Animismus. Sie betrachtet die gesamte Natur implizit oder explizit als lebendig. Das Universum ist in seiner Gesamtheit ein sich entwickelnder Organismus, und Organismen sind auch die Galaxien und darin die Sonnensysteme und Biosphären, also auch unsere Erde.

Für den mechanistischen Standpunkt sind solche Vorstellungen unsinnig. So etwas wie «das Leben» gibt es nicht – nur komplexe Muster physikalischer Interaktion, die nach ewigen Naturgesetzen ablaufen. Biologische Organismen sind komplexe Mechanismen, die sich aufgrund von genetischen Zufallsmutationen und natürlicher Auslese entwickelt haben. Die Erde vermehrt sich nicht, besitzt keine Gene und hat sich (soweit wir wissen) nicht durch Überlebenskampf und natürliche Auslese entwickelt – also ist sie nicht lebendig. Biologische Organismen nennt man zwar «lebendig», doch sie sind es nicht in dem Sinne, daß eine Lebenskraft oder gar eine Seele in ihnen wirkte. Sie sind einfach sehr komplexe sich selbst regulierende Mechanismen.

Da wundert es nicht, daß die mechanistische Naturtheorie sich sehr schwer tut mit der Definition von «Leben». Wenn die Lebenskraft der Vitalisten nicht existiert, was macht dann den Unterschied aus zwischen dem Lebendigen und dem Nichtlebendigen? Setzt man mit der Definition des Lebens auf der molekularen Ebene an – also bei der DNS und den Proteinen –, so kann man lebendige Organismen nicht von gerade gestorbenen unterscheiden, denn von der chemischen Zusammensetzung her sind sie sich noch gleich. Außerdem würde diese chemische Definition andere Lebensformen mit einer anderen chemischen Basis, wie sie irgendwo im Universum existieren könnten, ausschließen. Und das ist vielleicht eine etwas zu gewagte Generalisierung.

Definiert man das Leben anhand physikalisch-chemischer *Pro-*

zesse, dann ist wiederum schwer zu begründen, weshalb man solche Prozesse einmal dem Leben zurechnet und ein andermal, nämlich in toten Organismen oder Maschinen, nicht. Wie wäre es dann mit Vermehrung oder wenigsten Vermehrungsfähigkeit als einem ganz wesentlichen Zug des Lebendigen? Auch das genügt nicht, wenn wir etwa an sterile Organismen wie Maultiere oder Arbeitsbienen denken. Angesichts solcher Schwierigkeiten stellt man die Frage nach der Natur des Lebens in der akademischen Naturwissenschaft lieber gar nicht erst. Wenn man «Leben» nachschlagen will, wird man in den meisten biologischen Wörterbüchern nichts finden.

Ernsthaft und durchaus beachtenswert sind Versuche, sich anhand von Begriffen wie «Information», «Kommunikation» und «Steuerung» eine Vorstellung von der Natur des Lebendigen zu machen, und hier kommt dem Begriff der «Rückkopplung» (Feedback) eine besondere Bedeutung zu. Dies ist der Ansatz der Systemtheorie und der holistischen oder organismischen Philosophie überhaupt. Organismen sind hier lebendige Ganzheiten, selbstorganisierende Aktivitätsstrukturen. Biologische Organismen sind nur eine bestimmte Art von Organismen. Die Erde ist ein übergreifender Gesamtorganismus, in dem die Einzelorganismen entstehen, sich entwickeln und vielleicht vermehren, um früher oder später zu sterben. Sie ist weit eher eine Große Mutter als ein dunstverhangener Gesteinsbrocken.

Der Kampf zwischen Mechanisten und Holisten tobt seit Jahrzehnten. Auf dem Spiel stehen schließlich Paradigmen – fundamentale Modelle der Wirklichkeit. Die wachsende Beklemmung angesichts der Umweltkrise macht deutlich, daß unsere Einstellung unsere Lebensweise und damit die Überlebenschance der Menschheit mitbestimmt. Der Streit über mechanistische und animistische Wirklichkeitsmodelle ist jetzt nicht mehr nur ein wissenschaftliches oder philosophisches Thema, sondern auch ein politisches.

Die Gaia-Hypothese

James Lovelock, führender Vertreter der Hypothese, daß die Erde ein sich selbst regulierender lebendiger Organismus ist, begann mit der Formulierung seiner Ideen, als er darüber nachdachte, wie Leben auf dem Mars, falls es existierte, nachzuweisen wäre. Er erkannte, daß die Atmosphäre der Erde – wenn sie wie die Mars- oder Venus-Atmosphäre von einem Gasgemisch gebildet würde, das sich im chemischen Gleichgewicht befindet – etwa 99 Prozent Kohlendioxid enthalten müßte. Tatsächlich sind es aber nur 0,03 Prozent, dazu 78 Prozent Stickstoff und 21 Prozent Sauerstoff. Diese Zusammensetzung kann nur durch Lebewesen entstehen und stabil gehalten werden.

Heute ist kaum noch umstritten, daß es in der Ur-Atmosphäre der Erde praktisch keinen freien Sauerstoff oder Stickstoff gegeben hat. Sie entstanden durch die Stickstoffproduktion der Bakterien und durch die Evolution der Photosynthese, die Sauerstoff freisetzt. Auch die Reduzierung des Kohlendioxids auf seine heutige Konzentration ist auf das biologische Geschehen zurückzuführen; große Mengen Kohlenstoff wurden der Atmosphäre entzogen und in gebundener Form – zum Beispiel als Kalkstein – abgelagert. (Dieser besteht größtenteils aus den Schalen von Kleinstlebewesen im Plankton der Meere, die sich auf dem Meeresboden ablagerten.)

Wie Lovelock aufzeigt, ist das biologische Leben von so entscheidendem Einfluß auf die Atmosphäre, die Verwitterung des Gesteins, die Chemie der Ozeane und den geologischen Aufbau der Erde, daß man alle diese Aspekte nur in ihrer Beziehung zueinander, in ihrer Verflochtenheit, betrachten kann. Aus ihrem Zusammenwirken ergibt sich eine erstaunliche und langfristige Stabilität, ohne die weder die Evolution noch der Fortbestand der Lebewesen möglich wären. Sie bilden ein System, eine Ganzheit des Lebendigen, die Biosphäre, der Lovelock den Namen «Gaia» gegeben hat: «Ich habe den Namen Gaia oft als Kürzel für die eigentliche Hypothese gebraucht, daß die Biosphäre eine sich selbst regulierende Wesenheit darstellt, dazu befähigt, unseren Planeten gesund zu erhalten, indem sie die chemische und physikalische Umwelt überwacht.»[5] Eine der Regulierungsfunktionen der Biosphäre besteht darin, die Temperatur des Planeten in den engen Grenzen zu halten, die das biologische Leben braucht. Dabei spielt die Konzentration der «Treibhausgase» (wie Kohlendioxid) in der oberen Atmosphäre eine wichtige Rolle.

Ein anderes Beispiel: Der Salzgehalt des Meerwassers ist seit der Entstehung des Lebens vor etwa dreieinhalb Milliarden Jahren ungefähr gleich geblieben. Wäre die Konzentration, die bei 3,5 Prozent liegt, wesentlich höher, so könnte in den Ozeanen kein Leben existieren. Ständig wird den Meeren jedoch Salz zugeführt, teils durch die Flüsse, die Verwitterungsprodukte des Gesteins mit sich führen, teils aus dem Erdinneren, da durch die großen Grabenbrüche am Grund der Ozeane ständig neues Gestein nach oben quillt. Bei der gegenwärtigen Salzzufuhr wäre die jetzige Konzentration in nur achtzig Millionen Jahren erreicht worden.[6]

Daß der Salzgehalt über lange Zeiträume mehr oder minder stabil bleibt, muß also darauf zurückgeführt werden, daß die Zufuhr durch einen entsprechenden Abbau ausgeglichen wird. Dies geschieht zum Beispiel durch Verdunstungslagunen, in denen sich Salzablagerungen bilden, die dann wieder von anderen Schichten überdeckt werden. Unbekannt ist freilich, wie diese Lagunenbildung reguliert wird. Lovelock nimmt an, daß Riffbarrieren, durch Kolonien von Mikroorganismen im seichten Gewässer aufgebaut, eine Rolle bei der Lagunenbildung gespielt haben könnten. Die Bewegung der Kontinentalplatten, die zur Auffaltung von Gebirgen an den Rändern führt, muß hier ebenfalls eine bedeutende Rolle gespielt haben. Wie Lovelock meint, könnten sogar die Bewegungen in der Erdkruste vom biologischen Leben beeinflußt worden sein, nämlich durch das schiere Gewicht der Kalkablagerungen am Meeresboden.[7]

Physiologie ist die Wissenschaft von den Vorgängen im Organismus, deren Wechselspiel es dem Organismus erlaubt, einen annähernd stabilen Gleichgewichtszustand zu wahren. Die entsprechende Wissenschaft für die Gesamtheit der lebendigen Erde nennt Lovelock Geophysiologie.[8] Diese Wissenschaft befaßt sich mit den Regulationsprozessen im Gesamtgefüge des Planeten und vereinigt damit Forschungsrichtungen, die bislang akademische Einzeldisziplinen waren: Geologie, Geophysik, Ozeanographie, Klimatologie, Ökologie, Biologie und so weiter. Solch eine umfassende Perspektive ist unerläßlich, wenn wir Gaias Evolutionsgeschichte verstehen wollen und beispielsweise fragen, wie die Biosphäre die fortschreitende Erwärmung der Sonne überstehen kann oder sich von Katastrophen wie Eiszeiten oder Asteroideneinschlägen erholt. Es könnte sein, daß solche Kollisionen für plötzliches Massensterben verantwortlich sind, wie es nach den fossilen Funden mehrfach auf der Erde stattgefunden haben muß. Die letzte dieser globalen Katastrophen liegt etwa sechzig Millionen Jahre zurück, und in dieser Zeit starben die Saurier und viele andere Lebensformen plötzlich aus.

Die Geophysiologie ist jedoch nicht nur von akademischem Interesse, sondern von gegenwärtiger praktischer Bedeutung. Niemand weiß genau, wie sich die wachsende Konzentration der Treibhausgase in der Atmosphäre auf das Klima der Erde auswirken wird. Vielleicht geht die Veränderung langsam und stetig vor sich, vielleicht kommt es aber auch zu relativ plötzlichen Veränderungen – etwa im Zirkulationsmuster der Meeresströme –, die dann unabsehbare Folgen haben würden. Niemand weiß ja auch, was für Konsequenzen die Zerstörung der tropischen Regenwälder haben wird; man weiß nur, daß diese durch Verdunstung und Anregung der Wolkenbildung für Abkühlung sorgen. Es könnte zu einer rapiden Ausweitung der Wüstengebiete kommen, aber auch zu globalen Klimaveränderungen. Unbekannt ist bislang ebenfalls, wie sich die Verschmutzung der Meere auf das Plankton auswirken wird, das ja von so großer Bedeutung für die chemische Zusammensetzung der Atmosphäre ist.

Auch die Entwicklung der Gaia-Wissenschaft führt vielleicht nicht unbedingt zu exakteren Voraussagen, doch zumindest macht dieser Ansatz die möglichen Auswirkungen unserer Lebensweise (von einem Atomkrieg ganz zu schweigen) deutlicher bewußt. Klar ist jedenfalls, daß es nicht genügt, die jährlichen Bilanzen und Wachstumsraten der Wirtschaft und die kurzfristigen politischen Probleme im Auge zu haben. Erste Klimaveränderungen sind schon erkennbar, und so ist es keine Frage, daß wir eine umfassendere Perspektive brauchen.

Die Gaia-Idee ist für die mechanistische Naturwissenschaft ein ziemliches Ärgernis.[9] Mechanisten sind nicht in der Lage, Gaia als ein Lebewesen zu betrachten, und das überrascht uns nicht, haben sie doch schon immer die vitalistische Anschauung abgelehnt, daß Pflanzen und Tiere beseelte Lebewesen seien. Manche von denen, die die Gaia-Hypothese grundsätzlich akzeptieren, bleiben lieber im Rahmen des herkömmlichen naturwissenschaftlichen Denkens und halten sich an die physikalischen und chemischen Wechselwirkungen, die sich rein mechanistisch betrachten lassen – keine Rede von mysteriösen Vitalfaktoren oder versteckten Absichten. Die Mikrobiologin Lynn Margulis etwa, die bei der ersten Formulierung der Gaia-Hypothese eng mit James Lovelock zusammenarbeitete, distanziert sich von deren radikaleren Implikationen:

Ich kann Jims Aussage: «Die Erde ist lebendig» nicht nachvollziehen. Solch eine Metapher bringt gerade die Wissenschaftler gegeneinander auf, die in einem Gaia-Rahmen zusammenarbeiten sollten. Ich stimme auch nicht überein mit der Aussage: «Gaia ist ein Organismus.» Zunächst einmal hat in diesem Kontext noch niemand «Organismus» definiert. Außerdem glaube ich nicht, daß Gaia eine Singularität darstellt. Gaia ist vielmehr ein extrem komplexes System mit identifizierbaren Regulationsfunktionen, die ganz spezifisch in der unteren Atmosphäre wirksam sind.[10]

Auf die Kritik hin, seine Darstellung impliziere eine Zielorientiertheit Gaias, hat Lovelock Computermodelle entwickelt, die zeigen, daß manche Regulationsprozesse tatsächlich rein mechanistisch zu erklären sind, also allein anhand der physikalischen und chemischen Gesetze. Doch das Grundproblem läßt sich so nicht lösen. Die herkömmliche Physiologie versucht die Lebensfunktionen von Pflanzen und Tieren mechanistisch zu erklären, also ohne Rückgriff auf Lebensprinzipien oder gar Absichten. Tatsächlich aber gehören Morphogenese, Instinktverhalten, Lernen und Gedächtnis nach wie vor zu den ungelösten Problemen der Biologie, und die Natur des Lebens selbst ist wie eh und je eine offene Frage. So ist es bei Gaia auch: Selbst wenn man mechanistische Modelle für manche ihrer Selbstregulationsprozesse entwickeln kann, die Natur ihrer Lebendigkeit bleibt doch ein Geheimnis.

Zweifellos ist die Gaia-Hypothese ein großer Schritt in Richtung eines neuen Animismus, darum ist sie so umstritten. Daß sie uns anspricht, hängt wohl damit zusammen, daß sie an das vormechanistische und vorhumanistische Denken anknüpft. Viele Naturwissenschaftler mögen wie Lynn Margulis eine entschärfte Version dieser Hyothese vorziehen, doch ist auch dann nicht zu übersehen, daß sich hier eine radikale Wendung vom anthropozentrisch-humanistischen Denken zur Einsicht in unsere Abhängigkeit von Gaia vollzieht. Oder in Lovelocks eigenen Worten:

Die Gaia-Theorie stimmt weder mit dem humanistischen Denken im allgemeinen noch mit der etablierten Naturwissenschaft überein. In Gaia sind wir einfach eine Spezies unter vielen, weder die Eigner noch die Verwalter dieses Planeten. Ob wir die richtige Beziehung zu Gaia finden, wird weitaus entscheidender für unsere Zukunft sein als das endlose Drama menschlichen Interessendenkens.[11]

Gaias Ziele

Wenn Gaia in irgendeinem Sinne lebendig und beseelt ist, wohnt ihr ein Organisationsprinzip inne, das seine eigenen Ziele und Absichten hat. Doch wenn wir sie für lebendig und zielorientiert halten, müssen wir daraus nicht notwendig folgern, daß sie Bewußtsein besitzt. *Vielleicht* hat sie Bewußtsein, doch dann ist es ein ganz anderes als das unsere. Vielleicht ist sie aber auch ganz und gar unbewußt. Oder sie ist, wie wir, ein Wesen mit unbewußten Gewohnheiten und – manchmal – einem gewissen Maß an Bewußtheit. Diese Frage müssen wir offenlassen.

Zu den bewußten und unbewußten Zielen Gaias gehören Entwicklung und Erhaltung der Biosphäre und daher in gewissem Sinne wohl auch die Evolution der Menschheit. Die Gaia-Hypothese läßt sich wie das kosmologische anthropische Prinzip (S. 157) in schwacher oder starker Form zum Ausdruck bringen. Die schwache Form würde lauten: Die Beschaffenheit von Gaia muß so sein, daß sie Bestand und Evolution des Lebens über Jahrmilliarden erlaubt – andernfalls wären wir nicht da, um über dergleichen nachzudenken. Die schwache Form ist wirklich etwas schwächlich; sie beinhaltet, wie ihre Gegner mit Recht feststellen, nicht viel mehr als «eine übernatürlich angehauchte Formulierung der Tatsache, daß das Leben auf der Erde überlebt hat, bis jetzt zumindest».[12] Die starke Form schließt Gaias Zielorientiertheit ein und besagt, daß ihre Ziele im Evolutionsprozeß sichtbar werden. Damit stellt sich die schwierige Frage, worin dieses zielgerichtete Organisationsprinzip bestehen mag – wenn man nicht mehr von der Seele oder dem Geist der Erde sprechen mag.

In der modernen evolutionären Physik ist an die Stelle der Welt-seele das einheitliche Ur-Feld getreten, dessen Abkömmlinge und Aspekte die bekannten Felder der Physik sind. Vielleicht denken wir uns die Seele der Erde am besten auch als das einheitliche Feld Gaias. Ihr Gravitationsfeld und ihre elektromagnetischen Felder sind Aspekte dieses Feldes, aber nicht die einzigen. Erinnern wir uns, daß William Gilbert, der Begründer der modernen Wissen-schaft des Magnetismus, die magnetische Kraft der Erde als Wir-kung ihrer Seele auffaßte und auch für die Gravitation solch eine animistische Erklärung zu geben versuchte.

Das Gravitationsfeld breitet sich in alle Richtungen um die Erde aus, läßt den Mond die Erde umrunden und stellt eine Verbindung zu den Gravitationsfeldern der Sonne und der anderen Himmels-körper des Sonnensystems her. Auch ihr Magnetfeld, wenngleich von eher lokaler Bedeutung, reicht weit über ihre Oberfläche hin-aus (Abb. 15).[13] Dieses Feld ist erstaunlich variabel; es hat sich im Laufe der letzten Jahrhunderte beträchtlich verändert (Abb. 16). Nord- und Südpol wandern ständig, und wenn wir in geologi-schen Zeiträumen denken, kommt es relativ häufig zu einer Pol-umkehr. In den letzten zwanzig Millionen Jahren ist der magneti-sche Nordpol über vierzigmal und für Zeiträume von bis zu einer Million Jahren am geographischen Südpol gewesen.[14] (Die Ge-schichte dieser «Polsprünge» läßt sich anhand der Magnetisie-rungsrichtung im Gestein rekonstruieren; man kann hier erken-nen, welche magnetische Polarisierung zur Zeit der Entstehung des betreffenden Gesteins bestand. Ein Polsprung liegt vor, wenn aufeinanderfolgende Gesteinsschichten eine gegensätzliche Ma-gnetisierung aufweisen.)

Wir wissen nicht, wodurch oder wie diese Polsprünge zustande kommen. Man nimmt an, daß sie mit Veränderungen des Zirkula-tionsmusters der Magmaströme im Erdinnern zusammenhängen, die wie eine Art Dynamo wirken. Solche Strömungsmuster sind auch für die Verbreiterung des Meeresbodens zwischen den Kon-

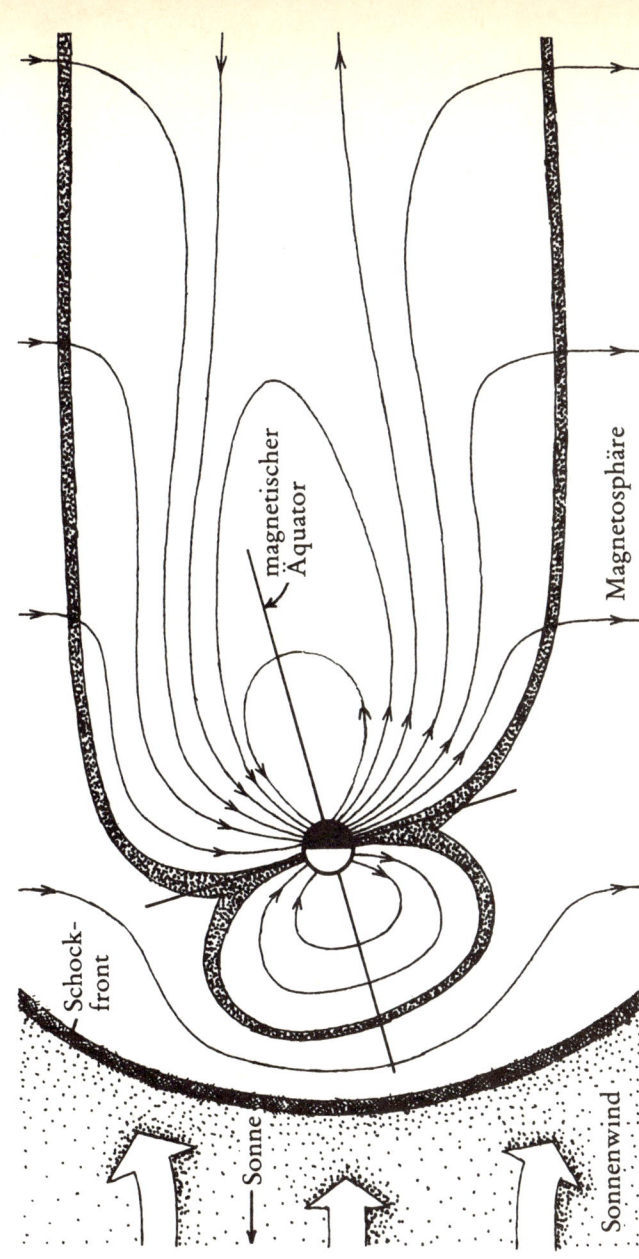

Abbildung 15 Das Magnetfeld der Erde, vom Sonnenwind zu einem kometenförmigen Gebilde, der Magnetosphäre, verformt. Auf der Tagseite ist die Magnetosphäre bis auf etwa zehn Erdradien gestaucht, auf der Nachtseite zu einem langen «Magnetschweif» ausgezogen, der mindestens 1000 Erdradien weit reicht.

187

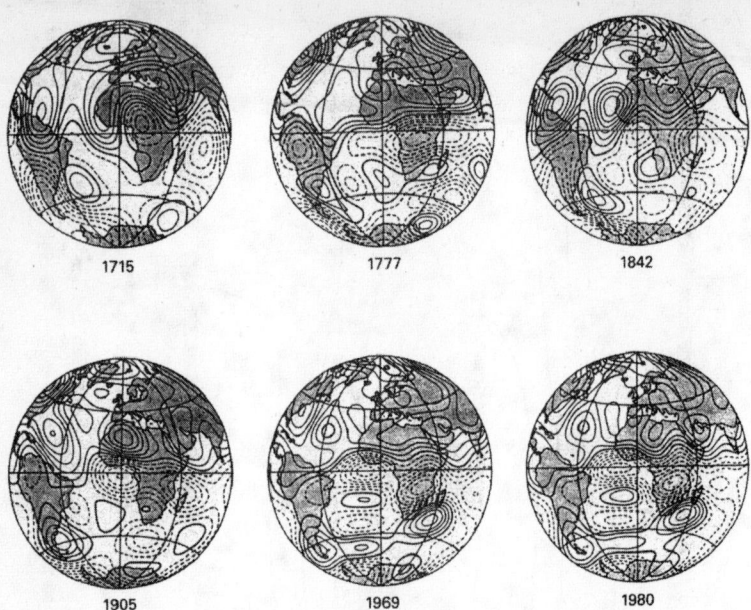

Abbildung 16 Veränderungen im erdmagnetischen Feld während der letzten Jahrhunderte. Die eingezeichneten Linien kennzeichnen die magnetische Feldstärke an der Grenze zwischen dem flüssigen Kern und dem Erdmantel. Die Kraftlinien treten, wie in Abb. 15 sichtbar wird, in der südlichen Hemisphäre aus und in der nördlichen Hemisphäre wieder ein. Durchgezogene Linien zeigen die Stärke des eintretenden, gestrichelte die des austretenden Magnetstroms an (Bloxham und Gubbins).

tinentalplatten und daher für die Morphogenese der Kontinente und Ozeane verantwortlich. Sind solche Veränderungen nichts weiter als Zufall? Oder verbirgt sich ein tieferes Organisationsprinzip dahinter?

Nehmen wir eine spezifische morphogenetische Frage, die mich seit Jahren fasziniert. Was macht die geographischen Pole polar? Sie sind es insofern, als der Nordpol ein von Kontinenten umgebenes Meer und der Südpol ein von Meer umgebener Kontinent ist. Ist das nun ein zufälliges Resultat der ziellosen Kontinentaldrift?

Oder ist dieser Zustand der Endpunkt eines morphogenetischen Prozesses? Derartige morphologische Polarisierungen an sphärischen Körpern sind in der Biologie keine Seltenheit, wir brauchen nur an die Polbildung bei befruchteten Eizellen zu denken. Bei pflanzlichen Eizellen finden wir eine primäre Polarität zwischen Sproß- und Wurzelpol, bei tierischen Eizellen zwischen dem animalen und dem vegetativen Pol.

Wenn wir biologische Analogien in unsere Betrachtung der Erde einbeziehen wollen, dann ist sie kein voll ausgewachsener Organismus, sondern eher noch in der Entwicklungsphase. In der jüngeren geologischen Vergangenheit hat es eine Reihe von Eiszeiten gegeben, und auch vorher haben Klima und Lebensbedingungen sich ständig geändert. Manche dieser Veränderungen könnten auf die allmähliche Erwärmung der Sonne oder auf kurzzeitige Schwankungen der Sonnenaktivität zurückzuführen sein. Das Magnetfeld der Sonne beispielsweise verändert sich nach einem komplexen zyklischen Muster, wobei die Polarität sich ungefähr alle elf Jahre umkehrt. Zur gleichen Zeit erreicht die Sonnenfleckenaktivität ein Maximum, und gigantische Protuberanzen glühender Gase wabern über die Oberfläche empor.[15] Die letzte Umkehrung dieser Art war Anfang 1990.

Andere Veränderungen in Gaias Lebensbedingungen könnten auf die relativen Bewegungen des Sonnensystems gegenüber der gesamten Galaxis (es handelt sich um ein Auf-und-ab-Schwingen durch die Ebene der galaktischen Scheibe, dessen Periode eine Länge von vierunddreißig Millionen Jahren hat) zurückzuführen sein oder mit der Rotation um das Zentrum der Galaxis (285 Millionen Jahre) zusammenhängen. Diese Zyklen haben vielleicht etwas mit der Umkehr des erdmagnetischen Feldes und mit Perioden des Massensterbens zu tun.[16] Überdies ist es wahrscheinlich Dutzende Male durch Kollisionen der Erde mit schweren Himmelskörpern zu plötzlichen katastrophalen Veränderungen gekommen.

So ist also die Entwicklung Gaias gewiß äußeren Einflüssen unterworfen, doch sie könnte auch ihre ganz eigene innere Zielstrebigkeit haben – wie auch ein Embryo trotz aller äußeren Einflüsse einer Entwicklungsbahn folgt, die ihn zur ausgereiften Form seiner Spezies führt. Für den Embryo liegt dieses Ziel in der Zukunft. Er bewegt sich auf einen morphogenetischen Attraktor zu, der durch sein morphogenetisches Feld gegeben ist.

Gibt es auch für die Evolution Gaias solch einen Attraktor? Und wenn ja, welche Rolle spielt die Menschheit in diesem Entwicklungsprozeß? Antworten auf solche Fragen können natürlich nur spekulativ sein. Doch sollte das Universum insgesamt sich auf ein Ziel hin entwickeln, so wäre es nur vernünftig, das gleiche auch für Gaia anzunehmen, auch wenn ihre Ziele im dunkeln liegen oder allenfalls aus dem, was wir über ihre bisherige Evolution wissen, erschlossen werden können.

Das morphische Feld von Gaia

Wenn wir von der Hypothese der Formenbildungsursachen ausgehen, können wir uns das zielgerichtete organisierende Feld Gaias als morphisches Feld denken. Solche Felder existieren nach unserer Hypothese für alle Arten von Organismen, für die allereinfachsten wie Atome ebenso wie für sehr komplexe wie Giraffen oder Galaxien. Sie organisieren, integrieren und koordinieren alle Einzelaspekte eines Organismus so, daß das Ganze sich gemäß den in ihm liegenden Zielen entwickeln kann. Sie bewahren die Ganzheit des Systems und verleihen ihm die Fähigkeit, sich nach Beschädigungen zu regenerieren. Diesem allgemeinen Prinzip zufolge würden wir von Gaias morphischem Feld erwarten, daß es all die Prozesse koordiniert, die ihre Ganzheit ausmachen, zum Beispiel die Zirkulation der Magmaströme im Innern, die Dynamik der Magnetosphäre, die Strömungsmuster der Meere und der Atmosphäre sowie deren chemische Zusammensetzung, die Bewegungen der Kontinentalplatten, die globale Temperaturregulierung und die Evolution des Ökosystems. Wie bei allen anderen Arten von Organismen kommt dem morphischen Feld hier eine Ordnungsfunktion für Prozesse zu, die ansonsten regellos oder probabilistisch verlaufen würden.

Wenn wir für Gaia ein morphisches Feld postulieren, so entsteht vielleicht auf den ersten Blick der Eindruck, daß wir hier nur einen neuen Namen für «Seele» einsetzen oder für vage Begriffe wie «komplexes sich selbst organisierendes System», «Selbstregulations-Eigenschaften» oder «holistische Prinzipien». Ich glaube aber, daß dieser Begriff sehr viel mehr leistet. Zunächst einmal bindet er Gaia in eine überprüfbare Hypothese ein, die sich auf die gesamte Natur bezieht. Die empirische Erforschung der morphischen Felder chemischer und biologischer Organismen könnte Aufschluß geben über die allgemeinen Züge solcher Felder und damit indirekt auch über das morphische Feld Gaias. Zweitens beinhaltet er die Möglichkeit der Resonanz zwischen Gaia und anderen, ihr ähnlichen Planeten irgendwo im Universum. Und drittens impliziert er, daß dem morphischen Feld Gaias aufgrund von Eigenresonanz ein Gedächtnis innewohnt. Wie andere Organismen baut Gaia durch repetitive Aktivitätsmuster Gewohnheiten auf. Je häufiger diese Muster wiederholt werden, desto größer die Wahrscheinlichkeit, daß sie erneut auftreten.

Wir wissen sehr wenig über Gaia und ihre Absichten. Wir wissen sehr wenig über morphische Felder. Doch es besteht Hoffnung, mehr darüber in Erfahrung zu bringen. Welcher Theorie über Gaia wir auch anhängen mögen, einstweilen haben wir uns jedenfalls klarzumachen, daß unser Leben von dem ihren abhängt. Sie einfach als gegeben zu nehmen, ist vielleicht ein verheerender Irrtum.

8. Heilige Zeiten und Orte

Raum, Ort und Zeit

Wir leben an bestimmten Orten, die Dinge geschehen zu bestimmten Zeiten. Die Verschiedenheit der Orte und Zeiten ist jedem offenkundig, denken wir nur an Begriffspaare wie Zuhause und Arbeitsplatz, Stadt und Land, Tag und Nacht, Winter und Sommer, Weihnachten und Ostern. Orte und Zeiten haben ihre ganz eigene Ausstrahlung, können mit grundverschiedenen Emotionen, Empfindungen, Einstellungen und Bewußtseinszuständen verbunden sein.

Es liegt auf der Hand, daß bestimmte Orte und Zeiten ihren besonderen Charakter durch unsere Gefühle und Interessen, durch unsere biologische, kulturelle und religiöse Herkunft erhalten. Aber natürlich tragen die Orte und Zeiten auch selbst zu dem Bild bei, das wir von ihnen haben. In der gelebten Erfahrung verbinden sich alle diese Faktoren. Die Erfahrung unserer Umwelt ist nicht objektiv im Sinne einer mechanischen Reaktion auf das unmittelbar physikalisch Gegebene, wie es auch von wissenschaftlichen Instrumenten gemessen werden könnte. Sie hat ihre soziale, kulturelle und religiöse Dimension und einen ganz persönlichen Aspekt. Nach der Hypothese der Formenbildungsursachen wird die bewußte oder unbewußte Erinnerung an Orte oder Zeiten stark durch morphische Resonanz beeinflußt.

Die mechanistische Wissenschaft hat uns sehr wenig über die

Eigenart von Orten und Zeiten zu sagen. Hier gilt im Namen der wissenschaftlichen Objektivität das Prinzip, daß die subjektive Reaktion des Beobachters nicht in die Betrachtung und Auswertung eingehen darf. Der menschliche Faktor wird eliminiert, damit «die Wirklichkeit» nur quantifizierbare Größen enthält, die sich mathematisch zueinander in Beziehung setzen lassen. Verhalten und Eigenschaften dieser abstrakten Größen – also zum Beispiel Masse, Bewegungsgröße, elektrische Ladung und Temperatur – unterliegen nach dieser Auffassung ewigen Gesetzen, die jederzeit und überall die gleichen sind. Deshalb kann man auch behaupten, alle wissenschaftlichen Experimente seien jederzeit und überall auf der Welt exakt wiederholbar, wenn nur die äußeren Bedingungen die gleichen sind. Daß dies eine prinzipielle Erwägung und keine Erfahrungstatsache ist, sieht man schon daran, daß wissenschaftliche Experimente eigentlich kaum jemals bei Nacht im afrikanischen Busch durchgeführt werden, sondern in aller Regel tagsüber in speziellen Forschungseinrichtungen mit ihren ganz eigenen Bedingungen und Traditionen.

Wiederholbar sind Experimente insoweit, als man das Experimentalsystem gegen Umwelteinflüsse abschirmen kann, indem man etwa bei künstlichem Licht in einer thermostatisch überwachten Umgebung arbeitet. Solche Experimentaltechniken sind da angebracht, wo es um den kleinsten gemeinsamen Nenner physikalischer und chemischer Prozesse geht. Alle Aspekte, die nicht gemessen oder gesteuert werden können, müssen hier außer acht bleiben.

Für unser tägliches Leben kommt es natürlich mehr auf unsere tatsächliche Erfahrung an als auf wissenschaftliche Abstraktionen. Und was uns mit der Welt verbindet, ist unsere gesamte Erfahrung einschließlich unseres kulturellen Erbes und nicht nur die künstlich herausgelösten Aspekte der Erfahrung, die ein Experiment oder eine wissenschaftliche Beobachtung ausmachen. Wenn wir kein Doppelleben führen wollen, hin und her gerissen zwischen einer «objektiven», unpersönlichen, mechanistischen Wirklichkeit und der «subjektiven» Welt der persönlichen Erfahrung, müssen wir eine Brücke finden, die diese beiden Bereiche der Erfahrung verbindet.

Die mechanistische Wissenschaft kann uns hier nicht als Führer dienen, denn sie schafft ja gerade diese Kluft und kann nicht ohne sie bestehen. Eine evolutionäre, holistische Naturwissenschaft der Zukunft sollte aber bei diesem Integrationsprozeß eine Hilfe sein. Die Gaia-Hypothese ist schon ein Schritt in diese Richtung. In diesem Kapitel möchte ich zeigen, wie diese Integration in traditionellen Gesellschaften herbeigeführt wird – und es könnte sein, daß wir viel von ihnen zu lernen haben.

Jahreszeitliche Feste

Äußerlich sichtbar wird die Verbindung menschlicher Gemeinschaften mit Himmel und Erde vor allem durch jahreszeitliche Feste, wie sie überall auf der Welt gefeiert werden. Diese Feste stehen in Beziehung zu den Zyklen der Sonne, der Vegetation und des tierischen Lebens. Auch das Leben heutiger Stadtbewohner läuft noch in Jahreszyklen ab, die durch die großen Feste gegliedert sind.

Bei Viehzucht, Jagd und Ackerbau ist alles Handeln des Menschen innig mit den Jahreszeiten verwoben, und die Menschen selbst stehen nicht außerhalb der Naturzyklen, sondern sind ein Teil von ihnen. Hier kommt in den jahreszeitlichen Festen das Eingebundensein der ganzen Gemeinschaft in die Rhythmen der lebendigen Welt zum Ausdruck.

Im vorchristlichen Europa wurden die vier großen Sonnenfeste um die beiden Sonnenwendtage und die beiden Tagundnachtgleichen abgehalten. Das Christentum übernahm diese Daten und besetzte sie mit eigenen Festen: Das Sommersonnenwendfest wurde der Johannistag, das Frühlingsfest wurde Ostern (ein bewegliches Fest, weil sein Datum von Sonne *und* Mond abhängt); aus dem Fest der Herbst-Tagundnachtgleiche wurde der Michaelitag, und auf die Wintersonnenwende fällt das Weihnachtsfest.

Im nördlichen Europa und in Nordamerika hat das Weihnachtsfest allerlei uralte symbolische Assoziationen absorbiert. Die Geburt des Christkindes hängt mit der Geburt des Sonnenjahres zusammen, die Tage werden wieder länger. Im Aufstellen und Schmücken des Weihnachtsbaums ist ein Rest von Verehrung des Weltbaumes, der einst ewiger Quell des Lebens und der Erneuerung war. Der Nikolaus, wie er mit seinem Rentierschlitten durch die Luft saust, hat etwas von einem Schamanen aus frostigem Nordland – aus Lappland, dem letzten Refugium des Schamanismus in Europa.[1]

Zwischen diesen vier Sonnenfesten lagen die vier Feuerfeste, Anfang November, Februar, Mai und August. Das Novemberfest war das keltische Neujahr, die Zeit, in der das alte Jahr dem neuen Platz machte und die Geister der Verstorbenen zurückkehrten. Daraus wurde das große christliche Totenfest, das als Allerheiligen und Allerseelen am 1. und 2. November gefeiert wird. In England lebt der alte Brauch, das vergangene Jahr in Gestalt einer mannsgroßen Puppe zu verbrennen, im Guy Fawkes Day am 5. November weiter. In Nordamerika und anderswo ist am Abend vor Allerheiligen Halloween, wo man Rüben und Kürbisse aushöhlt, daß sie wie Totenschädel aussehen. Und der Übermut des «*trick or treat*», mit dem die Kinder einen jeden vor die Wahl stellen, entweder Süßigkeiten und Pennies zu geben oder auf Streiche gefaßt zu sein, ist ein ferner Nachhall jener wüsten Tage der Suspendierung aller sozialen Ordnung, wie man sie überall auf der Welt an den Wendepunkten des Jahres findet – eine kurze Rückkehr in das Ur-Chaos, aus dem die Ordnung des Kosmos neu ersteht.

Aus dem Sonnenfest zu Anfang Februar wurde im Christentum der Lichtmeßtag (2. Februar), und aus dem August-Sonnenfest wurde Lammas, das früher in England gefeierte Erntedankfest. Der Maifeiertag aber blieb das Fest der heidnischen Fruchtbarkeitsgötting Maia, die auch dem Monat seinen Namen gab. Solche Festlichkeiten empörten im 17. Jahrhundert die Puritaner, und sie taten ihr Bestes, um dergleichen zu unterdrücken:

Junge Männer und Mädchen, alte Männer und Frauen durchstreifen Wald und Feld, Berg und Tal, wo sie die Nacht unter allerlei Vergnügungen zubringen; und am Morgen kehren sie zurück mit Birken und Zweigen, um damit ihre Versammlungen zu schmücken... Das Kostbarste jedoch, das sie von dort mitbringen, ist ihr Maibaum, den sie in großer Verehrung heimtragen... Er ist über und über mit Blumen und Kräutern behängt, von oben bis unten mit Bändern umschlungen und manchmal in verschiedenen Farben bemalt... Wenn er nun aufgerichtet ist und Tücher und Fahnen an seinem Wipfel wehen, bestreuen sie den Boden ringsum, binden grüne Zweige an den Stamm, errichten Pavillons und Lauben ganz in der Nähe. Und schon geht der Tanz um den Baum an, wie es die Heiden zur Weihung ihrer Götzen taten; davon ist dies die vollkommene Nachbildung, wenn nicht gar die Sache selbst.[2]

Die Themen dieser großen Jahresfeste sind überall auf der Welt die gleichen – der Tod des Alten, die Geburt des Neuen, die Fruchtbarkeit von Mensch, Tier, Vegetation und Erde. Sogar heute, in der säkularisierten Welt des Abendlandes, besitzen die alten Symbole noch etwas von ihrer Kraft. Die Osterriten zum Gedenken an den Opfertod Christi am Kreuz, an seine Beisetzung und Auferstehung gemahnen noch an Tod und Auferstehung antiker Fruchtbarkeitsgottheiten wie Attis und Osiris und an die jährlichen Menschenopfer für die Fruchtbarkeit des Landes.[3] Nicht von ungefähr spielen alte Fruchtbarkeitssymbole wie Kaninchen, Ei oder Huhn beim Osterfest eine Rolle.

Auch im urban-industriellen Westen erinnern solche Jahreszeitenfeste uns noch an unsere gemeinschaftliche Eingebundenheit in die Zyklen der Natur. Wenn wir uns auf den Geist dieser Feste einlassen, können wir eine Verbindung schaffen zwischen der materiellen Seite unseres Lebens und seinen sozialen, mythischen und spirituellen Aspekten. Das amerikanische Thanksgiving-Dinner zum Beispiel ist dann nicht mehr einfach nur ein köstlicher Schmaus von Truthahnbraten, Pumpkin-Pie und so weiter; es ist nicht lediglich ein geselliger Anlaß, zu dem Freunde und Familien sich treffen; es ist auch nicht nur ein Ritual zu Erinnerung an den Heldenmut der Gründergenerationen; und es ist nicht allein Erntedank, Dank für die Fülle der Erde und die Gnade Gottes. Es ist vielmehr all das zugleich und stellt zudem durch seinen rituellen Charakter eine Verbindung her zwischen den heutigen Amerikanern und all denen, die früher schon dieses Fest gefeiert haben; es trägt zur Definition ihrer Identität als Amerikaner bei.

Rituale und morphische Resonanz

Alle Gesellschaften haben ihre Rituale, nicht nur die Jahreszeitenfeste, sondern auch die Rituale um Geburt, Eheschließung und Tod und schließlich die Rituale im Zusammenhang mit Ursprungs-Ereignissen, die mit spiritueller Kraft aufgeladen sind und die soziale oder religiöse Gemeinschaft definieren. Das jüdische Passahfest zum Beispiel ruft das ursprüngliche Passahmahl am Abend vor der Tötung aller ägyptischen Erstgeborenen ins Gedächtnis, den Abend vor dem Auszug der Kinder Israel aus Ägypten. Im christlichen Abendmahl wiederholt sich das letzte Abendmahl Christi mit seinen Jüngern (das selbst ein Passahmahl war). Beim Thanksgiving gedenken die Amerikaner des ersten Thanksgivings der Pilgerväter und -mütter nach deren erster Ernte in der Neuen Welt.

Der konservative Charakter ist ein gemeinsamer Zug aller Rituale. Damit sie ihre Wirkung entfalten können, müssen sie richtig ausgeführt werden, so, wie es der Brauch ist. In vielen Teilen der Welt wird bei Ritualen eine archaische Sprache gesprochen, denn selbst der überkommene Klang der Worte gilt als wichtig für die Wirkung des Rituals. Die Liturgie der koptischen Kirche in Ägypten bedient sich der altägyptischen Sprache, bei den brahmanischen Ritualen Indiens wird Sanskrit gesprochen, und so gäbe es viele Beispiele.

Durch diese rituelle Partizipation wird die Vergangenheit gegenwärtig. Die jetzigen Teilnehmer werden mit allen früheren verbunden – mit den Vorfahren und letztlich mit dem Ur-Ereignis, dessen im Ritual gedacht wird. Über «die heilige Zeit, in der sich das Mysterium der Transsubstantiation von Brot und Wein in Leib und Blut des Heilands vollzieht», schreibt Mircea Eliade:

> Sie ist nicht nur mit der Zeit der vergangenen und der folgenden Liturgien verbunden, sondern sie kann sogar als die Fortsetzung aller Liturgien angesehen werden, die von dem Augenblick der Entstehung des Mysteriums der Transsubstantiation bis zur gegenwärtigen Minute stattgefunden haben... Was für die «Zeit» des christlichen Kultes gilt, das gilt allgemein für die Zeiten der Religion, der Magie, des Mythos und der Legende. Ein Ritual wiederholt nicht nur das vorhergehende Ritual (das selbst eine Wiederholung eines Archetypus ist), sondern es schließt an dieses an und setzt es fort – periodisch oder nichtperiodisch.[4]

Wie kommt es, daß Rituale so konservativ sind? Und warum glauben die Menschen überall auf der Welt, daß sie durch Rituale in ein Geschehen eingebunden sind, das sie aus der gewohnten säkularen Zeit heraushebt und irgendwie die Vergangenheit gegenwärtig macht? Die Idee der morphischen Resonanz bietet hier eine ganz natürliche Antwort. Durch morphische Resonanz bringen Rituale die Vergangenheit tatsächlich in die Gegenwart. Und die Menschen, die jetzt daran teilnehmen, sind wirklich mit denen verbunden, die früher daran teilgenommen haben. Je ähnlicher die jetzige Ausführung des Rituals den früheren Ausführungen ist, desto stärker die Resonanzbeziehung zwischen Vergangenheit und Gegenwart.

Zyklische Zeit, historische Zeit und der Zeitgeist

Wir unterliegen nicht nur den zyklischen Veränderungen des Tageslaufs, des Mondkalenders und der Jahreszeiten, sondern auch gesellschaftlichen und kulturellen Rhythmen, die vor allem durch unsere Uhren und Kalender vorgegeben sind, wie zum Beispiel unser Arbeitsrhythmus: an Werktagen von 9 bis 17 Uhr. Dann gibt es auch historische Anlässe zu wiederkehrenden Festtagen, die eine gewisse Ähnlichkeit mit Jahreszeitenfesten haben – etwa die Nationalfeiertage vieler Länder. Und schließlich haben wir in vielen Bereichen die «großen Anlässe», etwa Hundertjahrfeiern und dergleichen. 1992 steht uns die Fünfhundertjahrfeier der «Entdeckung» Amerikas ins Haus, und die Festveranstaltungen werden uns die gewaltigen historischen Konsequenzen dieses Ereignisses ins Gedächtnis rufen. Dann sehen wir der zweiten Jahrtausendwende christlicher Zeitrechnung entgegen, und damit wird sicherlich ein Gefühl vom Ende des Zeitalters und dem Beginn eines neuen verbunden sein.

Solche Ereignisse machen uns deutlich, daß wir nicht einfach in einer zyklisch sich wiederholenden, sondern in einer historisch sich entwickelnden Welt leben. Die historische Zeit hat etwas Kumulatives, was schon an der Zählung der Jahre von der Geburt des Zeitalters an zu erkennen ist: Der römische Kalender beginnt mit der Gründung der Stadt Rom, der jüdische mit der Schöpfung (die

für das Jahr 3760 vor Beginn der christlichen Zeitrechnung ange-
setzt wird), der christliche mit der Geburt Christi und der islami-
sche mit der Flucht des Propheten von Mekka nach Medina (622 n.
Chr.) und so weiter. Auch die Lebensspanne eines Menschen wird
so berechnet; es impliziert einen historischen Prozeß des Wach-
sens und Reifens. Jedes Zeitalter war einmal jung und wird Jahr
für Jahr älter wie ein Baum oder ein Tier oder ein Mensch. Häufig
spricht man ja über historische Zivilisationen in Begriffen wie Geburt, Jugend, Reife und Vergreisung: Aufstieg und Niedergang
der Kulturen und Weltreiche. Auch für die Gegenwart hat diese
Betrachtungsweise noch Bedeutung: Ist die abendländische Zivilisation im Niedergang begriffen? Wird Japan, die aufstrebende
Macht im Osten, die wirtschaftliche und politische Führung übernehmen? Solche Fragen werden allenthalben erörtert, und sie haben ihre Auswirkung auf unser individuelles und kollektives Zeit-
empfinden. Wo wir in Großbritannien verbreitet die wehmütige
Rückschau auf die Zeiten des British Empire antreffen, macht sich
in den aufstrebenden Industrienationen Asiens Optimismus breit.

Die Evolutionstheorie, zusammen mit der geologischen Zeit-
skala, dehnt dieses Gefühl von Geschichtlichkeit und Entwicklung
auf die gesamte Biosphäre aus. Gaia selbst entwickelt sich, und die
heutige Zeit ist von anderer Qualität als die des Präkambriums
(erste Spuren von Leben) oder der Kreidezeit (Endzeit der Dinosaurier). Seit den sechziger Jahren schließt das Gefühl der historischen Zeit den gesamten Kosmos ein – ein fünfzehn Milliarden
Jahre alter Organismus, der immer noch wächst und sich entwik-
kelt.

Allgemein können wir sagen, daß die Zeit-*Erfahrung* vom Entwicklungsstand des Systems, in dem wir leben, abhängt. Gesichts-
lose mathematische Hintergrundszeit, die für alle Ewigkeit gleich-
förmig dahinfließt, gibt es nicht. Zeit bildet sich *in* evolvierenden
Systemen. So liegt es zum Beispiel in der Natur eines Embryo, daß
er sich auf seine ausgereifte Form zu entwickelt; er hat seinen

201

eigenen Zeitpfeil und durchläuft eine Reihe von Stadien, die alle von ganz eigener Qualität sind. So ist die Zeit auch dem Kosmos insgesamt und allen sich in ihm entwickelnden Systemen inhärent.

Die Vorstellung, daß Zeit nicht gleich Zeit ist, gehört zu den Grundannahmen der Astrologie. Hier wird versucht, den wechselnden Charakter der Zeit durch die relativen Positionen der Himmelskörper darzustellen. Der Zeitqualität bei der Geburt und zu Beginn einer Unternehmung wird besondere Bedeutung für die weitere Entwicklung des betreffenden Menschen bzw. der betreffenden Sache beigemessen. In Indien beispielsweise wird das Datum von Hochzeiten und anderen wichtigen Ereignissen vielfach immer noch nach astrologischen Gesichtspunkten festgelegt. Das Gefühl, daß es günstige und ungünstige Zeiten für bestimmte Vorhaben gibt, ist sehr tief eingewurzelt. Und unabhängig davon, ob die Astrologie nun tatsächlich einen Voraussagewert hat (woran ich persönlich meine Zweifel habe), scheint mir die Annahme vernünftig, daß die Ereignisse auf der Erde in irgendeiner Beziehung zu den Veränderungen in unserer astronomischen Umwelt stehen.

Zeitqualität erfahren wir schließlich auch durch das, was man Zeitgeist nennt. Niemand weiß, warum verschiedene Perioden der Menschheitsgeschichte durch charakteristische Stimmungen, Empfindungen und Moden geprägt sind. Der Geist der späten sechziger Jahre etwa fühlte sich ganz anders an als der Geist der Reagan-Zeit. Auch die Naturwissenschaft ist keineswegs immun gegenüber Veränderungen im kulturellen Klima; sie ist wie alles andere gesellschaftliche Geschehen von diesem Klima gefärbt und trägt selbst zu ihm bei.

Der Begriff Zeitgeist wird zwar meist im Hinblick auf bestimmte Kulturen und Epochen gebraucht, doch auch das Ganze – die Kulturen in ihren wechselseitigen Beziehungen untereinander und mit Himmel und Erde – besitzt einen Zeitgeist. Im Kontext der evolutionären Kosmologie können wir sogar sagen, der Zeitgeist habe eine kosmische Dimension. Der universale Zeitgeist war in den ersten Sekunden nach dem Urknall ein ganz anderer als etwa bei der Entstehung der Galaxien, und zur Zeit der Planetenbildung herrschte wiederum ein anderer Geist. Der Wandel der Zeiten ließ neue Formen der evolutionären Kreativität entstehen, neue Aktivitätsmuster konnten sich bilden und wiederholt werden und veränderten dann selbst wiederum die Qualität der Zeit. Letztlich hängt der sich wandelnde kosmische Zeitgeist von der anhaltenden Expansion des Universums ab, die dem gesamten Evolutionsprozeß eine Richtung, einen Zeitpfeil gibt.

Genius loci

> Verschiedene Orte auf der Erde haben verschiedene Ausstrahlungen, verschiedene Schwingungen, verschiedene chemische Ausdünstungen, verschiedene Polaritäten mit verschiedenen Sternen – nennt es, wie ihr wollt. Daß Orte ihren Geist haben, ist jedenfalls Realität.
>
> D. H. Lawrence[5]

Daß jeder Ort seine ganz besondere Eigenart besitzt, bringen wir seit alters mit dem Terminus *genius loci*, «Geist des Ortes», zum Ausdruck. «Geist» hat hier zweierlei Bedeutung: einerseits Empfindungsqualität, Atmosphäre oder Charakter; andererseits eine unsichtbare Wesenheit mit Seele und Persönlichkeit. Man kann die beiden Bedeutungen schlecht auseinanderdividieren; die zweite könnte man sich sogar als Personifizierung der ersten denken. Manche Leute behaupten allerdings, sie könnten an bestimmten Orten die Gegenwart eines Wesens spüren. Handelt es sich da einfach um Projektionen? Oder wird hier intuitiv eine Beziehung zur lebendigen Eigenart eines Ortes geknüpft, die ja tatsächlich ein Gesicht, eine Persönlichkeit haben kann?[6]

Den Traditionen zufolge sind Orte, an denen es Naturgeister

gibt, nicht gleichmäßig über die Landschaft verstreut. Die Geister haben ihre bevorzugten Aufenthaltsorte – Wasserfälle, Quellen, Bäche und Flüsse, bestimmte Bäume, Höhlen und Grotten, bestimmte Gegenden in Wald, Wüste, Moor, Gebirge und an der Küste. Die klassische Mythologie hat solche Naturgeister in Klassen eingeteilt: Najaden waren Wassergeister, Dryaden Baum- und Waldgeister, Oreaden Berggeister, Nereiden Meergeister und so weiter. In vielen anderen traditionellen Kulturen kennt man ähnliche Kategorien von Naturgeistern. Wie haben wir uns diese Geister vorzustellen?

Der Archäologe T. C. Lethbridge vertritt die Auffassung, daß es sich hier nicht um bewußte Wesenheiten, sondern eher um Felder handelt. Die besondere Ausstrahlung von Wasserfällen schreibt er zum Beispiel der Wirkung von «Najaden-Feldern» zu.[7] Auf den ersten Blick scheint das einfach ein Austausch von alten Begriffen gegen neue zu sein, die genauso obskur sind. Ich glaube aber, daß es sich lohnt, der Idee einmal nachzugehen. Felder sind Zonen eines Krafteinflusses, und in diesem allgemeinen Sinne scheint der Ausdruck angemessen. Aber was für Felder sind das? Gewiß kann man sie nicht auf die Felder der Physik zurückführen (obwohl elektromagnetische Felder sicherlich etwas mit der Eigenart eines Ortes zu tun haben können). Es könnte aber sinnvoll sein, sich diese Felder als morphische Felder zu denken. Solche Felder hängen mit sich selbst organisierenden Systemen aller Komplexheitsgrade zusammen, und sie bilden verschachtelte Hierarchien (siehe Abb. 9). Sollten Orte wirklich eigene morphische Felder besitzen, dann müssen diese Felder eingebettet sein in Felder höherer Ordnung, also etwa in die Felder von Flußsystemen und Gebirgszügen, diese wiederum in die Felder von Inseln oder Archipelen oder Kontinenten und diese schließlich in die morphischen Felder Gaias und des gesamten Sonnensystems.

Als ich solchen Gedanken das erstemal nachging, scheute ich mich noch, den Feldbegriff auf Orte auszudehnen, weil ich fürchtete, den Bogen hier zu überspannen. Dann aber fiel mir auf, daß der Feldbegriff ja selbst dem Bereich der Ortsbeschreibungen entnommen ist. Er stellt eine metaphorische Ausweitung der alltäglichen Bedeutung dieses Wortes dar, wie er in Zusammensetzungen wie Kornfeld, Schlachtfeld, Fußballfeld oder Diamantenfeld zum Ausdruck kommt – ein Ort, an dem etwas geschieht. Der allgemeinere Gebrauch des Wortes «Feld» als Betätigungsbereich im weitesten Sinne – von akademischen Fächern und Berufssparten bis hin zum «Gesichtsfeld» – ist um Jahrhunderte älter als der Fachterminus in der Physik. Als Faraday diesen Begriff in den dreißiger Jahren des vorigen Jahrhunderts bei der Entwicklung seiner Theorie des Magnetismus und der Elektrizität einführte, nahm er ihn natürlich in seinem bereits vorhandenen Bedeutungsumfang, der hervorgegangen war aus der Grundbedeutung des Wortes «Feld» – ein Stück Land. Somit ist eine Feldtheorie der Orte durchaus nicht abwegig, denn <u>Felder</u> *sind* Orte.

Den Geist eines Ortes als morphisches Feld aufzufassen, impliziert, daß bestimmte Orte in morphischer Resonanz mit ähnlichen früheren Orten stehen. Die Klasse, zu der ein Ort gehört und der die Tradition eine bestimmte Familie von Naturgeistern zuordnet, wird einen kollektiven Charakter, ein kollektives Gedächtnis besitzen. Jeder einzelne Ort hat aber auch durch morphische Eigenresonanz mit seiner eigenen Vergangenheit ein Einzelgedächtnis. <u>Morphische Resonanz</u> beruht auf <u>Ähnlichkeit</u>, und so wird die morphische Resonanz zwischen den sommerlichen Aktivitätsmustern eines Ortes und den Aktivitätsmustern früherer Sommer oder zwischen den winterlichen Aktivitätsmustern und denen früherer Winter besonders spezifisch sein.

Erinnerung spielt ebenfalls eine Rolle für die Reaktionen von Tieren oder Menschen auf bestimmte Orte. Wie man einen Ort erfährt, hängt auch davon ab, wie man ihn oder ähnliche Orte schon früher erfahren hat. Neben der individuellen Erinnerung wird jedoch auch eine kollektive Erinnerung vorhanden sein, die den Besucher mit den früheren Erfahrungen anderer Menschen am selben Ort in Verbindung bringt. Nicht alle diese Erfahrungen müssen unbedingt gut sein. Überall auf der Welt finden wir die Überzeugung, daß Orte, an denen Menschen ermordet, hingerichtet oder gefoltert wurden, etwas Ungutes haben, das dort «umgeht».

Betrachten wir also das, was man Genius loci nennt, unter dem Gesichtspunkt der morphischen Resonanz, so wird die Erfahrung eines Ortes von verschiedenen Einflüssen mitbestimmt: von Erinnerungen, die dem Ort selbst innewohnen, und von den Erinnerungen des Besuchers an eigene frühere Erfahrungen beziehungsweise die Erfahrungen anderer am selben Ort. Die Ausstrahlung oder Atmosphäre eines Orts hängt nicht allein von dem ab, was jetzt gerade dort geschieht, sondern auch davon, was früher schon hier geschah und wie es erfahren wurde. Das sind ziemlich allgemeine Prinzipien, doch sie gewinnen eine spezifische Bedeutung, wenn es um Orte geht, die traditionell als heilig betrachtet werden.

Heilige Orte

Überall auf der Welt werden bestimmte Orte als heilig angesehen. Es können bestimmte Plätze in der Natur sein, wie zum Beispiel Quellen oder Berge oder Haine, oder auch Orte, die der Mensch auswählte und durch aufrecht stehende Steine oder durch Steinkreise kennzeichnete, oder wo er Gräber und Schreine anlegte oder Tempel, Kirchen, Kathedralen und andere Gebäude errichtete. Besondere Eigenschaften des Ortes waren ausschlaggebend für die Wahl, und was der Mensch dort erbaute, war häufig so ausgerichtet, daß eine Beziehung zu wichtigen Punkten in der Natur (etwa zu dem Punkt am Horizont, an dem in der Mitte des Sommers die Sonne aufgeht) oder zu anderen heiligen Orten (zum Beispiel bei Moscheen die Ausrichtung nach Mekka) geknüpft wurde. Heilige Bauwerke werden häufig an Stellen errichtet, die schon lange als heilig gelten; so stehen viele der christlichen Kirchen und Kathedralen Europas an Stellen, die schon in vorchristlicher Zeit heilige Stätten waren.

Daß solche Stätten als heilig gelten, hat häufig etwas mit früheren Geschehnissen zu tun: Hier wurden mystische Erfahrungen gemacht oder Offenbarungen empfangen; Helden und Heilige wurden an solchen Orten geboren oder lebten dort oder starben dort oder sind dort begraben. Was sich an solchen Stätten einmal ereignete, kann in gewissem Sinne erneut Gegenwart werden, und so sind sie Zugänge zu Bereichen der Erfahrung, für die Raum und Zeit keine Grenzen darstellen. Für eingeborene Völker, so schreibt Lucien Lévy-Bruhl, ist ein heiliger Ort

niemals isoliert, er ist immer der Teil eines Komplexes, zu dem auch gewisse Pflanzenarten oder Tiere gehören, die dort zu gewissen Zeiten vorkommen, mythische Helden, die dort gelebt, umhergeschweift, geschaffen haben und die oft dem Boden inkorporiert sind, Zeremonien, die dort periodisch abgehalten werden, und schließlich die Gefühle, die von diesem Ganzen erregt werden.[8]

Heilige Stätten sind für gewöhnlich durch eine Grenze oder Schwelle von der sie umgebenden Welt getrennt. Überschreitet man die Schwelle, so kann man teilhaben an der Kraft des Ortes und sich mit seiner Heiligkeit vereinigen – man kann an dem Geschehen teilnehmen, das diesen Ort heilig machte.[9] Solche Überzeugungen gibt es in allen Religionen, und heilige Orte finden wir überall auf der Welt:

Moses hatte seine Schuhe abzulegen, denn vor dem brennenden Dornbusch auf dem Berg Horeb stand er auf heiligem Boden. Muhammad vernahm in der einsamen Höhle auf dem Berg Hira bei Mekka zum erstenmal die Stimme des Engels Gabriel. Sogar in der als wurzellos verschrieenen Kultur Amerikas ist das Phänomen zu beobachten. Die Kapelle von Valley Forge ist ein Staatspantheon auf geheiligtem Grund. Der Hügel Culmorah in Palmyra, New York, ist der heilige Verbindungspunkt der Mormonen mit einer fernen Vergangenheit. Die Indianer im Nordwesten am Pazifik nennen den Mount Rainer heute noch Tahoma, «der Berg, der Gott war». Überall folgen die Menschen dem Drang, ihre religiöse Erfahrung in der greifbaren räumlichen Wirklichkeit zu verankern.[10]

Auch heute entstehen noch heilige Orte. Daß Naturerfahrung einen religiösen Charakter haben kann, der sich wiederum der Natur mitteilt, erleben wir in vielen der amerikanischen Nationalparks. Und im modernen Europa haben Visionen der heiligen Jungfrau Maria – zum Beispiel in Fatima, Lourdes und Medjugorje – Wallfahrtsstätten entstehen lassen, die berühmt sind für Wunderheilungen und immer neue visionäre Erfahrungen.[11]

In Einklang mit dem Geist des Ortes

In Gesellschaften, die sich ein Gefühl für den besonderen Charakter jedes Ortes bewahrt haben, wird die Lage von Ortschaften oder Gebäuden nicht durch reine Nützlichkeitserwägungen bestimmt, sondern vor allem unter dem Gesichtspunkt der Harmonie mit der Umgebung ausgewählt. Die Kunst, Orte nach diesem Gesichtspunkt zu bestimmen, heißt Geomantie – «Erd-Orakel». Die bekannteste heute noch gebräuchliche Form der Geomantie ist das chinesische System, das unter dem Namen Feng-shui oder «Wind und Wasser» bekannt ist. Die Ausübenden dieser Kunst streichen in Hongkong und überall da, wo viele Chinesen leben, beachtliche Honorare ein für ihre Arbeit. Sie bestimmen nicht nur

Lage und Ausrichtung geplanter Gebäude, sondern auch die Plazierung von Türen, Fenstern und der Inneneinrichtung, so daß alle diese Einzelaspekte untereinander und mit der Umgebung harmonieren.

Feng-shui beruht auf dem Glauben, daß jeder Ort topographische Züge besitzt, die auf dort herrschende Energieströme hinweisen oder sie modifizieren – und daß der Mensch sein Tun nach diesen Energiemustern ausrichten sollte. Alle Züge der Umgebung kommen hier als Einflußgrößen in Betracht: die Form der Hügel, die Richtung der Wasserläufe, die vorherrschenden Winde, Höhe und Form der umliegenden Mauern und Gebäude; die Lage von Bäumen, Straßen und Brücken muß ebenso berücksichtigt werden wie der Einfluß der Sonne, des Mondes, der Planeten und der Sterne.[12] Wir können Feng-shui als ein System auffassen, das die Felder von Orten interpretiert und daraus praktische Entscheidungen ableitet.

Auch in Europa wurden Lage und Ausrichtung von Gebäuden in früheren Zeiten nach Gesichtspunkten bestimmt, die praktische, intuitive und symbolische Erwägungen mit einbezogen; allerdings wurde dieses Verfahren wahrscheinlich nie so systematisch ausgearbeitet wie die Feng-shui-Prinzipien. Die heutigen Erforscher der «Erd-Mysterien» – der verborgenen Kräfte und Eigenschaften von Orten – fanden heraus, daß heilige Stätten häufig mit bestimmten Mustern unterirdischer «Energieströme» zusammenfallen, wie sie etwa von Rutengängern ermittelt werden.[13] Was diese Energieströme eigentlich sind und was überhaupt dem Rutengehen zugrunde liegt, weiß man nicht. Unzweifelhaft aber ist, daß man sich an manchen Orten wohl, an anderen sehr unwohl fühlt, und es wäre töricht, von vornherein die Möglichkeit auszuschließen, daß untergründige Aktivitätsmuster die Ausstrahlung eines Ortes mitbestimmen könnten.

Wenn die Lage einer neuen Ortschaft, eines neuen Gebäudes einmal bestimmt ist, findet das für den Bau notwendige Eindringen in die Erde nach einem genauen Zeitplan statt, und begleitende Zeremonien sorgen dafür, daß alle Arbeiten in Einklang mit dem Ort und mit dem Kosmos geschehen. Noch im Jahre 1675 fand derartiges in England statt: Der Grundstein des Royal Observatory in Greenwich (durch das der Nullmeridian verläuft) wurde genau in dem Augenblick gelegt, der vom königlichen Hofastronomen als der günstigste bestimmt worden war.[14]

Das erste Eindringen in die Erde wurde meist durch das Einschlagen eines Pfahls vollzogen; damit wurde symbolisch der Kopf der Erdschlange durchbohrt und fixiert. Hierzu gehörte auch eine Opferung, denn es hieß, der Geist des Ortes verlange für das Aufbrechen jungfräulichen Bodens das Blut und den Körper eines Lebewesens. Überreste von Mensch und Tier, aber auch heilige Reliquien wurden als Opfer für den Geist der Erde im Baugrund vergraben oder in das Bauwerk selbst eingearbeitet. Der Geist des geopferten Wesens war dann der Hüter des neuen Gebäudes und wehrte böse Geister ab. Deshalb wurden auch die Reliquien von Heiligen in Kirchen und Kathedralen beigesetzt, häufig unter dem Hochaltar. Überreste von Opfertieren, meist Pferde, Ochsen oder Katzen, hat man in Europa unter vielen Gebäuden gefunden. Noch 1895 wurde in Cambridgeshire in England ein Pferdekopf ins Fundament einer Methodistenkapelle eingemauert, und 1913 begrub man ein Karrenpferd unter der Zuschauertribüne des Fußballstadions von Arsenal London.[15]

In manchen Teilen Europas, etwa in ländlichen Gegenden der Schweiz, sind noch heute die überlieferten Riten der Bauleute lebendig, und überall besitzt die Grundsteinlegung wichtiger Gebäude nach wie vor zeremoniellen Charakter. Doch im großen und ganzen weiß die moderne Welt nichts mehr von Geomantie.[16] Der feierliche Akt der Grundsteinlegung existiert zwar noch, aber mehr als gesellschaftliches Ereignis und nicht, um eine harmonische Beziehung zum Geist des Ortes herzustellen – dergleichen würde jeder vernünftige Mensch als Aberglauben ablehnen.

Kommt Unheil über jene, die solche traditionellen Prinzipien mißachtet haben, dann sucht man medizinische oder andere wissenschaftlich vertretbare Gründe oder sagt einfach: Pech gehabt.

Die moderne Architektur hat bewußt mit den alten Traditionen
gebrochen und hält sich bei Planung und Ausführung an den Geist
der mechanistischen Naturwissenschaft. Häuser sind heute
«Wohnmaschinen», um Le Corbusiers denkwürdigen Ausdruck
zu gebrauchen. Die meisten Stadtplaner und Architekten wissen
heute nichts mehr von Geomantie oder dem alten Ideal von Leben
in Einklang mit dem Geist des Ortes. Wohin das führt, tritt allenthalben nur allzu deutlich zutage.

Vom Tourismus zur Pilgerschaft

Der Geist eines Ortes ist mit den Mitteln der mechanistischen
Naturwissenschaft nicht zu erfassen, doch der Tourismus stellt
eigentlich eine implizite Anerkennung seiner Bedeutung dar: Berühmte Stätten und Bauwerke besucht man wegen ihres besonderen Charakters und ihrer Geschichte. Viele der touristischen Attraktionen sind alte und heilige Orte der Kraft, in Großbritannien
zum Beispiel Stonehenge, Westminster Abbey, Glastonbury und
Iona; in Frankreich sind es Höhlen wie die von Lascaux oder
Kathedralen wie die von Chartres; Mayatempel in Mexiko, Tempel lebendiger Religionen in Indien und Bali, die heiligen Städte
Rom und Jerusalem, die heiligen Berge des Himalaya und so weiter.

Der Tourismus, ein milliardenschweres Unternehmen, ist so
etwas wie eine säkularisierte oder unbewußte Form der Pilgerschaft. Viele Brennpunkte des Tourismus waren Wallfahrtsorte,
und manche sind es noch. Ein Pilger allerdings besucht den heiligen Ort in religiöser Absicht, während der Tourist mehr oder
weniger unbeteiligt ist, ein Schaulustiger. Pilgern geht es gerade

um den heiligen Charakter des Ortes und um die religiösen Handlungen, die mit dem Besuch verbunden sind – den Touristen nicht. Pilger vermehren die Ausstrahlung einer heiligen Stätte, Touristen tun in der Regel das Gegenteil.

Die Absicht macht hier den Unterschied. Suchen wir eine heilige Stätte als Pilger auf, so suchen wir den Segen des Ortes oder Inspiration oder möchten Dank sagen. Als Pilger werden wir vielleicht vor der Reise erkunden, was für Geschichten es über den Ort und seinen Geist gibt oder was für Erfahrungen andere dort gemacht haben. Die Reise selbst gehört ebenso zur Pilgerschaft wie das Ankommen, und wenn wir uns vor Augen halten, daß wir nicht dort sind, um es bequem zu haben, wird es uns leichter fallen, auf etwaige Schwierigkeiten gelassen zu reagieren.

Bei der Ankunft legen wir das letzte Stück am besten zu Fuß zurück, denn im uralten Rhythmus der Schritte sind wir am ehesten in der Lage, die Ausstrahlung des Ortes zu erfahren. Bei heiligen Stätten ist es häufig Brauch, sie zur Anerkennung ihrer zentralen Bedeutung zu umschreiten; bei den meisten Traditionen geschieht das dem Sonnenlauf folgend im Uhrzeigersinn, doch es kann auch die Gegenrichtung sein, etwa bei den Bön-Heiligtümern in Tibet oder den muslimischen Heiligtümern in Mekka. Nach dem Eintreten werden für gewöhnlich Opfergaben dargebracht: Man zündet zum Beispiel Kerzen und Räucherwerk an und spricht dann vielleicht Gebete. Manchmal nimmt man auch etwas mit für die, die einen daheim erwarten, zum Beispiel Weihwasser oder hin und wieder Opfergaben, die gesegnet und dem Opfernden zurückgegeben werden.

Ich glaube, daß viel Gutes entstehen könnte, wenn Touristen wieder Pilger würden. Die Erfahrung eines Ortes wird ärmer, wenn wir ihn mit Touristenaugen sehen, aber reicher, wenn wir als Pilger kommen. Wenn wir die Erde wieder heilig machen wollen, wäre die Rückkehr vom Tourismus zur Pilgerschaft sicher ein guter Anfang.

9. Der Gott eines evolutionären Kosmos

Es ist wieder möglich und vernünftig, die Natur als lebendig zu betrachten. Über die alte Kosmologie der Weltmaschine, mit oder ohne göttlichen Maschinisten, ist die Naturwissenschaft selbst mittlerweile hinweggegangen. Das schafft einen völlig neuen Kontext für die Frage nach der Beziehung zwischen Gott und Natur: Wenn der Kosmos in seiner Gesamtheit eher ein sich entwickelnder Organismus ist als eine ewige Maschine, dann hat der Gott der Weltmaschine ganz einfach ausgedient.

Wenn die Natur lebendig ist, könnte sie auch gänzlich autonom sein und bedürfte dann keines Gottes. Existiert Gott jedoch, so muß er der Gott einer lebendigen Welt sein. Wir wollen in diesem Kapitel über beide Möglichkeiten nachdenken.

Der Gott der lebendigen Welt

Mit dem Aufkommen der grünen Bewegung und dem wachsenden Bewußtsein der Umweltkrise in den letzten zwanzig Jahren hat sich für Menschen aus den verschiedensten religiösen Traditionen die Frage nach ihrer spirituellen Beziehung zur lebendigen Welt erneut gestellt. Das kam beispielsweise bei einer 1986 vom World Wildlife Fund organisierten Wallfahrt nach Assisi, dem Geburtsort des heiligen Franziskus, zum Ausdruck. Unter den Pilgern waren Muslime, Christen, Juden, Buddhisten und Hindus, und man wollte hier, wie es in einer WWF-Broschüre hieß, deutlich machen, «welch vielfältigen Widerhall die Natur weltweit in den Lehren und Symbolen, in Kunst und Schauspiel, in Gebeten und Schriften, in Musik und Mythologie findet».

In den christlichen Kirchen hat die gegenwärtige Wiederentdeckung des Gottes einer lebendigen Welt verschiedene Gesichter. Man besinnt sich zum Beispiel auf die animistischen Traditionen, die durch die Reformation und die Entstehung der mechanistischen Naturtheorie unterbrochen wurden. Der Gott der Bibel, der Kirchenväter und der Theologen des Mittelalters und der Renaissance war ein Gott der lebendigen Natur. Die Schöpferkraft dieses Gottes wirkte nicht nur im Menschen, sondern im Leben der Erde und des Kosmos. Gott war der Geschichte der Natur und des Menschen nicht fern, sondern in ihr gegenwärtig.[1] In einem der Gesänge Hildegards von Bingen kommt das so zum Ausdruck:

Alles durchdringst Du,
die Höhen,
die Tiefen
und jeglichen Abgrund.
Du bauest und bindest alles.

Durch Dich träufeln die Wolken,
regt ihre Schwingen die Luft.
Durch Dich birgt Wasser das harte Gestein,
rinnen die Bächlein
und quillt aus der Erde das frische Grün.

Du auch führest den Geist,
der deine Lehre trinkt,
ins Weite.
Wehest Weisheit in ihn
und mit der Weisheit die Freude.[2]

Auch die Begegnung mit anderen Religionen kann zur Wiederentdeckung des Gottes einer lebendigen Welt führen. Viele Abendländer, und ich gehörte zu ihnen, haben das Christentum abgelehnt und sich den religiösen Traditionen des Ostens, vor allem dem Hinduismus und dem Buddhismus, zugewandt; andere der mystischen Tradition des Islam, dem Sufismus; wieder andere interessierten sich für die schamanistischen Traditionen der Stammeskulturen oder haben vorchristliche Traditionen und Göttinnenkulte wiederzubeleben versucht. Diese Art der Suche geht meist von dem Gefühl aus, daß Christentum und Judentum alle Verbindung zu mystischer Einsicht und visionärer Erfahrung, zur Lebendigkeit der Natur und der Kraft des Rituals verloren haben.

Ich selbst war von Indien und seinen kulturellen und religiösen Traditionen so sehr angezogen, daß ich ein Angebot, als Pflanzenphysiologe an einem internationalen landwirtschaftlichen Forschungsinstitut in Südindien zu arbeiten, sofort annahm. Sieben Jahre verbrachte ich dort, und zu meiner eigenen Überraschung zog es mich im Laufe der Jahre immer stärker zum Christentum zurück. In Indien entdeckte ich die Kraft der Pilgerschaft, des Rituals, der Jahresfeste, der Meditation und des Gebets. Ich sah, daß sie lebendig waren im Leben meiner Freunde und Bekannten, und nicht nur der Hindus und Muslime, sondern auch der indischen Christen. Sie wurden auch in meinem Leben lebendige Wirklichkeit. Ein Benediktinermönch, Dom Bede Griffiths, der schon viele Jahre in einem kleinen Ashram am Cauvery-Fluß in Tamil Nadu lebt, hat mir bei der Wiederentdeckung meiner eigenen Tradition sehr geholfen.[3] Ich blieb anderthalb Jahre in seinem Ashram und erarbeitete dort die Rohfassung meines Buches *Das schöpferische Universum*.

Animismus in Judentum und Christentum

Um die Jahrhundertwende war es Mode, die Evolution des menschlichen Bewußtseins als Aufstieg zu betrachten vom Animismus und dem magischen Denken über die Stufe der Religion mit ihrem Glauben an Geister und Götter bis hin zur reifen Form des Bewußtseins, wie es von der Naturwissenschaft repräsentiert wird. Religion war zwar schon etwas besser als der primitive Animismus, aber animistische Züge und magisches Denken gab es auch in ihr noch. Nach dieser Anschauung hatte die Wissenschaft die Religion verdrängt, weil sie rationaler war und zudem eine bessere Handhabung der Welt erlaubte.

Anthropologische Gelehrte wie James Frazer zeigten anhand unzähliger Belege auf, daß Judentum und Christentum viel mit den Mythen und Überzeugungen anderer religiöser und animistischer Traditionen gemein hatten.[4] Die jungfräuliche Geburt, der Opfertod und die Auferstehung Christi etwa haben zahlreiche mythologische Parallelen. Für Frazer und andere Rationalisten waren die animistischen, magischen und heidnischen Wurzeln von Judentum und Christentum Grund genug, diese Religionen abzulehnen, sich mit Hilfe der Vernunft über sie zu erheben. Ich selbst habe mir während meiner naturwissenschaftlichen Ausbildung diese Argumente zu eigen gemacht und sagte mir, daß alle Religion im wesentlichen Aberglaube sei. Und wie Frazer glaubte ich, daß die Naturwissenschaft eine höhere Bewußtseinsstufe darstellt. Heute allerdings ist es für mich eher eine Stärke als eine Schwäche des Christentums, daß es in animistischer Naturerfahrung wurzelt und mythische Themen ihm nicht fremd sind. Archetypische Strukturen unseres kollektiven Gedächtnisses werden hier einbezogen und transformiert. Mir scheint sogar, daß die christliche Religion weitgehend unverständlich bleibt, wenn wir ihren mythologischen und «primitiven» Hintergrund nicht in die Betrachtung einbeziehen.

Schamanismus in Judentum und Christentum

Was in unserer Zeit über Schamanismus und den Gebrauch psychedelischer Pflanzen in diesen Traditionen bekannt geworden ist, hat mich ebenso fasziniert wie viele andere Menschen. Als Schamanismus bezeichnen die Ethnologen bestimmte Techniken der ekstatischen visionären Erfahrung, wie man sie in vielen traditionellen Stammeskulturen auf der ganzen Welt findet. Der Schamanismus ist uralt, nach Ansicht mancher Kenner fast so alt wie das menschliche Bewußtsein. Die Mythologien schamanistischer Völker, ihre Symbolik und ihre Heilungspraktiken beruhen auf der ekstatischen Erfahrung.[5] Gemeinsame Themen dieser Traditionen sind «Abstieg ins Reich des Todes, Begegnungen mit dämonischen Mächten, Zerstückelung, Feuerproben, Gemeinschaft mit der Welt der Geister und Tiere, Einverleibung der Elementarkräfte, Aufstieg über den Weltbaum und/oder den kosmischen Vogel, Erkenntnis einer solaren Identität und Rückkehr in die Mittlere Welt, das heißt die Welt der menschlichen Angelegenheiten».[6]

Dies wirft einiges Licht auf die jüdisch-christliche Tradition, vor allem auf die Gestalt Jesu selbst – seinen Tod am Kreuz, seinen Abstieg zur Hölle, die Auferstehung und den Aufstieg in den Himmel. Wir erkennen jetzt auch die archaischen Wurzeln der visionären Offenbarung, der inspirierten Prophetie, der Initiation durch Taufe und der wunderbaren Heilungskräfte.

In der Bibel lesen wir: «Vorzeiten in Israel, wenn man ging, Gott zu fragen, sprach man: Kommt, laßt uns gehen zu dem Seher! Denn die man jetzt Propheten heißt, die hieß man vorzeiten Seher» (1. Samuel 9,9). Der Seher der Wanderzeit des Volkes Israel wandelte sich nach der Eroberung Palästinas unter dem Einfluß der ekstatischen Propheten der Kanaaniter-Religion, zum Beispiel des Baalskultes (1. Könige 18,19 ff.; 2. Könige 10,19). Die Seher konnten während der Wanderschaft nicht an bestimmte Heiligtümer gebunden sein, die Propheten aber waren es.[7] In den Anweisungen, die Saul von Samuel erhält, als dieser ihn zum König gesalbt hat, heißt es zum Beispiel:

> Darnach wirst du kommen zu dem Hügel Gottes, da der Philister Schildwacht ist; und wenn du daselbst in die Stadt kommst, wird dir begegnen ein Haufe Propheten, von der Höhe herabkommend, und vor ihnen her Psalter und Pauke und Flöte und Harfe, und sie werden weissagen. Und der Geist des Herrn wird über dich geraten, daß du mit ihnen weissagst; da wirst du ein anderer Mann werden (1. Samuel 10,5–6).

In der Frühkirche kamen charismatische Gaben des Heiligen Geistes – etwa die Gabe des Heilens, des Sprechens in Zungen und der Prophetie – in Zuständen zum Ausdruck, die an schamanische Besessenheit erinnern. In den Sekten der Pentekostalisten sind diese Gaben gepflegt worden, und heute bilden sie wieder eine regelrechte Strömung, etwa bei den Methodisten und Anglikanern und in der römisch-katholischen Kirche.

Visionäre Erfahrung, manchmal durch Praktiken wie Fasten induziert, ist ein wiederkehrender Zug der christlichen Mystik, und auch hier findet sich manches, was an die ekstatischen Visionen der Schamanen erinnert. In unserem Jahrhundert sind in Amerika psychedelische Formen des Christentums entstanden; dabei werden psychotrope Pflanzen, die traditionell in den ursprünglichen schamanischen Traditionen eine Rolle spielen, nun als eine Form der christlichen Kommunion genommen. Ein Beispiel ist die Native American Church im Südwesten der Vereinigten Staaten, die sich den Peyote-Kult zu eigen gemacht hat. Eine andere christliche Bewegung dieser Art entsteht gerade unter den Regenwaldvölkern des Amazonasgebiets, wo die Kommunion mit Ayahuasca oder Daime, einer psychotropen Mixtur aus Amazonaspflanzen, vollzogen wird.[8] Die Schutzheilige der Amazonaskirchen ist die Heilige Jungfrau Maria in der Gestalt der Waldkönigin.

Rituelle Initiationen, etwa die Taufe durch vollständiges Unter-
tauchen, wie sie Johannes der Täufer im Jordan vollzog, wirkten
sicher nicht «nur symbolisch». Manche von denen, die so getauft
wurden, machten die Erfahrung von Tod und Wiedergeburt, und
darum geht es überall auf der Welt bei vielen Einweihungsritualen.
Wir finden Parallelen zu diesem Geschehen in den Berichten von
Menschen, die dem Tod sehr nahe waren.[9]

Zu diesen Erfahrungen, die eine gemeinsame Struktur aufweisen,
gehören Erfahrungen wie ein Gefühl überwältigenden Friedens
und Wohlbefindens, das Gefühl, außerhalb des Körpers zu sein,
zu schweben oder durch eine dunkle Leere zu fliegen, das Ge-
wahrwerden eines strahlend weißen oder goldenen Lichts, die
Begegnung oder Kommunikation mit einer «Erscheinung» oder
einem «Lichtwesen» (an dieser Stelle entscheidet sich im allgemeinen das Schicksal des Betreffenden), eine Gesamtschau des
eigenen Lebens, Eintritt in eine Welt übernatürlicher Schönheit,
wo man früher verstorbenen geliebten Menschen begegnet und
mit ihnen sprechen kann – und eine ganze Reihe anderer Elemente. Die Erfahrung ist meist von tiefgreifender Wirkung auf den
Menschen, der sie macht, und sie führt nicht zuletzt dazu, daß
seine Todesfurcht künftig viel geringer ist.[10]

Ich halte es für sehr wahrscheinlich, daß Johannes die Menschen
taufte, indem er sie ganz untertauchte.[11] Wenn er die Menschen nur
gerade lang genug unter Wasser hielt, mußten sie in der Tat diese das
ganze Leben verändernde Erfahrung des Sterbens und Wiedergebo-
renwerdens machen. In den meisten christlichen Kirchen zeigt das
Besprengen der Kinder bei der Taufe wohl an, daß viel von dem
ursprünglichen Einweihungscharakter dieses Rituals verlorenge-
gangen ist, aber bei der Erwachsenentaufe der Baptisten werden die
Menschen noch ganz untergetaucht, und gerade bei den Baptisten
spielt die Erfahrung der Wiedergeburt eine besonders große Rolle.

Die Mutter Gottes

Die Heilige Jungfrau Maria ist die wichtigste der Gestalten, in denen das Christentum die Mutter verehrt. Sie wurde im Jahre 431 auf dem Konzil von Ephesus zur Mutter Gottes erklärt, und die Marienverehrung breitete sich rasch in der ganzen Christenheit aus. Sie nahm im Laufe der Zeit immer mehr Titel und Attribute vorchristlicher Göttinnen an, und viele ihrer Heiligtümer, auch das von Ephesus, befanden sich an Orten, die früher Göttinnen geweiht waren. Dies geschah überall in Europa und setzte sich in Lateinamerika und anderen von der katholischen Kirche christianisierten Ländern fort. In Mexiko erschien sie schon zehn Jahre nach der Eroberung durch die Spanier einem bekehrten Azteken in Gestalt der Jungfrau Maria von Guadalupe und bat, man möge eine Kirche genau an der Stelle erbauen, wo der Tempel der Tonantzin, der aztekischen Muttergottheit, gestanden hatte.[12]

Unsere Frau von Guadalupe ist sowohl in ihrer mexikanischen als auch in ihrer ursprünglichen spanischen Form eine schwarze Madonna. Schwarze oder dunkle Marienbildnisse, zum Beispiel das von Walsingham in England oder das von Chartres, sind überall in der christlichen Welt zutiefst verehrt worden. Diesen dunklen Mariengestalten werden viele Wunderkräfte zugeschrieben, zum Beispiel sollen sie kinderlose Frauen fruchtbar machen. Auch die ursprüngliche Jungfrau von Guadalupe in Spanien wirkte Wunder. Ihr uraltes Bildnis soll Anfang des 14. Jahrhunderts von einem Schäfer, dem sie erschienen war, in einer Höhle gefunden worden sein. Ihr Schrein wurde bei eben dieser Höhle erbaut und kann dort heute noch besucht werden. Kolumbus und auch Cortez pilgerten zu ihr, bevor sie zu ihren Entdeckungsfahrten aufbrachen.[13]

Niemand weiß, wie die Tradition der schwarzen Jungfrau entstanden ist, doch ihre symbolische Bedeutung beruht wohl zum Teil auf ihrer assoziativen Verbindung mit der Erde und dem

Tod.[14] Die Große Mutter der archaischen Religionen war Quell des Lebens und der Fruchtbarkeit, aber auch der Schoß, in den alles Leben zurückkehrte. Die schwarze Göttin Indiens, Kali, ist die Große Mutter in ihrem zerstörerischen Aspekt, aber sie ist auch der Ursprung neuen Lebens.

So lebendig der Marienkult in der orthodoxen und katholischen Christenheit ist, so entschieden wurde er von der Reformation an in den protestantischen Ländern unterdrückt, ja als Götzendienerei hingestellt. Die extremen protestantischen Sekten halten an ihrer Ablehnung des Marienkults fest, während man in der anglikanischen Kirche ganz allmählich zur alten Marienverehrung zurückgekehrt ist.

In den achtziger Jahren hat es in verschiedenen Gegenden der Welt, vor allem im jugoslawischen Medjugorje, immer wieder Marienerscheinungen gegeben. Dort in Medjugorje, wo die Erscheinungen 1981 am Tag Johannes des Täufers, dem 24. Juni, begannen, bezeichnete Maria sich selbst als Friedenskönigin. Viele ihrer Botschaften beziehen sich auf die Krise der Welt, und sie ruft die Menschen auf, an Gottes Barmherzigkeit zu glauben, bevor Finsternis über die Welt kommt.[15]

Eine Natur ohne Gott

In einer mechanistischen Welt ist Naturverehrung sinnlos. Welche persönliche Beziehung sollte man zu einem blinden, mechanischen Prozeß oder zum blinden Zufall haben? Es kommt lediglich darauf an, die Natur zu durchschauen, damit man sie beherrschen und für menschliche Zwecke nutzen kann. In einer lebendigen Welt dagegen besitzt die Natur lebendige Kräfte, die denen des Menschen weit überlegen sind. Was ist die Schöpferkraft des Menschen gegen die der Natur, wenn wir den kosmischen Evolutionsprozeß oder die Evolution des Lebens auf der Erde betrachten? Sie ist der Quell des Lebens, und unerschöpflich bringt sie seine Myriaden Formen hervor; sie ist alle materiellen Prozesse, sie ist der kosmische Energiestrom, sie ist in allen physikalischen Feldern, und sie ist Zufall und unerbittliche Notwendigkeit. Wenn kein Gott ist, dann ist sie alles.

Nur: Wenn die Natur die Große Mutter ist und es keinen Vater gibt, dann existiert eigentlich nur das weibliche Prinzip. Ein Bild, das nur eine allmächtige Große Mutter zeigt, ist ebenso unausgewogen wie eines, auf dem nur ein allmächtiger Vater zu sehen ist. Auch wenn Sexisten beiderlei Geschlechts vielleicht Gefallen an der Idee des kosmischen Primats ihres eigenen Geschlechts finden, die Metaphern von Mutterschaft und Vaterschaft lassen eine solch einseitige Sicht nicht zu. Und wenn manche behaupten, alles komme von der Mutter, und andere dagegenhalten, alles komme vom Vater, dann sollte eigentlich die Schlußfolgerung naheliegen, daß alles von beiden kommt. Und das ist ja auch in weiten Teilen der Welt die traditionelle Anschauung. Wenn die Erde das Reich der Mutter ist, ist der Himmel das Reich des Vaters, und alles Leben hängt von ihrer gegenseitigen Beziehung ab. Oder wenn das weibliche Prinzip der kosmische Energiestrom ist, dann ist das männliche Prinzip der Ursprung von Form und Ordnung – wie Shakti und Shiva im indischen Tantrismus. Oder nehmen wir den Taoismus mit seinem ständigen Wechselspiel von Yin und Yang in der gesamten Natur.

Wo immer man die Natur im Laufe der Geschichte als Große Mutter betrachtete, wurden als ihr Gegenpol auch Himmelsgottheiten verehrt. Wird das männliche Prinzip unterdrückt oder verdrängt, so lebt es in unbewußter Form weiter. Eben dies ist im mechanistischen Weltbild der Fall, wo die Natur von ewigen, transzendenten Gesetzen regiert wird, und diese Gesetze sind das, was vom rationalen, mathematischen Gott der Weltmaschine noch übrigblieb – ein Gespenst. Eine Natur ohne Gott oder Gott-Ersatz in Form von abstrakten Gesetzen muß das männliche und das weibliche Prinzip in sich vereinigen. Wenn sie alles umschließt, kann sie nicht männlich *oder* weiblich sein.

Überall in der Natur finden wir Polaritäten, wie etwa die elektrische und die magnetische. Wir können auch solche Polaritäten geschlechtlich auffassen, doch «Geschlecht» ist nur einer der Gesichtspunkte, unter denen wir Polaritäten erfahren, und es gibt viele Polaritäten, die diese Erfahrungsweise nicht unmittelbar nahelegen: auf und ab, innen und außen, Vorder- und Rückseite, rechts und links, Vergangenheit und Zukunft, schlafen und wachen, Freund und Feind, süß und sauer, heiß und kalt, Lust und Schmerz, gut und böse.

Aus kosmischer Sicht besteht die Grundpolarität zwischen dem expansiven Impuls, der das Universum sich ausdehnen läßt, und dem kontraktiven Gravitationsfeld, das alles zusammenhält. Überwiegt die zentrifugale Kraft, so wird das Universum sich endlos weiter ausdehnen; im anderen Fall wird die Expansion irgendwann zum Stillstand kommen und in Kontraktion umschlagen, die in einer ungeheuren Implosion endet. Niemand weiß bisher, was geschehen wird. Die kosmische Evolution jedoch spielt sich währenddessen unter dem Einfluß dieser beiden Kräfte ab: Expansion und Kontraktion.

Als das neugeborene Universum sich ausdehnte und kühler wurde, gingen aus dem einheitlichen Ur-Feld das Gravitationsfeld, die Quantenmateriefelder und das elektromagnetische Feld hervor. Durch weitere Expansion und Abkühlung entstanden unter dem Einfluß der Gravitation Galaxien und Sterne, und in den Sternen setzte sich die Evolution der chemischen Elemente fort. Noch später ballte sich die Materie explodierender Sterne zu Planeten zusammen: chemische Verbindungen und kristalline Formen entwickelten sich in großer Zahl, und erstmals bildeten sich auch Flüssigkeiten wie Wasser. Dann entstand, zumindest auf der Erde, das Leben, und die biologische Evolution begann. Dieser evolutionäre Schöpfungsprozeß dauert heute noch an und kommt auch in unserem Leben zum Ausdruck. Das Schöpferische war dem Universum von Anfang an inhärent. Worin besteht es?

Evolutionäre Kreativität

Der kosmische Evolutionsprozeß hat eine Richtung, einen Zeitpfeil. Dieser Pfeil geht letztlich von dem expansiven Impuls aus, der dem Kosmos seit seiner Geburt innewohnt. Er hat darüber hinaus auch einen kumulativen, evolutionären Aspekt, weil sich im expandierenden Universum Felder, Teilchen, Atome, Galaxien, Sterne, Planeten, Moleküle, Kristalle und das biologische Leben entwickelt haben. Wie ein Embryo eine Reihe von Stadien durchläuft, wobei jedes dem nächstfolgenden als Grundlage dient, so auch der sich entwickelnde Kosmos. Das biologische Leben hat die Existenz von Planeten zur Voraussetzung, diese wiederum kann es erst geben, wenn Galaxien und Sterne existieren, für die Bildung von Galaxien und Sternen müssen Atome vorhanden sein, und diese können erst entstehen, wenn sich die Elementarteilchen gebildet haben.

Nach der Hypothese der Formenbildungsursachen bildet sich mit jedem neuen Organisationsmuster – sei es ein Molekül, eine Galaxis, ein Kristall, ein Farn oder ein Instinkt – ein neues morphisches Feld. Durch Wiederholung werden neue Organisationsmuster immer mehr zur Gewohnheit, und weil die Natur dieses Gewohnheiten-Gedächtnis besitzt, ist der Evolutionsprozeß kumulativ: Neue Organisationsmuster bilden sich im Kontext der existierenden Naturgewohnheiten und werden dann durch Gewöhnung selbst wieder habituell. Wenn aber die evolutionäre Kreativität – das Erscheinen neuer Organisationsmuster – mit der Bildung neuer morphischer Felder einhergeht, woher kommen dann diese Felder? Hier kommen wir zum Rätsel des Schöpferischen zurück, und wie so oft gibt es drei Theorien dazu.

Die erste Theorie schreibt alles Schöpferische dem Mutterprinzip zu. Das Schöpferische liegt irgendwie in der Natur und ergibt sich aus blinden, zufälligen Prozessen, in denen keinerlei Bewußtsein vorhanden ist. Das materielle Geschehen bringt alles selbst zuwege; neue Organisationsmuster und morphische Felder sind als spontane Schöpfung urplötzlich einfach da.

Nach der zweiten Theorie liegt alles Schöpferische beim Vaterprinzip. Es steigt von einer höheren, transzendenten und geistähnlichen Ebene in die stoffliche Welt von Raum und Zeit herab. In der platonischen Tradition ist diese ewige Intelligenz Ursprung und Ort der Ideen, die in den Dingen der Welt ihre Abbilder finden. Für christliche Platoniker ist sie der Geist Gottes. Pythagoreer betrachten diesen transzendenten, geistähnlichen Bereich als mathematisch. Aufgrund mathematischer Prinzipien entsteht und evoluiert das Universum, und von mathematischen Prinzipien wird alles beherrscht. Wenn und falls neue Arten von Feldern entstehen, unterliegen sie Feldgleichungen, die ewig in der transzendenten mathematischen Wirklichkeit existieren, und zwar unabhängig davon, ob sie in der stofflichen Welt konkreten Ausdruck finden oder nicht. Evolutionäre Kreativität ist demnach die physische Manifestation mathematischer Strukturen, die schon immer existiert haben, ja überhaupt außerzeitlich sind.

Die dritte Theorie besagt, daß alles Schöpferische aus dem Wechselspiel von Mutter- und Vaterprinzip oder, abstrakter formuliert, von Unten und Oben hervorgeht. Das Schöpferische tritt in einer bestimmten Umgebung, an bestimmten Orten und zu bestimmten Zeiten in Erscheinung und ergibt sich aus den Prozessen der Natur. Zugleich steht es aber auch im Rahmen höherer Ordnungssysteme: Neue biologische Arten entwickeln sich in bestehenden Ökosystemen, neue Ökosysteme innerhalb von Gaia, Gaia im Sonnensystem, das Sonnensystem in der Galaxis, die Galaxis im expandierenden Kosmos. Jede Ebene der Organisation wird von der nächsthöheren eingeschlossen. Ähnliches scheint, wie wir gesehen haben, auch für die physikalischen Felder zu gelten, die nach der Auffassung vieler Physiker aus einem einheitlichen Ur-Feld hervorgingen; so könnten auch morphische Felder jeder Organisationsebene in Feldern höherer Ordnung entstehen oder aus ihnen hervorgehen. Kreativität ist mit anderen Worten nicht einfach eine Bewegung von unten nach oben, bei der neue, komplexere Formen in spontanen Sprüngen aus einfacheren hervorgehen; sie ist ebenfalls eine Abwärtsbewegung, das schöpferische Wirken von Feldern einer höheren Ordnung.

Diese Prinzipien gelten auch für die menschliche Kreativität. Sie beruht einerseits auf Zufällen, Konflikten, Bedürfnissen und hat ihre Wurzeln in physischen, psychischen, kulturellen und Umweltbedingungen. Aber Erfindungen, neue Einsichten und Kunstwerke kommen in einem überpersönlichen Rahmen von Gesellschaften und Religionen und anderen übergreifenden Bedingungen zustande, und diese wiederum sind eingebettet in Gaia, das Sonnensystem, die Galaxis, den Kosmos – und letztlich, wie viele schöpferische Menschen selbst glauben, in Gott. Das Schöpferische im Menschen wird traditionell auf Eingebungen aus einer höheren Quelle zurückgeführt, für die das schöpferische Individuum ein Medium ist. Das kommt auch in unserem Wort «Genie» zum Ausdruck, das sich von dem lateinischen *genius* ableitet, womit ursprünglich nicht die schöpferische Begabung selbst gemeint war, sondern der Schutzgeist, später dann der Schöpfergeist des Genies.

Bei allen Polaritäten und Dualitäten führt uns die Frage nach ihrer Beziehung und ihrem Zusammenhalt früher oder später zu dem Gedanken, daß beide Seiten nur Aspekte einer höheren Einheit sein können. Und nach der Urknall-Theorie entstanden Felder und Energie tatsächlich gemeinsam innerhalb der ursprünglichen kosmischen Singularität. Alle physikalischen Phänomene – Sonnenlicht, Moleküle, Bäume und Sterne – haben einen Feldaspekt und einen Energieaspekt. Beim Wellen- und Teilchencharakter des Lichts etwa handelt es sich nicht um grundverschiedene Dinge, sondern um zwei Aspekte derselben Aktivitätsstruktur. So ist es auch mit dem Feld- und Energieaspekt von allem anderen – und wir bilden da keine Ausnahme.

Eine Naturtheorie, die ohne Gott auskommen möchte, muß nicht nur für die vielen Polaritäten in der Welt und in unserer Erfahrung eine Erklärung suchen, sondern muß auch die höheren Einheiten beschreiben können, in denen diese Pole zusammenfallen. Und da das Universum als Einheit definiert ist, muß es ein Einheitsprinzip geben, das die gesamte Natur umfaßt. Was für eine Einheit könnte das sein? Sie kann nicht statisch sein, denn das Universum entwickelt sich. Irgendwie muß die grundlegende Einheit der Natur spontan neue Arten von Organismen und neue Verhaltensmuster hervorbringen, die selbst wiederum Einheiten oder Ganzheiten oder Holons sind.

Ein Naturbild ohne Gott muß demnach ein schöpferisches Einheitsprinzip benennen können, das sich auf den gesamten Kosmos erstreckt und außerdem alle Polaritäten und Dualitäten in der Natur vereinigt. Das, scheint mir, ist nicht sehr weit entfernt von einem Naturbild *mit* Gott.

Schöpferische Trinitäten

Wenn wir evolutionäre Kreativität als das Wechselspiel zweier Prinzipien, wie zum Beispiel Feld und Energie, verstehen wollen, so impliziert das ein drittes, vereinigendes Prinzip, das diese beiden manifestiert. Ein solches Vereinigungsprinzip versinnbildlicht die sexuelle Metapher: Die Zeugungskraft von Vater und Mutter kann nur in ihrer Vereinigung wirksam werden, und in den Nachkommen vereinigen sich Aspekte beider Eltern. Ganz direkt kommt dies in tantrischen Darstellungen der sexuellen Umarmung von Shakti und Shiva zum Ausdruck; abstrakter im taoistischen

Abbildung 17 Das Wechselspiel von Yin und Yang,
dem weiblichen und dem männlichen Prinzip,
umschlossen von der Einheit des Tao.

Symbol von Yin und Yang, die ineinander verschlungen im Kreis
der Einheit, dem Tao, dargestellt werden (Abb. 17). In anderen
Trinitäten stehen verschiedene Prinzipien anstelle der Geschlechts-
polarität, im Hinduismus zum Beispiel Brahma, der Schöpfer,
Vishnu, der Bewahrer, und Shiva, der Zerstörer. Vishnu könnten
wir hier als die organisierenden Felder der Natur auffassen, Shiva
als den kosmischen Energiestrom und Brahma als das schöpferische Prinzip, das beide in sich vereint.

Nach christlicher Auffassung ist Gott eine schöpferische Trinität: Vater, Sohn und Heiliger Geist. Es gibt in der Tradition verschiedene Betrachtungsweisen für das Mysterium der Heiligen
Dreieinigkeit. Bei Augustinus zum Beispiel ist der Vater der Er-
kennnende, der Sohn das Erkannte und der Heilige Geist die Selig-
keit des Erkennens.[16] Eine andere Betrachtungsweise ist durch die
Gleichsetzung des Sohnes mit dem Wort oder Logos gegeben. In
diesem biblischen Sinne ist mit «Wort» natürlich das gesprochene
und nicht das geschriebene Wort gemeint; das gesprochene Wort
aber ist sowohl ein Schwingungsmuster als auch ein sich entfalten-

des Bedeutungsmuster. Und wie unser menschliches Sprechen der ausgeatmeten Luft ein geordnetes Schwingungsmuster verleiht, so verbindet sich auch das schöpferische Wort Gottes mit dem Atem Gottes, der aufwärts und auswärts gerichteten Bewegung des Geistes. Der Geist ist das Prinzip des Flusses und des Wandels. Die traditionellen Symbole des Heiligen Geistes sind der Atem, der Wind, die Flamme und die fliegende Taube. Er ist in seinem Wirken ebenso ungebunden wie unverhofft: «Der Wind bläst, wo er will, und du hörst sein Sausen wohl; aber du weißt nicht, woher er kommt und wohin er fährt» (Joh. 3,8).

In den orthodoxen Kirchen hat der Heilige Geist mehr Gewicht in der Heiligen Dreieinigkeit, als ihm in der westlichen Theologie eingeräumt wird, und dort tritt auch die Immanenz der Natur im Göttlichen deutlicher zutage:

> Die schöpferischen Energien Gottes haben die Welt nicht einfach als ein äußeres Werk geschaffen in der Weise, wie man etwa ein Gebäude errichtet; sie sind vielmehr die allgegenwärtigen, innewohnenden und spontanen Ursachen jeder Manifestation des Lebens in dieser Welt, in welcher Form auch immer. Wir sprechen mit anderen Worten von der unaufhörlichen Vitalisierungskraft des Heiligen Geistes in der Welt; wir sprechen davon, daß er diese Energien – leuchtende unerschaffene Strahlungen des Göttlichen – im Herzen aller existierenden Dinge beseelt.[17]

Im Rahmen der evolutionären Kosmologie ist der Geist das Prinzip, das dem Weiterströmen der Energie und dem Ausdehnungsimpuls des Universums zugrunde liegt, während das Wort in den Mustern der Aktivität und der Bedeutung liegt, die durch Felder zum Ausdruck kommen. Gottvater ist der, der spricht, bewußter Ursprung des Wortes und des Geistes und doch beiden transzendent. Die Energie und die Felder des evolutionären Kosmos haben also einen gemeinsamen Ursprung, eine Einheit. Und nicht nur eine Einheit, sondern eine Einheit mit Bewußtsein.

Wenn die Felder und die Energie der Natur Aspekte von Wort und Geist Gottes sind, muß Gott selbst einen evolutionären Aspekt haben und sich mit dem Kosmos, mit dem biologischen Leben und der Menschheit entwickeln. Gott ist der Natur nicht fern und fremd, sondern in ihr gegenwärtig, doch zugleich ist er die Einheit, welche die Natur transzendiert. Gott ist also weder einfach in der Natur, das wäre der Standpunkt des Pantheismus, noch ist er der Natur einfach nur transzendent, wie die deistischen Philosophien behaupten; er ist vielmehr sowohl immanent als auch transzendent, und dies ist die Auffassung des sogenannten Panentheismus. Nikolaus von Kues drückte das im 15. Jahrhundert so aus: «Das Göttliche ist die Einfaltung und Entfaltung von allem Existierenden. Das Göttliche ist dergestalt in allen Dingen, daß alle Dinge in der Göttlichkeit sind.»[18]

Auch bei der schöpferischen Polarität von Geist und Wort können wir versuchen, die Geschlechts-Metapher zu verwenden, doch ist dies nicht in eindeutiger Weise möglich. Wenn wir das weibliche Prinzip als aktiv auffassen (wie Shakti), dann ist der Geist weiblich, das Wort männlich. Tatsächlich ist das hebräische Wort für Geist, *ruah*, feminin.[19] (Das entsprechende griechische Wort, *pneuma*, ist ein Neutrum, das lateinische *spiritus* ein Maskulinum.) Kehrten wir das Verhältnis um, so kämen wir zu der ungewöhnlichen Auffassung des Wortes, das ja gemeinhin mit dem Sohn assoziiert wird, als weiblich. Zweifellos hat aber das Wort in seiner biblischen Bedeutung manches mit der göttlichen Weisheit, Sophia, gemein.[20] Wir hören sie über sich selbst sagen:

Der Herr hat mich gehabt im Anfang seiner Wege; ehe er etwas schuf, war ich da. Ich bin eingesetzt von Ewigkeit, von Anfang, vor der Erde... Da er die Himmel bereitete, war ich daselbst... Da er dem Meer das Ziel setzte und den Wassern, daß sie nicht überschreiten seinen Befehl, da er den Grund der Erde legte: da war ich der Werkmeister bei ihm und hatte meine Lust täglich und spielte vor ihm allezeit und spielte auf seinem Erdboden, und meine Lust ist bei den Menschenkindern (Sprüche Salomos 8,22–23.27.29–31).

Im ersten Kapitel des Johannesevangeliums wird das Wort in einer ganz ähnlichen Rolle gesehen:

Im Anfang war das Wort, und das Wort war bei Gott, und Gott war in dem Wort. Dasselbe war im Anfang bei Gott. Alle Dinge sind durch dasselbe gemacht, und ohne dasselbe ist nichts gemacht, was gemacht ist. In ihm war das Leben, und das Leben war das Licht der Menschen (Joh. 1,1–4).

Das Geschlecht Gottes

Wenn wir Gott in seiner Beziehung zu Mutter Natur oder Mutter Erde sehen, ist er männlich. Vater und Mutter erzeugen miteinander. In der Genesis ist das uranfängliche Mutterprinzip die Leere oder die Tiefe, die von Urbeginn an mit Gott ist. Aus diesem Schoß geht durch eine Reihe von «Scheidungen», die Gott vornimmt, letztlich alles hervor: Das Licht wird von der Finsternis geschieden, der Tag von der Nacht, der Himmel von der Erde, das Meer vom Land. Die Fähigkeit zu gebären ist angelegt in der uranfänglichen Leere oder Tiefe, und sie wird manifest in der Erde und dem Meer. Wenn Gott die Pflanzen und Tiere werden läßt, erschafft er sie nicht selbst, sondern sie werden von der Erde und den Wassern geboren – aus dem Schoß der Mutter.

Sagt man jedoch mit Thomas von Aquin, Gott erschaffe alle Dinge aus dem Nichts, so muß das Mutterprinzip aus Gott hervorgehen oder in ihm liegen. Dann ist Gott Mutter und Vater, weiblich und männlich zugleich. Wenn wir das Männliche und das

Weibliche als Wort und Geist in der Trinität auffassen, ist dann Gottvater auch Gottmutter? Ist Gott, Ursprung und Einheit der Trinität, männlich, weiblich oder ein Neutrum?

Der älteste hebräische Gottesname ist *elohim*, ein Pluralwort ungewisser Herkunft, das «Göttinnen» oder «Götter» bedeuten konnte, aber auch in der Bedeutung «Ahnengeister» verwendet wurde.[21] Dennoch wird Gott seit alters als männlich betrachtet, und um so überraschender und vielleicht aufschlußreicher ist die weibliche Symbolik bei manchen Mystikern des Mittelalters. Die Einsiedlerin Julian of Norwich sprach vom mütterlichen Aspekt der Gottheit, der uns einbeziehe «in die tiefe Weisheit der Trinität, [die] unsere Mutter ist».[22]

Eine allmächtige Natur kann nicht einfach weiblich sein, ein allmächtiger Gott nicht einfach männlich. Wir müssen die Polarität des Männlichen und Weiblichen entweder als von Anfang an gegeben betrachten oder beide Pole aus einer gemeinsamen Quelle ableiten, die ihre Polarität transzendiert. Wenn wir uns das Universum rein wissenschaftlich erklären wollen, stehen wir vor der gleichen Frage. In der Naturwissenschaft beobachten wir ebenso wie in der Religion ein starkes Einheitsstreben. Diese Intuition einer allem zugrundeliegenden Einheit beflügelte auch Einstein bei seinem Ringen um eine einheitliche Feldtheorie und leitet heute die Suche nach dem Ur-Feld des Kosmos und dem ersten Ursprung der Energie. Hier treffen sich Wissenschaft und Theologie, denn wenn Felder und Energie einen gemeinsamen Ursprung haben, der beiden transzendent ist, dann sind wir wieder bei der schöpferischen Trinität. In diesem Zusammentreffen von Theologie und Naturwissenschaft bildet sich eine evolutionäre Sicht der schöpferischen Trinität heraus. Auch die Theologie entwickelt sich.

Ein evolutionärer Gott

In dieser Konvergenz von Naturwissenschaft und Theologie können wir Felder als einen Aspekt des Wortes auffassen und Energie als einen Aspekt des Geistes. Wenn das Wort und der Geist Gottes dem Reich der Natur und dem Schöpfungsprozeß immanent sind, dann muß sich Gott mit der Natur entwickeln. Zugleich gibt Gott diesem Prozeß seine Gesamtrichtung und sein Ziel. Teilhard de Chardin spricht hier vom «Omega-Punkt», einem Zustand der Einheit, zu dem hin sich alles entwickelt. Das ist zwangsläufig eine schwer zu erfassende Vorstellung, da sie über alles bisher Geschehene und auch über den Bereich des Denkens hinausgeht.

Bei dem Bemühen in jüngster Zeit, sich ein Bild vom Gott eines lebendigen, evolutionären Kosmos zu machen, entwickelten sich neue Formen der Theologie. Eine evolutionäre Theologie, so zeigt sich, muß radikal brechen mit der alten Vorstellung eines zeitlosen Gottes, den die Ereignisse der Welt nicht beeinflussen und der zwar auf sie einwirkt, aber nicht in Wechselwirkung mit ihr steht. Dieser Gott jedoch ist nicht der biblische Gott, der sehr direkt an der Geschichte der Welt und der Menschheit Anteil nahm, sondern der Gott des Frühchristentums, dessen Bild unter dem Einfluß der griechischen Philosophie entstand. Ganz im Sinne des Platonismus wurde der Geist Gottes dem transzendenten Bereich ewiger Urbilder gleichgesetzt, und unter dem Einfluß des aristotelischen Denkens wurde Gott zum «unbewegten Beweger».

In der neuen evolutionären Theologie gilt dagegen:

Wie alle Lebewesen wirkt Gott nicht nur auf andere ein, sondern berücksichtigt die anderen auch bei der göttlichen Selbstkonstituierung ... Gott ist nicht die Welt, und die Welt ist nicht Gott. Aber Gott schließt die Welt ein, und die Welt schließt Gott ein. Gott vollendet die Welt, und die Welt vollendet Gott. Es gibt keine von Gott gesonderte Welt und keinen von einer

Welt gesonderten Gott. Natürlich gibt es Unterschiede. Keine Welt kann ohne Gott existieren, doch Gott kann durchaus ohne *diese* Welt existieren. Unser Planet, ja das ganze Universum kann verschwinden und etwas anderem weichen – Gott wird fortbestehen. Da aber Gott wie alle Lebewesen, nur in vollkommener Weise, das Prinzip der inneren Beziehungen verkörpert, ist sein Leben davon abhängig, daß irgendeine Welt vorhanden ist, die er einschließen kann.[23]

Keine schlüssige Antwort

Jeder von uns steht vor dem Rätsel seines Daseins und seiner Erfahrung und muß versuchen, sich einen Reim darauf zu machen. Einige Philosophien stehen zur Wahl: die mechanistische Theorie der Natur und des menschlichen Lebens, in der ein Gott vorkommen kann, aber eigentlich entbehrlich ist; die Theorie, daß die Natur lebendig, aber ohne einen Gott sei; und die Theorie eines lebendigen Gottes zusammen mit einer lebendigen Natur. Jede dieser Theorien kann man intellektuell ausgestalten und rational untermauern – und jeder hängen viele Menschen aus Überzeugung an. Letzten Endes müssen wir eine intuitive Wahl treffen. Unsere Wahl ist abhängig davon, ob wir Mysterien akzeptieren können, und beeinflußt unsere Toleranz für Mysterien. Wer hier eine niedrige Toleranzschwelle hat, wird wohl dem mechanistisch-atheistischen Weltbild zuneigen, das aus Prinzip alle mysteriösen Wesenheiten wie Seelen oder Gott leugnet und eine entzauberte, rein mechanisch funktionierende Wirklichkeit postuliert. Andere, die an die Lebendigkeit einer evolutionären Natur glauben, erkennen das Mysterium des Lebens und des Schöpferischen an. Und jene schließlich, für die Gott lebendig ist, öffnen sich bewußt dem Mysterium des göttlichen Bewußtseins, der göttlichen Gnade und Liebe.

10. Das Leben in einer lebendigen Welt

Vom Humanismus zum Animismus

Wenn wir die Natur als lebendig betrachten – macht das einen Unterschied gegenüber der Auffassung, daß sie unbelebt ist? Ja, denn erstens wird damit die humanistische Grundhaltung relativiert, auf der die moderne Zivilisation basiert. Zweitens gewinnen wir dadurch ein neues Gefühl für unsere Beziehung zur Natur und eine neue Sicht der menschlichen Natur. Und drittens wird hier etwas möglich, was ich «die Resakralisierung der Natur» nennen möchte.

Kapitalistische und kommunistische Länder haben gleichermaßen ihre Hoffnungen in die humanistische Weltsicht gesetzt und einen Traum von Fortschritt und Entwicklung auf der ganzen Welt geträumt, den Traum einer in Frieden und Wohlstand lebenden Menschheit in einem technischen Schlaraffenland. In diesem humanistischen Himmel auf Erden sollten alle religiös verbrämten Moralbegriffe durch eine rationale, menschengerechte Ethik ersetzt werden, und dann würde die Menschheit den weiteren Gang der Evolution selbst in die Hand nehmen und zum größtmöglichen Nutzen des Menschen gestalten. Schon gegen Ende des vorigen Jahrhunderts hören wir von T. H. Huxley, wie er sich diesen Fortschritt der Menschheit vorstellt: als «ein Überprüfen des kosmischen Prozesses bei jedem Schritt, als seine Substituierung durch einen anderen, den man den ethischen Prozeß nennen könnte».[1] Sogar Sigmund Freud sprach davon, mit einer wissenschaftlich gelenkten Technik zum Angriff auf die Natur überzugehen und sie dem menschlichen Willen zu unterwerfen.[2] Nach dieser humanistischen Auffassung stehen wir der größeren Gemeinschaft des Lebendigen fremd gegenüber und müssen sie uns unterwerfen, damit wir ihr nicht unterworfen sind. Im Menschen wächst die Natur über sich selbst hinaus zu einer erhabenen Größe, die unmöglich noch «bloße Natur» sein kann. Doch weder Huxley noch Freud noch irgendeiner der Apostel des Humanismus sah voraus, welche furchtbaren Folgen diese Denkweise für die Lebensfähigkeit der Erde insgesamt und für das Schicksal der Menschheit haben würde.

Die Folgen werden jetzt sichtbar, und der Tag der Abrechnung ist da. In dieser Zerfallsphase der industriellen Zivilisation stehen wir nicht mehr als die Krone der Schöpfung da, sondern als die schädlichste Lebensform, die es auf der Erde gibt. Wir sind das Ende, nicht die Erfüllung des Erdenprozesses. Gäbe es ein Parlament aller Kreaturen, seine erste Entscheidung könnte wohl sein, den Menschen als nicht mehr tragbar auszustoßen. Wir sind die Geißel der Welt, eine dämonische Erscheinung. Wir sind ein schwerer Schlag gegen alles, was heilig ist an dieser Erde.[3]

Der alte Traum des fortschrittlichen Humanismus verblaßt schnell. Immer noch träumen manche von der Beherrschung der Biosphäre durch die «Technosphäre», von der gentechnologischen Gewalt des Menschen über die biologische Evolution und so weiter. Doch die Stimmung wandelt sich allmählich, insgesamt und in vielen einzelnen: vom Humanismus zum Animismus, vom anthropozentrischen Denken zur Entdeckung der lebendigen Welt. Wir stehen nicht über Gaia; wir leben in ihr und sind abhängig von ihrem Leben.

Die Bewegung der Grünen ist vom Gaia-Denken beeinflußt, versucht aber, Humanismus und Animismus miteinander zu verbinden. Hier als Beispiel ein Auszug aus einem Flugblatt der britischen Grünen (1989):

> Die Erde ist alles, was wir haben – eine Welt begrenzter Ressourcen. Unser Überleben hängt von diesem Planeten und seinen Ressourcen ab. Wir sind eingebunden in ein Geflecht wechselseitiger Abhängigkeiten alles Lebendigen. Wenn unser Planet stirbt, sterben auch wir . . . So wie wir jetzt leben, kann es nicht weitergehen. Entweder wir ändern uns, oder wir sehen dem Aussterben entgegen.

Zwangsläufig kommt es zu Konflikten, wenn abgewogen werden muß zwischen den Interessen der Menschen und der Rücksicht auf bedrohte Arten, sensible Ökosysteme und unberührte Natur. Humanistische Grüne stellen das Interesse des Menschen obenan, versuchen jedoch, die Schäden für die Umwelt so gering wie möglich zu halten. Diese Einstellung machen sich mittlerweile auch die etablierten politischen Kräfte zu eigen. Politiker müssen Kompromisse schließen, das gehört zu ihrem Wesen.[4] Manche versuchen nun schon, einen neuen Konsens herbeizuführen, bei dem zwar die wirtschaftliche Entwicklung das Gesamtziel bleibt, aber das soll jetzt mit «vertretbaren» Mitteln erreicht werden, die «den Bedürfnissen der Gegenwart gerecht werden, ohne künftigen Generationen die Möglichkeiten ihrer Bedürfnisbefriedigung zu schmälern».[5]

Für Animisten andererseits stehen die Interessen Gaias an erster Stelle. Manche halten es sogar für unausweichlich, daß die Bevölkerungszahl durch Krieg, Seuchen, Hungersnot, Überschwemmungen und andere Katastrophen massiv reduziert wird. Solche Vorstellungen sind dem humanistischen Empfinden ganz und gar zuwider und führen sehr leicht zum Vorwurf der Menschenverachtung und der faschistischen Gesinnung.

Was heute auf dem Feld der Umweltpolitik so heftig diskutiert wird, ist unter Ökologie-Theoretikern schon lange ein Streitpunkt. Manche von ihnen glauben, daß Veränderungen vor allem in der Gesellschaftsordnung stattfinden müssen, weil die gegenwärtige ökologische Krise ihrer Ansicht nach auf Militarismus, Patriarchat, Rassismus und andere Formen gesellschaftlicher Machtausübung zurückzuführen ist.[6] Für den animistischen Standpunkt jedoch ist diese «soziale Ökologie» immer noch zu sehr auf den Menschen ausgerichtet und greift nicht tief genug. Die «Tiefenökologen» vertreten deshalb eine nicht mehr anthropozentrische, sondern biozentrische Ökologie, die die Verbundenheit von allem Lebendigen zugrunde legt und die Menschheit einfach als einen Teil des lebendigen Ganzen betrachtet.[7]

Doch Sozialökologie und Tiefenökologie schließen einander nicht aus. Der soziale Wandel und der Wandel unserer Beziehung zur Erde werden Hand in Hand gehen müssen. Unsere materiellen Bedürfnisse sind längst nicht alles, und für die darüber hinausgehenden Bedürfnisse kommt es darauf an, das richtige Verhältnis zur lebendigen Welt um uns her zu gewinnen.

Die Erkenntnis, daß wir unsere Lebensweise ändern müssen, greift um sich. Für viele ist es wie das Erwachen aus einem Traum – ein Gefühl, schwere Fehler gemacht zu haben, aber auch ein Sehen mit neuen Augen und ein wirklicher Sinneswandel. Dieser Sinneswandel wird noch verstärkt durch das Gefühl, am Ende eines Zeitalters zu stehen.

Das neue Jahrtausend

Das gegenwärtig herrschende Krisenbewußtsein schlägt immer mehr um in die Überzeugung, daß wir vor einem entscheidenden Wendepunkt stehen, an dem sich das Schicksal unserer Zivilisation, der Menschheit, ja des Lebens überhaupt entscheiden wird.

Zugleich stehen wir auch vor einem geschichtlichen Wendepunkt, dem Übergang in ein neues Jahrtausend christlicher Geschichte. Das Tausendjährige Reich ist einer der zentralen Begriffe des Christentums, und auch das spielt gewiß eine Rolle bei diesem Gefühl, dem Ende eines Zeitalters nahe zu sein. Im letzten Buch der Bibel, der Offenbarung des Johannes, endet die geschichtliche Zeit apokalyptisch: in Katastrophen, Plagen und Seuchen, die dort noch von Engeln über die Welt gebracht werden, die wir aber durchaus auch selbst entfesseln können, wie sich inzwischen gezeigt hat:

Und ich hörte eine Stimme aus dem Tempel, die sprach zu den sieben Engeln: Gehet hin und gießet aus die Schalen des Zorns Gottes auf die Erde. Und der erste ging hin und goß seine Schale aus auf die Erde; und es ward eine böse und arge Drüse an den Menschen, die das Malzeichen des Tiers hatten und die ein Bild anbeteten. Und der andere Engel goß aus seine Schale ins Meer; und es war Blut wie eines Toten, und alle lebendigen Seelen starben im Meer. Und der dritte Engel goß aus seine Schale in die Wasserströme und in die Wasserbrunnen; und es ward Blut...
Und der vierte Engel goß aus seine Schale in die Sonne, und ihm ward gegeben, den Menschen heiß zu machen mit Feuer...
Und der fünfte Engel goß aus seine Schale auf den Stuhl des Tiers; und sein Reich ward verfinstert, und sie zerbissen ihre Zungen vor Schmerzen...
Und der sechste Engel goß aus seine Schale auf den großen Wasserstrom Euphrat; und das Wasser vertrocknete, auf daß bereitet würde der Weg den Königen vom Aufgang der Sonne...
Und der siebente Engel goß aus seine Schale in die Luft; und es ging aus eine Stimme vom Himmel aus dem Stuhl, die sprach: Es ist geschehen. Und es wurden Stimmen und Donner und Blitze; und ward ein großes Erdbeben, wie solches nicht gewe-

sen ist, seit Menschen auf Erden gewesen sind, solch Erdbeben
also groß. Und aus der großen Stadt wurden drei Teile, und die
Städte der Heiden fielen (Off. 16,1–4.8.10.12.17–19).

An einer besonders merkwürdigen Prophezeiung der Apokalypse
wird seit Jahrhunderten herumgerätselt:

Und der dritte Engel posaunte: und es fiel ein großer Stern vom
Himmel, der brannte wie eine Fackel und fiel auf den dritten
Teil der Wasserströme und über die Wasserbrunnen. Und der
Name des Sterns heißt Wermut. Und der dritte Teil des Wassers
ward Wermut; und viele Menschen starben von den Wassern,
weil sie waren so bitter geworden (Off. 8,10–11).

In Rußland war vor einigen Jahren das Erstaunen groß, denn das
russische Wort für Wermut lautet Tschernobyl. Der große Krieg,
den Michael und seine Engel im Himmel mit dem Drachen führten
(Off. 12,7), fand unterdessen auf der anderen Seite des Erdballs ein
halbbewußtes Echo in Ronald Reagans Träumen vom Krieg der
Sterne.

Schon immer haben die Menschen nach Übereinstimmungen
zwischen den Zeichen ihrer Zeit und denen der Endzeit geforscht
– und häufig genug fanden sie solche Übereinstimmungen. Heute
jedoch wirken die Zeichen so überdeutlich, daß es keiner visionären Offenbarungen, ja nicht einmal mehr der Bibelauslegung bedarf. Die verschiedensten Katastrophen-Szenarios werden gehan-
delt, je nachdem, welche Kombination von verhängnisvollen Faktoren man für besonders gravierend hält: Bevölkerungsexplosion,
Umweltzerstörung, Umweltverschmutzung, die atomare Bedro-
hung, Dürren und Klimaveränderungen, wirtschaftlichen Zusammenbruch, Krieg und so weiter.

Angesichts dieser Untergangsstimmung wäre es wohl an der
Zeit, uns einzugestehen, daß wir alle – und nicht nur die Gier der

Mächtigen – mitschuldig sind an den herrschenden Zuständen. Wir alle gehören dem wirtschaftlichen und politischen System an, das sich jetzt als so destruktiv erweist. Zumindest werden sich unsere Einstellung und unser politisch-ökonomisches System radikal ändern müssen, wenn wir in Harmonie mit Gaia leben wollen. Aber wie radikal?

Manche glauben, die Katastrophe könne durch eine Reihe maßvoller Reformen abgewendet werden: bleifreies Benzin und Katalysatoren, mehr Augenmerk für die Umweltfolgen von technologischen Projekten, mehr Recycling, allmählicher Übergang zu regenerierbaren Energiequellen, strengere Umweltauflagen und -kontrollen, Energiesteuern und dergleichen. Andere glauben an die Durchsetzungskraft eines «grünen Konsumverhaltens», das die Wirtschaft über die Kräfte des Marktes zum Umdenken zwingen werde. Wieder andere haben ein naturwissenschaftliches «Global-Management» im Sinn.[8] Am anderen Ende des Spektrums finden wir Stimmen, die solche Maßnahmen mit dem Umstellen des Mobiliars auf der sinkenden Titanic vergleichen. Ihrer Ansicht nach ist die gegenwärtige politische und wirtschaftliche Ordnung schlicht zum Untergang verurteilt. Wie sie zusammenbrechen und was an ihre Stelle treten wird, darüber läßt sich allenfalls spekulieren, aber machen kann man rein gar nichts – höchstens zum Überlebenstraining in der Wildnis verschwinden. Die ganz Pessimistischen sind der Auffassung, der Mensch habe die Natur so bis zur Unkenntlichkeit entstellt, daß wir jetzt, selbst wenn wir wollten, keine Beziehung mehr zu ihr knüpfen können:

Das Ende der Natur läßt uns vermutlich auch zögern, ihre Überreste emotional zu besetzen, so wie wir nicht gern mit Todkranken Umgang pflegen... Ich merke, daß mir die Wälder inzwischen am besten im Winter gefallen, dann, wenn schwer auszumachen ist, welche Bäume sterben... Heute habe ich die Winterzeit am liebsten, aber ich versuche, sie nicht allzu lieb zu gewinnen – vielleicht aus Angst vor einem nicht mehr fernen Januar, in dem der Schnee als warmer Regen fallen wird. Die Liebe zur Natur hat keine Zukunft.[9]

Vor solcher Trostlosigkeit mag einem der Mut sinken. Nein, die Erde ist noch nicht todkrank – aber unsere Zivilisation vielleicht. Die Evolution hat schon früher Katastrophen überdauert, wie an den erdgeschichtlichen Phasen des Massensterbens abzulesen ist, und sie wird auch den Menschen überleben, sollte er denn auf der Strecke bleiben. Daß jetzt Krankheit das Bild bestimmt, liegt an unserer modernen technischen Zivilisation und ihren Ideologien. Wenn wir mit Zukunftshoffnung ins nächste Jahrtausend gehen wollen, müssen wir uns auf eine neue/alte Sicht der menschlichen Natur und unserer Beziehung zur lebendigen Erde besinnen.

Naturerfahrung

Katastrophen wie Erdbeben, Orkane, Überschwemmungen und Dürren erinnern uns ständig daran, daß die Natur auch schrecklich und zerstörerisch sein kann. Die Medien schildern uns täglich mit viel Liebe zum Detail das Unglück anderer Menschen – Naturkatastrophen sind eines der beliebtesten Nachrichtenthemen. Die Lebendigkeit der Natur ist eben faszinierend, und das kann sogar im täglichen Wetterbericht zum Ausdruck kommen:

Im Süden der Vereinigten Staaten kam es zu einem Kräftemessen der aufeinanderprallenden Frontensysteme von arktischer Kaltluft aus Kanada und feuchtwarmen Südwestströmungen aus dem Golf von Mexiko. Schwere Regenfälle und Gewitter verursachten im südwestlichen Louisiana riesige Überschwemmungen... Am Mittwoch und Donnerstag wurden aus Mississippi und Alabama Tornados mit Hagelkörnern von fast acht Zentimetern Durchmesser gemeldet.[10]

Sofern wir in Städten leben, vergessen wir nur allzuleicht, woher die Dinge kommen, die wir zum Leben brauchen: Sie kommen aus Geschäften und Leitungen, weiter schauen wir normalerweise nicht. Und mit den Abfällen ist es ebenso: Sie verschwinden durchs Abflußrohr oder werden von den Müllmännern mitgenommen. Erst die Grünen haben uns wieder bewußt gemacht, woher Nahrungsmittel, Wasser, Energie und Rohstoffe kommen und welche Zerstörungen an diesen Reservoirs unsere Ansprüche nach sich ziehen. Immer deutlicher nehmen wir jetzt auch wahr, wie ungeheuer viel Müll wir produzieren und wie sehr wir Luft, Wasser und Land verschmutzen. Es läßt sich nicht mehr so ohne weiteres übersehen, daß wir auf einem endlichen Planeten mit begrenzten Ressourcen leben und daß Gaia insgesamt von unserem Tun beeinflußt wird und reagiert.

Die Evolutionsbiologie erinnert uns an unsere Verwandtschaft mit den Primaten und anderen Tieren, ja letztlich mit allem Leben auf der Erde. Für die Entwicklung des menschlichen Bewußtseins hat sicher eine Rolle gespielt, daß der Mensch die Gewohnheiten der Tiere, die er jagte, die Eigenschaften der Pflanzen, die er sammelte, die jahreszeitlichen Veränderungen der Natur und den Charakter der domestizierten Tiere, wie etwa des Hundes, wahrnahm. Als dann in der Jungsteinzeit die systematische Domestizierung von Pflanzen und Tieren begann, wurde der Mensch vertraut mit Pflanzen wie Gerste, Weizen, Bohnen, Hanf und Wein und mit Tieren wie Schaf, Schwein, Rind, Kamel und Pferd.

Unsere enge Verbundenheit mit domestizierten Tieren und Pflanzen besteht bis heute. Wer zum Beispiel Pferde züchtet, trainiert und reitet, wird häufig so vertraut mit ihnen, daß sich eine Art intuitive Kommunikation entwickelt. Angler verfügen oft über einen großen Erfahrungsschatz, was die Gewohnheiten der

Fische angeht; ähnliches gilt für Wildhüter, Dompteure und andere. Wer mit der Zucht und Aufzucht von Nutz- und Zierpflanzen zu tun hat, erkennt ihre habituellen Wachstumsmuster und weiß, wie sie auf Wetter und Bodenbeschaffenheit, auf Pflanzenkrankheiten und Schädlinge reagieren. Viele Menschen entwickeln eine regelrechte Beziehung zu ihren Pflanzen und sprechen sogar mit ihnen.

Auch moderne Städter möchten nicht ganz ohne Pflanzen und Tiere sein. Millionen von Menschen halten sich Hunde, Katzen und andere Haustiere; in Großbritannien kommen unzählige Taubennarren hinzu, die häufig eine sehr enge Beziehung entwickeln zu den Tieren, die sie selbst züchten und in die Wettkämpfe schicken. Millionen von Haushalten verfügen über liebevoll gepflegte Gärten und Gärtchen, und Topfpflanzen gibt es fast überall.

Zu Darwins Zeiten wurde nicht so scharf getrennt zwischen ernsthafter wissenschaftlicher Forschung und der eher von Amateuren betriebenen Naturgeschichte. Darwin selbst war solch ein Naturkundler; er lebte als Privatgelehrter ohne akademische Stellung. Die Professionalisierung der Biologie, die gegen Ende des vorigen Jahrhunderts begann, hat jedoch inzwischen eine tiefe Kluft entstehen lassen zwischen den akademischen und sehr auf ihre Karriere bedachten Naturwissenschaftlern einerseits und den Naturkundlern, die einfach aus Liebe zur Sache forschen, andererseits. Beim Amateur geht man generell davon aus, daß seine Kenntnisse und Erkenntnisse an die der akademischen Wissenschaft nicht heranreichen. Mir scheint das Gegenteil zuzutreffen: Die Erkenntnis des Naturkundlers, die aus einer innigen Beziehung zur Natur erwächst, ist tiefer und wahrer als all die Fakten, die man mittels distanzierter mechanistischer Analyse gewinnt. Im Idealfall ergänzen und erhellen die unmittelbare Erfahrung des Naturliebhabers und die systematischen Forschungen des professionellen Wissenschaftlers einander. So hat sich bei der Erforschung des Vogelzugs eine fruchtbare Zusammenarbeit zwischen

Wissenschaftlern und Amateurornithologen ergeben; ein weiteres Beispiel sind die wunderbar erhellenden Schilderungen des Botanikers Oliver Rackham über die Entwicklung der englischen Landschaft.[11]

Erkenntnis, die wir aus der Erfahrung von Pflanzen und Tieren gewinnen, ist nicht etwa ein minderwertiger Ersatz für wissenschaftliches Faktenwissen, sondern das Eigentliche und Primäre. Nur direkte Erfahrung führt uns über das rein intellektuelle Verstehen hinaus zu einem intuitiven und praktischen Erfassen der Dinge, an dem nicht nur der Verstand, sondern auch Herz und Sinne beteiligt sind. Wissenschaftliche Forschungen können diese praktische Erkenntnis erhellen und strukturieren, aber nicht ersetzen.

Mystische Erfahrung

Auf dem Land, im Wald, in den Bergen, an der See – irgendwo in der Natur empfinden wir manchmal eine direkte Verbundenheit mit der Lebendigkeit der Welt, und es ist wichtig, diese unmittelbare Naturerfahrung zur Kenntnis zu nehmen. In seltenen Fällen hat dieses Gefühl tiefer Übereinstimmung die Kraft mystischer Erfahrung, voller Licht, Staunen und Freude. Sobald wir aber in den Alltag zurückkehren, sind wir versucht, solche Erfahrungen als «bloß subjektiv» ad acta zu legen, als etwas, das nur in uns selbst stattfand, aber keine reale Teilhabe an einem größeren Lebensganzen darstellte. Wir sollten dieser Versuchung widerstehen. Unsere intuitive Naturerfahrung ist realer und direkter als alle Theorien, die mit der Mode kommen und gehen. Das meinte auch T. H. Huxley mit seinen Worten über Goethes Naturbetrachtungen, und Wordsworth meinte es mit dem Vers, der zum Motto der Zeitschrift *Nature* wurde (S. 84).

Bei dem Wort «mystische Erfahrung» denken wir gleich an ganz besondere Menschen – Heilige, Weise und Visionäre –, selten jedoch an uns selbst. Tatsächlich aber ist mystische Erfahrung gar keine so große Seltenheit. Repräsentative Umfragen in Großbritannien und den Vereinigten Staaten haben ergeben, daß mehr als ein Drittel der Befragten mindestens einmal in ihrem Leben «eine Erscheinung oder Kraft» gesehen bzw. gespürt haben und diese Erfahrung für die meisten von ihnen sehr bedeutsam war.[12] Unter den Tausenden von Berichten über mystische Erfahrung, die von der Religious Experience Research Unit in Oxford gesammelt werden, zeugen viele von einem Gefühl der Verbundenheit mit der Natur. Das scheinen jedoch in den Augen der meisten Menschen Erfahrungen zu sein, über die man besser nicht spricht. Den Forschern gegenüber zeigten sich viele der Befragten jedenfalls erleichtert, daß sie endlich einmal über ihre Erlebnisse reden konnten. Diese Erlebnisse haben zwar für die Betreffenden selbst eine zentrale Bedeutung, doch sie scheuen sich, mit Familienmitgliedern oder Freunden darüber zu sprechen, um sich nicht lächerlich zu machen oder gar für geistig verwirrt gehalten zu werden. Im Bericht des Oxforder Instituts klingt sogar an, das solche Erfahrungen in unserer Gesellschaft tabuisiert sind:

> Die Gefühlslage bei solchen Schilderungen erinnert sehr an die Atmosphäre, die früher bei der Erörterung intimer sexueller Dinge herrschte. Das gleiche zögernde Herantasten, gefolgt von hastigem Rückzug, wenn keine oder nicht die richtige Reaktion kommt... Sogar Menschen, die von Berufs wegen dem Heiligen nahestehen, sind nicht ausgenommen von dem Verdacht, sie könnten kein Verständnis haben. Es scheint das Gefühl zu bestehen, daß «die Gesellschaft» irgendwie dagegen ist, solche Erfahrungen dem ganz normalen Leben zuzurechnen.[13]

Wenn die Natur unbelebt und unbeseelt ist, dann kann die Erfahrung einer mystischen Verbindung zu einer lebendigen Präsenz oder Kraft in der Natur nur Illusion sein, und so achtet man besser nicht weiter darauf, damit man bei klarem Verstand bleibt. Sollte die Natur allerdings wirklich lebendig sein, dann ist die Erfahrung einer lebendigen Beziehung vielleicht tatsächlich genau das, was sie zu sein scheint.

Kindheitserfahrungen

Viele Menschen erleben in der Kindheit Augenblicke eines mystischen Gefühls der Einheit mit der Natur. Manche vergessen diese Augenblicke, andere erinnern sich und schöpfen ein Leben lang Kraft daraus. Einige Beispiele:

> Von meinem siebten Jahr an saß ich in der milden Jahreszeit oft allein in meinem kleinen Baumhaus, beobachtete die Natur um mich her und schaute nachts zum Himmel hinauf. Ich war noch zu klein, um rational zu erfassen, was ich da wahrnahm, aber ich war offen und empfänglich und spürte mit der Zeit immer deutlicher, daß subtile, geheimnisvolle Gesetze in allem wirkten. Ich hatte mich wohl ganz und gar eingestimmt auf die Natur. Ich empfand diese Gesetze des Lebens und der Bewegung so tief, daß manchmal Geist und Körper wie gesättigt davon waren – doch sie blieben meinem Zugriff und Verstehen immer nur fast, nie ganz erreichbar.[14]

Aus diesem Jungen wurde ein Schriftsteller, der zunächst über Marxismus und später über Theosophie schrieb. Eine Kunstlehrerin beschreibt eine weniger intellektuelle Reaktion auf ein Erlebnis, das sie mit etwa fünf Jahren in der Heide hatte:

> Plötzlich war mir, als sei der Dunst ein schimmerndes Gewebe von Spinnenfäden, und die Glockenblumen, die hier und da zu

sehen waren, schienen wie flammend zu strahlen. Irgendwie begriff ich, daß dies das lebendige Gewebe des Lebens war, in das auch alles, was wir Bewußtsein nennen, eingebettet ist und hier und da als leuchtender Energieknoten im diffuseren Ganzen erscheint. In diesem Augenblick wußte ich, daß ich wie jedes andere belebte oder «unbelebte» Wesen meinen ganz bestimmten Platz habe und daß wir alle Teil dieses universalen Gewebes sind, das so zart und doch ungeheuer stark und von Grund auf gut ist.[15]

Andere sind vor allem von der Erfahrung der Freundlichkeit der Natur beeindruckt. Ein Managementberater erinnert sich an eine Erfahrung, die er als Sechsjähriger einmal früh am Morgen in der Nähe seines Elternhauses machte:

Der Tau im Gras war wie Juwelengefunkel im Sonnenlicht, und die Schatten von Haus und Bäumen wirkten freundlich und beschützend. Eine Woge tiefer, überwältigender Dankbarkeit erfaßte dieses Kinderherz, ein Gefühl von unerschöpflichem Frieden und von Geborgenheit, die einfach in der Schönheit des Morgens zu liegen schienen, in diesem Etwas aus Liebe und Geborgenheit, das alles einschloß, was ich je geliebt hatte, und doch viel mehr war.[16]

Auch wenn wir uns eines solchen Gefühls der Verbundenheit mit der Natur nicht erinnern können, bleibt doch als Tatsache bestehen, daß wir in den prägenden Jahren Beziehungsstrukturen entwickeln, deren unbewußter Einfluß bestehenbleibt. Von ihnen hängt ab, wie sehr wir uns zur Natur zurücksehnen, und vielleicht bestimmen sie sogar unseren beruflichen Werdegang.

Wie ich schon in der Einleitung geschildert habe, fiel mir vor ein paar Jahren plötzlich ein lange vergessenes Kindheitserlebnis wieder ein: der Zaun aus Weidenstangen, der zu einer Reihe strotzender junger Weiden geworden war. Meine berufliche Laufbahn hatte sehr viel mit Tod und Regeneration von Pflanzen zu tun, und auch dieses Buch will etwas vermitteln, das dem zum Leben erwachten Zaun nicht unähnlich ist.

Im Laufe der letzten Jahre habe ich einige meiner Kollegen nach Kindheitserlebnissen gefragt, die vielleicht für ihre späteren Interessen von Bedeutung waren. Wenige hatten überhaupt schon einmal an eine solche Verbindung gedacht. Zwei Kollegen konnten sich ohne Mühe an etwas erinnern – beide waren sie Schlangenexperten –, und zwar an ihre erste Begegnung mit Schlangen in freier Wildbahn; irgend etwas faszinierte sie an diesen Tieren, und diese Faszination bestimmte ihre Berufswahl.

Ein anderer Kollege, ein Entwicklungsbiologe, dessen Forschungen sich mit Theorien über Wellen, Rhythmen und Strömungen in lebenden Organismen befassen, ist in Kanada aufgewachsen. Aus seiner Kindheit ist ihm vor allem die Leidenschaft fürs Kanufahren in Erinnerung. Ströme, Wellen und Rhythmen sind für ihn nicht einfach physikalische Prozesse, die man mathematisch darstellen kann; sie haben für ihn vielmehr etwas von lebendiger Erfahrung.

Einer meiner Kollegen auf dem Gebiet der Pflanzenphysiologie hat viele Jahre lang die geotropen Reaktionen von Wurzeln – ihr von der Schwerkraft gelenktes Tiefenwachstum – erforscht. Besondere Aufmerksamkeit widmete er dabei der Funktion von Stärkekörnchen, die durch ihr Absinken in der Zelle als Sensoren für das Gravitationsfeld dienen. Er gewinnt diese Stärkekörnchen und andere Substrukturen der Zelle, indem er Wurzeln zerstößt, den Saft abseiht und dann durch Zentrifugieren die festen und flüssigen Anteile voneinander trennt. Bei einem Spaziergang im Schwarzwald fragte ich ihn, ob er sich an Kindheitserlebnisse erinnere, die etwas mit seinen beruflichen Interessen zu tun haben könnten. Zunächst fiel ihm nichts anderes als ein vager Jünglingstraum ein, in wissenschaftliches Neuland vorzustoßen. Aus irgendeinem

Grund fragte ich ihn nach seiner Großmutter. Er erinnerte sich in zärtlicher Liebe an sie. Im Krieg, als er noch klein war, hatte er auf ihrem Bauernhof in Bayern gelebt. Am deutlichsten, sagte er, stehe ihm noch vor Augen, wie sie im Kartoffelbeet arbeitete – ach, und ihre herrlichen Knödel! Liebevoll beschrieb er, wie sie die Kartoffeln rieb und wie sie dann durch ein Tuch das Wasser abtropfen und die Stärke sich setzen ließ . . . und ungefähr das tat er nun schon seit über zwanzig Jahren!

Edward O. Wilson meint, es sei geradezu der Normalfall, daß wissenschaftliche Neuerungen in Kindheitserfahrungen ihren Ursprung haben:

Zunächst stellt man fest, daß irgendein Thema einem besonders liegt. Vögel, die Wahrscheinlichkeitstheorie, Sprengstoffe, Sterne, Differentialgleichungen, Gewitterfronten, Zeichensprache, Schmetterlinge – sehr gut möglich, daß diese Obsession in der Kindheit ihren Anfang nahm. Der Gegenstand bleibt eine Art Leitstern, ruhender Pol in einem wechselhaften geistigen Universum.

Einer der Pioniere der Molekularbiologie erzählte mir einmal, sein begeistertes Interesse für die Replikation der DNS-Moleküle gehe auf einen Baukasten zurück, den er als Kind bekommen habe. Beim Spielen entdeckte er die Möglichkeit, durch Vervielfältigung und Umstellung identischer Grundeinheiten immer wieder Neues zu schaffen. Der große Metallurge Cyril Smith verdankte seine Vorliebe für Legierungen dem Umstand, daß er farbenblind war. Aufgrund dieser Behinderung wandte er sich schon früh den Hell-dunkel-Mustern zu, wie sie überall in der Natur in Wirbeln, filigranen Strukturen und Streifenmustern anzutreffen sind, um schließlich auf die Feinstruktur der Metalle zu kommen. Albert Camus sprach für diese Neuland erkundenden Menschen, als er sagte, in seiner Arbeit suche der Mensch nichts anderes als die Wiederentdeckung jener zwei oder drei großen und einfachen Bilder, angesichts derer das Herz sich zum erstenmal öffnete.[17]

Es mag nicht immer möglich sein, unsere Interessen als Erwachsene auf Erlebnisse in der Kindheit zurückzuführen. Mich hat aber immer wieder beeindruckt, wieviel Einsicht zu gewinnen ist, wenn einem solche meist längst vergessenen Verknüpfungen wieder einfallen.

Die Wiederentdeckung heiliger Orte

Jeder von uns kennt Orte, die für ihn eine besondere Bedeutung haben. Das ist zunächst und vor allen anderen unser Geburtsort. Viele empfinden ihren Geburtsort als irgendwie heilig und möchten gern dort begraben sein oder wünschen sich, daß ihre Asche dort verstreut werde. Die Geburtsstätten bedeutender Menschen sucht man häufig in einem Geist der Pilgerschaft auf, und Millionen von Nordamerikanern, Australiern und anderen Nachkommen von Auswanderern pilgern in die Alte Welt, um die Verbindung zur Heimat ihrer Vorväter neu zu knüpfen.

Dann sind da die vielen Orte, an denen wichtige Ereignisse unseres Lebens stattgefunden haben, auch solche, an denen wir Augenblicke der Erleuchtung und Einsicht erlebten, die Begegnung mit dem Numinosen, dem Heiligen. Solche Orte behalten meist ein Leben lang ihre Bedeutung für uns.

Völker, die noch in der althergebrachten Weise leben, betrachten Heim und Herd als heilig. Ihr Leben steht in Beziehung zu den altbekannten heiligen Orten in ihrer Umgebung, zu Tempeln und Schreinen, heiligen Bäumen und Brunnen, Kirchen, Kathedralen, Moscheen, Synagogen und so weiter. Wer seinen Lebensraum nicht als heilig und voller Wunder und Geheimnis erfahren kann, dieses Empfinden aber wiederentdecken möchte, kann dazu einiges beitragen. Man kann sich die geographischen und geomantischen Züge der Umgebung bewußt machen, man kann sich die Ausstrahlung der Gegend und das Leben ihrer Pflanzen und Tiere vergegenwärtigen. In jeder Gegend gibt es typische Geschichten, Legenden und Mythen, die man in Erfahrung bringen kann, dazu die Namen der Schutzgeister und Heiligen. Besonders wirksam ist es, die heiligen Orte der Gegend in der angemessenen inneren Haltung aufzusuchen und sich dem Heiligen, das dort lebt, durch Gebet zu öffnen.

Und wie wir bereits erörtert haben, besteht auch noch die Möglichkeit, den Geist der Pilgerschaft neu zu entdecken und dafür das Touristenbewußtsein abzulegen. Als Pilger kommen wir in einer Haltung, die uns für die besondere Kraft oder Ausstrahlung eines Ortes sensibilisiert – und wenn wir uns dieser Kraft nicht öffnen wollen, könnte es besser sein, ganz fernzubleiben.

Solch innerer Wandel wäre sicherlich von großem Nutzen. Bei den Japanern zum Beispiel gibt es diesen Sinn für die Heiligkeit ihres Landes noch, und in der Shinto-Religion wird diese Haltung bewußt gepflegt. Japan besitzt einen höheren Anteil an Waldgebieten als die meisten anderen Industrieländer, und die Menschen haben eine natürliche Scheu, diesen Teil ihrer Umwelt zu zerstören. Doch vielfach wird die Umwelt traditionell lebender Völker, etwa der Waldmenschen von Borneo, aufgrund von wirtschaftlichen Erwägungen verwüstet; und die Japaner selbst sind außerhalb ihres Landes, zum Beispiel beim Fischfang, mitunter von einer Rücksichtslosigkeit, die ihresgleichen sucht. Ließen wir alle die Heiligkeit der Natur nicht nur im eigenen Lande, sondern überall auf der Welt gelten, so würde sich bald manches entscheidend ändern – weit mehr als gegenwärtig durch den Druck, den die Staaten gegenseitig aufeinander auszuüben versuchen, ohne daß wirklich einer entscheidend besser wäre als irgendein anderer.

Die Rückbesinnung auf heilige Zeiten

Die Zyklen von Tag und Nacht, Wachen und Schlafen gliedern unser Alltagsleben. Für die meisten Menschen auf der Welt bekommen diese Zyklen durch tägliche Rituale und Gebete etwas Heiliges, im Hinduismus etwa durch die Begrüßung der Sonne mit einem bestimmten Mantra.

Kalender haben nicht nur praktische, sondern auch eine heilige Bedeutung. Seit Einführung der sieben Tage dauernden Woche bei den Juden war der Sabbat, der Tag der Ruhe, ein ganz wesentlicher Bestandteil dieses Rhythmus, der auch im Christentum und Islam bestehenblieb, nur daß hier der Sonntag beziehungsweise der Freitag zum heiligen Tag wurde. Unser modernes, weltliches Leben hat diesen Rhythmus beibehalten, und auch heute noch zeigen viele hundertmillionen Menschen durch die Teilnahme an den wöchentlichen Gottesdiensten, daß sie weiterhin Wert legen auf die Heiligkeit des siebten Tages. Selbst im privaten familiären Bereich gibt es nach wie vor Zeremonien, die von der spirituellen Dimension des Wochenzyklus künden. In vielen jüdischen Familien ist noch der alte Freitagabend-Brauch des Lichteranzündens zur Begrüßung des Sabbats lebendig. Und für abermillionen Menschen, mögen sie eine bewußte religiöse Intention haben oder nicht, ist das Wochenende mit seinen Ausflügen in die Natur eine Zeit der geistigen Erfrischung und Erneuerung.

Kalender orientieren sich nach den Zyklen von Sonne und Mond, und dies erinnert uns an den größeren Kontext unseres Erdendaseins. Die Jahresfeste finden an bestimmten Punkten des Jahreslaufs statt und verleihen der Jahreszeit etwas Heiliges. Daß etwa die Insel Bali für Europäer von so unwiderstehlicher Anziehungskraft ist, liegt sicher auch daran, daß hier die Zeit durch die Feste wie verzaubert ist. Bali, eine der wenigen noch nicht durch «Bildung» und «Entwicklung» entzauberten Gegenden der Welt, erweckt in uns eine wehmütige Erinnerung an etwas Verlorenes und fast schon Vergessenes. Aber wenn wir es nicht in den Kulturen und Traditionen anderer Völker suchen wollen – zu deren Schaden übrigens –, müssen wir das Gefühl des Eingebundenseins in unseren eigenen Traditionen wiederentdecken. Auch Jahresfeste und heilige Tage sind dazu eine Gelegenheit.

Dankbarkeit

Es ist sicher nicht leicht, Dankbarkeit zu empfinden gegenüber einer seelenlosen mechanischen Welt, deren «Uhrwerk» einfach nur so abläuft, wie es die ewig unveränderlichen Naturgesetze und der blinde Zufall wollen. Dieses öde Weltbild bedeutet für alle, die daran glauben, einen großen spirituellen Verlust, denn gerade durch Dankbarkeit können wir in Beziehung zu jenen lebendigen Kräften treten, von denen unser Leben abhängt, und durch Dankbarkeit können wir in den Zustand der Gnade gelangen.

Alle Religionen geben Gelegenheit zur Danksagung, sei es bei Dankgottesdiensten oder auch im privaten Bereich, etwa mit dem Tischgebet. Auch solche Bräuche können uns daran erinnern, daß es in der Tat vieles gibt, wofür wir dankbar sein können. Jede Religion hat ihre ganz eigene Art der dankbaren Anerkennung jener lebendigen Kräfte, von denen wir alle abhängen und zu denen wir durch Dankbarkeit in Beziehung treten.

Wer die traditionellen religiösen Riten und Bräuche als leer und nichtig empfindet, dem bleiben drei Möglichkeiten: Wenn er meint, es gebe keine lebendige Kraft, die über der Menschheit steht, wird er keinen Anlaß zur Dankbarkeit sehen und auch nicht nach entsprechenden Ausdrucksmöglichkeiten suchen; er kann diese Dankbarkeit ganz für sich allein empfinden, ohne jedoch nach öffentlichen Ausdrucksmöglichkeiten zu suchen; und

er kann neue Vorstellungen von lebenspendenden Kräften entwik-
keln, denen Dank gebührt, und entsprechende neue Formen der
gemeinschaftlichen Danksagung suchen.

Die Kraft des Gebets

Beten ist mehr als bloß positives Denken oder ein Bemühen, durch
die Kraft des Geistes zu bekommen, was man sich wünscht. Es ist
ein Dialog mit einer höheren Form von Bewußtsein. In allen Religionen beginnen die Gebete mit einer Anrufung, mit der Benennung der Kraft, an die das Gebet gerichtet ist. Dann wird eine
Beziehung zu dieser Kraft hergestellt, und der Betende erkennt an,
daß er ganz und gar auf sie angewiesen ist. Daran können sich
Bitten anschließen. Diesen Aufbau finden wir beispielsweise beim
Vaterunser.

Für die humanistische Betrachtungsweise haben wir hier nicht
viel mehr als einen Ausdruck des Wunschdenkens vor uns, und
wenn das Beten überhaupt irgendeinen Sinn und Nutzen hat, dann
ist er psychologischer Natur – manch einer fühlt sich einfach besser, wenn er betet. Schon dieser begrenzte Nutzen ist durchaus
nicht zu verachten. Wer aber wirklich betet, für den reicht die
Kraft des Gebets weiter. In den achtziger Jahren gab es mehrere
internationale Initiativen, bei denen Millionen von Menschen auf
der ganzen Welt für den Frieden beteten. Viele, die wie ich daran
teilnahmen, gewannen den Eindruck, daß solche Gebete durchaus
den Gang der Ereignisse und die allgemeine Stimmung und Einstellung beeinflussen können.

Viele Menschen, die beten, erleben manchmal die überra-
schendsten Antworten. Mir selbst ging es auch schon so. Doch
hier steht der innere oder äußere Skeptiker stets parat und spricht
von Selbstbetrug oder Zufall oder davon, daß das, was wir als
Antwort empfinden, sich ohnehin nach Lage der Dinge eingestellt

hätte. Nehmen wir das Ende des Kalten Krieges. Ich gehöre zu den vielen, die glauben, daß die Kraft des Gebets hier eine Rolle gespielt hat; Skeptiker sagen, es wäre ohnehin dazu gekommen. Zu beweisen ist keiner der beiden Standpunkte.

Wir müssen mit praktischen Maßnahmen auf die gegenwärtige ökologische Krise reagieren, mit den richtigen gesellschaftlichen, politischen, ökonomischen und technologischen Veränderungen. Wir müssen uns klarmachen, welches Denken, welche Einstellungen die gegenwärtige Verwüstung der Erde heraufbeschworen haben, und wir müssen so rasch wie möglich eine Lebensweise finden, die mit der Natur und ihren Bedürfnissen in Einklang steht. Wer an die Kraft des Gebets glaubt, der bete um Vergebung und Anleitung. Sollte eine weisere und gerechtere Ordnung entstehen, eine neue Harmonie von Mensch und Natur – wäre das nicht, als würden unsere Gebete erhört?

Ein neuer Frühling

Wenn wir den Gedanken, daß die Welt lebendig ist, einmal ernsthaft zulassen, dann wird uns plötzlich klar, daß wir es eigentlich schon immer gewußt haben. Es ist wie ein neuer Frühling nach dem Winter. Jetzt haben wir die Möglichkeit, die zerrissenen Fäden zwischen Verstand und direkter, intuitiver Naturerfahrung neu zu knüpfen. Wir können wieder teilhaben am Geist heiliger Orte und Zeiten. Wir entdecken, wieviel wir von «rückständigen» Völkern lernen können, die das Gefühl der Verbundenheit mit der lebendigen Welt nie verloren haben. Wir können die animistischen Traditionen unserer eigenen Vorfahren zur Kenntnis nehmen und neu erkunden. Und wir können ein neues Verständnis der menschlichen Natur gewinnen – wie sie geprägt ist durch die Tradition und das kollektive Gedächtnis, wie sie mit Himmel und Erde verbunden und allen Formen des

Lebens verwandt ist –, um uns bewußt der schöpferischen Kraft zu öffnen, die im Großen wie im Allerkleinsten in der Evolution waltet. Dann erleben wir eine Wiedergeburt in einer lebendigen Welt.

Dank

Dieses Buch ist die Frucht vieler Jahre des Suchens und Strebens. All die Pflanzen, Tiere, Orte und Menschen, die Traditionen und Ideen zu nennen, die mir auf meinem Weg geholfen haben, will ich gar nicht erst versuchen. Ich kann nur ganz umfassend meinen Dank aussprechen für alles, was mir zuteil wurde in den Ländern, in denen ich gelebt habe – England, die Vereinigten Staaten, Malaysia und Indien –, und auf meinen Reisen in Europa, Nordamerika, Asien und Afrika.

Viele Gespräche mit Freunden und Kollegen haben zu diesem Buch beigetragen. Manche dieser Gespräche haben bei zwanglosen Besuchen stattgefunden, manche auf Konferenzen und Symposien und manche bei mehreren Veranstaltungsreihen, an denen ich während der letzten zehn Jahre teilgenommen habe. Erwähnen möchte ich die regelmäßigen Treffen der Epiphany Philosophers in Cambridge, einer Gruppe, der ich seit 1966 angehöre; die Zusammenkünfte des British Scientific and Medical Network; die jährlichen Ratsversammlungen der Ojai Foundation in Kalifornien zwischen 1984 und 1987; und eine Reihe von kleineren Konferenzen des Esalen Institute in Kalifornien, der Hollyhock Farm auf Cortes Island in British Columbia, des Institute for Noetic Sciences in Sausalito, Kalifornien, und des International Centre for Integrative Studies in New York.

Wertvolle Anregungen für dieses Buch verdanke ich vor allem Ralph Abraham, David Abram, William Anderson, Eric Ashby,

Lindsay Badenoch, Robert Bly, David Bohm, Fritjof Capra, Bernard Carr, Christopher Clarke, Paul Davies, Larry Dossey, Lindy Dufferin und Ava Dorothy Emmet, Warwick Fox, Adele Getty, Edward Goldsmith, Brian Goodwin, David Griffin, Bede Griffiths, Joan Halifax, David Hart, Rainer Hertel, Mae-wan Ho, Francis Huxley, Rick Ingrasci, Colleen Kelley, David Lorimer, Terence McKenna, Ralph Metzner, John Michell, Namkhai Norbu, Robert Ott, dem verstorbenen Michael Ovenden, Nigel Pennick, Anthony Ramsey, Martin Rees, Jeremy Rifkin, Janis Roze, Kit Scott, Ronald Sheldrake, Paolo Silva e Souza, John Steele, Dennis Stillings, John Sullivan, Harley Swiftdeer, Brian Swimme, Robin Sylvan, Peggy Taylor, George Trevelyan, Piers Vitebsky, Lyall Watson, Rex Weyler – und vor allem meiner Frau, Jill Purce, der ich dieses Buch widme.

Allen, die das Manuskript in seinen verschiedenen Entstehungsphasen lasen und wertvolle, auch kritische Anmerkungen machten, schulde ich besonderen Dank, natürlich auch meinen britischen und amerikanischen Lektoren.

Für die Arbeit an diesem Buch erhielt ich einen Zuschuß des Institute of Noetic Sciences, dessen Fellow ich bin.

Schließlich habe ich noch all denen zu danken, die die Abbildungen zeichneten beziehungsweise die Vorlagen zur Verfügung stellten.

Quellennachweise

Einleitung

1 Sheldrake (1973).
2 Sheldrake (1974).
3 Sheldrake (1984); Chauhan et al.

1 Die Entheiligung der Welt

1 Kluge.
2 Neumann.
3 Eliade (1957), S. 81.
4 Ebenda, S. 82.
5 Eliade (1954), Kap. VII, § 87.
6 Levy.
7 Hillman.
8 Zitiert in King-Hele, S. 75.
9 Ebenda.
10 Merchant.
11 Eliade (1978), Bd. 1, S. 58–61.
12 Gimbutas.
13 Eliade (1954), S. 295.
14 Ovid, S. 4.
15 Zitiert in Merchant (1982), S. 8.
16 Wordsworth, S. 31.
17 Gimbutas.
18 Eisler.
19 Turner.
20 Eisler.

21 Graves.
22 Brown et al., S. 10.
23 Weber, S. 138–173. Sehr gründlich und klarsichtig sind die Hintergründe der Entheiligung der Natur im Westen dargestellt bei Sherrard.
24 Hastings, S. 56, 352 f.
25 Frazer (1918), Bd. 3, Kap. 15.
26 Beresford Ellis.
27 Zitiert in Bentley.
28 Warner (1989).
29 Eire, S. 224.
30 Dickens.
31 Zitiert in Wall, S. 138.
32 Eingehend erörtert wird dieses Thema von Roszak sowie von Berman (1984).
33 Aston.
34 Eire.
35 Ebenda, S. 207.
36 Milton, S. 28 f. (Buch 1, 822–836).
37 Walker.
38 Shulman.

2 Die Unterwerfung der Natur und die Priester der Wissenschaft

1 Z. B. White.
2 Aristoteles, S. 22 (1256 b 3).
3 Ciochon et al.
4 Stuart; Simmons.
5 Zitiert in Turner, S. 170.
6 Yates (1964); Thomas (1973).
7 Yates (1979); Berman (1984).
8 E. M. Butler.
9 Leiss, S. 51.
10 Ebenda, S. 50.
11 Lemmi.
12 Z. B. S. Griffin; Merchant; Keller.
13 Zitiert in Merchant (1982), S. 169.
14 Ebenda, S. 168–171.
15 Keller (1985), S. 53 f.
16 Ebenda, S. 54.
17 Collingwood.
18 Gilson (1930), S. 215.

19 Gilson (1984).
20 Gilson (1930).
21 Shakespeare, S. 881 (1. Akt, 3. Szene).
22 Zitiert in Burtt, S. 44.
23 Ebenda, S. 48.
24 Lear.
25 Wallace, S. 80.
26 Descartes, Bd. 1, S. 101.
27 Wallace, S. 87.
28 Wolpert und Lewis.
29 Eine detaillierte Erörterung findet sich in Sheldrake (1990), Kap. 5.
30 Thomas (1984).
31 Wallace, S. 81.
32 Descartes, Bd. 1, S. 317.
33 Thomas (1984), S. 34.
34 Ebenda, S. 33.
35 Ebenda.
36 Driesch (1905).
37 Hazen.
38 Castillejo schildert sehr anregend, wie die Idee der wissenschaftlichen Objektivität sich entwickelt hat.
39 Whyte (1979).
40 Descartes, Bd. 1, S. 127.
41 Eine umfassende Darstellung der Spaltung von Geist und Körper bietet Berman (1989).
42 Keller.
43 Zitiert in Burtt, S. 75.
44 Turner, S. 266–269.
45 Ebenda, S. 282 f.

3 Rückkehr zur Natur

1 Alexander Pope: *Essay on Criticism* (1711), Z. 68–72.
2 Zitiert in Lovejoy, S. 113.
3 Thomas (1984), S. 258.
4 Ebenda, S. 257.
5 Ebenda, S. 258.
6 Ebenda, S. 267.
7 Ebenda.
8 Ebenda, S. 266.

9 Ebenda, S. 268 f.

10 Farmer.

11 Perrin, S. 16.

12 Emerson, S. 38 f.

13 Thoreau (1988), S. 314 f.

14 Thoreau (1964), S. 51.

15 Ebenda, S. 172.

16 Zitiert in Hoagland, S. 46 f.

17 Perrin, S. 20.

18 Hoagland, S. 48.

19 Thomas (1984), S. 269.

20 William Wordsworth: *Miscellaneous Sonnets*, Teil 1, 34.

21 J. W. Goethe: «Fragment über die Natur», in *Werke* (Hamburger Ausgabe in 14 Bänden, Bd. 13), München (Beck) ^{7}1975, S. 45 f.

22 *Nature* 1 (1869), S. 10 f.

23 Darwin (1959), S. 45.

24 Mayr.

25 Darwin (1959), S. 45.

26 Zitiert und erörtert von J. Wilson.

27 Z. B. E. O. Wilson (1984).

28 Darwin (1878), Bd. 1, S. 6 f.

29 Darwin (1876), Kap. 3.

30 Bergson, S. 110.

31 Monod.

32 Ebenda.

33 Neumann.

4 Die Wiederbelebung der stofflichen Welt

1 Gilson (1930; 1984).

2 Westfall, S. 505.

3 Ebenda, S. 509.

4 Ebenda.

5 Zitiert in Whittaker, S. 4.

6 Burnet (1930), S. 48.

7 Needham.

8 Zilsel.

9 Ebenda, S. 222.

10 Ebenda, S. 223.

11 Ebenda.

12 Whittaker, Kap. 2.
13 Berkson.
14 Nersessian.
15 Ebenda, S. 207.
16 Davies (1987).
17 Popper und Eccles, S. 24–28.
18 Harman.
19 Bynum et al., S. 122 f.
20 Laplace.
21 Popper (1982), S. 29 ff.
22 Prigogine und Stengers.
23 Eine gute, allgemeinverständliche Einführung in die Chaos-Theorie bietet Gleick.
24 Popper (1982).
25 Gleick.
26 Zitiert in Davies (1988).
27 Abraham und Shaw, Bd. 1, S. 27.
28 Z. B. Waddington; Thom.
29 Carr.
30 Zur Wiederbelebung der Natur in der Wissenschaft siehe insbesondere Cobb und Griffin sowie D. R. Griffin (1988; 1989).

5 Die Natur des Lebens

1 Hildebrand.
2 Driesch (1905).
3 Dawkins.
4 Whitehead, Kap. 6.
5 Z. B. Sheldrake und Northcote.
6 Alberts et al., Kap. 19.
7 Driesch (1921).
8 Zitiert in Lewin.
9 Ebenda.
10 Waddington.
11 Thom, S. 320.
12 Z. B. Danckwerts.
13 Sheldrake (1990).
14 Tinbergen; Thorpe.
15 Sheldrake (1985), Kap. 11; (1990), Kap. 9.
16 Lashley.

17 Boycott.

18 Pribram.

19 Sacks.

20 Jung.

21 Marais.

22 E. O. Wilson (1971).

23 Marais (1973), S. 119 f.

24 Sheldrake (1990), Kap. 13.

25 Ebenda, Kap. 14 und 15.

26 Z. B. Koestler; Whyte (1974).

27 Z. B. Varela.

28 Capra.

6 Kosmische Evolution und die Gewohnheiten der Natur

1 Einen historischen Überblick gibt Mayr.

2 Long.

3 Pagels (1985), S. 11.

4 Hawking (1980).

5 Hawking (1988), S. 84.

6 Wie heute für die Idee der ewigen Naturgesetze argumentiert wird, zeigt Barrow (1988).

7 Hawking (1988), S. 23.

8 Pagels.

9 Plotin, S. 130.

10 Barrow und Tipler, S. 5.

11 Ebenda, S. 16.

12 Ebenda, S. 21.

13 Ebenda, S. 23.

14 S. Butler.

15 Vgl. Sheldrake (1990), S. 33.

16 Z. B. Lewis und John.

17 Eingehender sind diese und andere Beispiele der Gewohnheitsbildung in der biologischen Evolution in Sheldrake (1990) erörtert.

18 Darwin (1878), Bd. 2, S. 24.

19 Rensch.

20 Cairns et al.; Hall.

21 Darwin (1878), Bd. 2, S. 314.

22 Ebenda, S. 318.

23 Ebenda, S. 316.

24 Huxley, S. 8.
25 Dieses Material ist zusammengetragen in Sheldrake (1985 und 1990).
26 Fisher und Hinde.
27 Hardy.
28 Hinde und Fisher.

7 Und sie lebt doch

1 Kelley, neben Abb. 57.
2 Ebenda, über Abb. 78.
3 Ebenda, neben Abb. 110.
4 Lovelock (1988), S. 212.
5 Lovelock (1982), S. 10 f.
6 Ebenda, Kap. 6.
7 Lovelock (1988), S. 111.
8 Lovelock (1982).
9 Den mythologischen Aspekt der Gaia-Hypothese erörtert Thompson.
10 In Bunyard und Goldsmith.
11 Lovelock (1988), S. 14.
12 Lindley.
13 Z. B. Akasohu.
14 Z. B. Skinner und Porter.
15 Stenflo und Vogel.
16 Stothers.

8 Heilige Zeiten und Orte

1 Walker, S. 625.
2 Frazer (1928).
3 Crichton.
4 Eliade (1954), S. 442.
5 Zitiert in Lane, S. 9.
6 Eine ausführliche Darstellung gibt Pennick (1987).
7 Lethbridge.
8 Übersetzung in Eliade (1954), S. 415.
9 Ebenda, Kap. 10.
10 Lane.
11 Ashton.
12 Siehe z. B. Eitel; Roosbach; Walters.

13 Z. B. Pennick (1987); Devereux et al.
14 Pennick (1987), S. 142.
15 Ebenda, Kap. 4.
16 Devereux et al.

9 Der Gott eines evolutionären Kosmos

1 Siehe z. B. Fox (1983; 1988) und Griffiths (1989).
2 Hildegard von Bingen, S. 384.
3 Siehe hierzu Griffiths (1983; 1987; 1989).
4 Frazer (1918; 1928).
5 Eliade (1957 b).
6 Halifax, S. 7.
7 Eliade (1978), S. 175.
8 Luna; McKenna.
9 Siehe z. B. Moody; Ring.
10 Grey, S. 6.
11 Diese Idee verdanke ich Bill Soskin.
12 Ashton.
13 Ebenda.
14 Begg.
15 Ashton.
16 Augustinus.
17 Sherrard, S. 111.
18 Zitiert in Fox (1988), S. 126.
19 Siehe hierzu die luzide Darstellung in Griffiths (1989).
20 Fox (1988).
21 Clow; McKenzie; Walker.
22 Fox (1988), S. 124.
23 Birch und Cobb, S. 196 f.

10 Das Leben in einer lebendigen Welt

1 Zitiert in Berry, S. 208.
2 Ebenda, S. 208 f.
3 Ebenda, S. 209.
4 Eine kluge Erörterung dieses Themas bietet Ashby.
5 Brundtland et al., S. 8.
6 Tokar.

7 Z. B. Duval und Sessions.

8 Z. B. Myers.

9 McKibben, S. 216 f.

10 Wetterbericht in *The Guardian*, 14. 11. 1989.

11 Rackham.

12 Hay, Kap. 8.

13 Ebenda, S. 159.

14 Zitiert in Robinson, S. 31 f.

15 Ebenda, S. 32.

16 Ebenda, S. 33.

17 E. O. Wilson (1984), S. 65 f.

Literaturverzeichnis

Abraham, R. H., und C. D. Shaw: *Dynamics: The Geometry of Behavior*, Santa Cruz (Aerial Press) 1984.

Akasohu, S.: «The dynamic aurora», in *Scientific American* 260 (5/1989), S. 54–63.

Alberts, B., et al.: *Molekularbiologie der Zelle*, Weinheim (VCH) 1989.

Anderson, W., und C. Hicks: *The Rise of the Gothic*, London (Hutchinson) 1985.

Aristoteles: *Politik*, Reinbek (Rowohlt, RK 171–173) 1968.

Ashby, E.: *Reconciling Man with the Environment*, Stanford (Stanford University Press) 1978.

Ashton, J.: *Mother of Nations: Visions of Mary*, Basingstoke (The Lamp Press) 1988.

Aston, Margaret: *England's Iconoclasts*, Bd. 1: *Laws Against Images*, Oxford (Oxford University Press) 1988.

Augustinus, Aurelius: *Über den dreieinigen Gott*, München (Kösel) 1951.

Bacon, Francis: *Neu-Atlantis*, Berlin (Akademie) 1959.

–: *Über die Würde und den Fortgang der Wissenschaften*, Darmstadt (Wissenschaftliche Buchgesellschaft) 1966.

Barnett, Samuel A.: *Modern Ethology*, Oxford (Oxford University Press) 1981.

Barrow, J. D.: *The World within the World*, Oxford (Clarendon Press) 1988.

–, und F. J. Tipler: *The Anthropic Cosmological Principle*, Oxford (Oxford University Press) 1986.

Begg, Ean: *Die unheilige Jungfrau. Das Rätsel der Schwarzen Madonna*, Piesport (Edition Tramontane) 1989.

Bentley, J.: *Restless Bones: The Story of Relics*, London (Constable) 1985.

Beresford Ellis, P.: *Celtic Inheritance*, London (Muller) 1985.

Bergson, Henri: *Schöpferische Entwicklung*, Jena (Diederichs) 1912.

Berkson, William: *Fields of Force*, London (Routledge and Kegan Paul) 1974.

Berman, Morris: *Wiederverzauberung der Welt*, München (Trikont-Dianus) [2]1984.

–: *Coming to Our Senses: Body and Spirit in the Hidden History of the West*, New York (Simon and Schuster) 1989.

Berry, T.: *The Dream of the Earth*, San Francisco (Sierra Club Books) 1988.

Birch, C., und J. B. Cobb: *The Liberation of Life: From the Cell to the Community*, Cambridge (Cambridge University Press) 1981.

Bloxham, J., und D. Gubbins: «The secular variation of the Earth's magnetic field», in *Nature* 317 (1985), S. 777–781.

Bord, Janet und Colin: *Sacred Waters: Holy Wells and Water Lore in Britain and Ireland*, London (Granada) 1985.

Boycott, B. B.: «Learning in the octopus», in *Scientific American* 212 (3/1965), S. 42–50.

Brown, J. A., et al. (Hrsg.): *The Jerome Biblical Commentary*, Englewood Cliffs (Prentice-Hall) 1968.

Brundtland, G. H., et al.: *Our Common Future: The World Commission on Environment and Development*, Oxford (Oxford University Press) 1987.

Bunyard, P., und E. Goldsmith (Hrsg.): *Gaia, the Thesis, the Mechanisms and the Implications*, Camelford (Wadebridge Ecological Centre) 1988.

Burnet, John: *Early Greek Philosophy*, London (Black) 1930. Deutsch: *Die Anfänge der griechischen Philosophie*, Leipzig 1913.

Burtt, E. A.: *The Metaphysical Foundations of Modern Science*, London (Kegan Paul, Trench and Trubner) 1932.

Butler, Eliza M.: *The Fortunes of Faust*, Cambridge (Cambridge University Press) 1952.

Butler, S.: *Life and Habit*, London (Cape) 1878.

Bynum, W. F., et al. (Hrsg.): *Dictionary of the History of Science*, London (Macmillan) 1981.

Cairns, J., et al.: «The origin of mutants», in *Nature* 335 (1988), S. 142–145.

Campbell, Joseph: *The Hero with a Thousand Faces*, Cleveland (Meridian Books) 1956. Deutsch: *Der Heros in tausend Gestalten*, Frankfurt/M. (Suhrkamp) 1978.

Capra Fritjof: *Wendezeit*, Bern/München/Wien (Scherz) 1983.

Carr, B.: «The dark matter problem», in V. Vishveshvara (Hrsg.): *Cosmic Perspectives*, Cambridge (Cambridge University Press) 1989.

Castillejo, David: *The Formation of Modern Objectivity*, Madrid (Ediciones de Arte y Bibliofilia) 1982.

Chauhan, Y. S., et al.: «Factors affecting growth an yield of short-duration pigeonpea and its potential for multiple harvest», in *Journal of Agricultural Science* 109 (1987), S. 519–529.

Ciochon, R., et al.: *Other Origins: The Search for the Giant Ape in Human Prehistory*, New York (Bantam) 1990.

Clow, W. M. (Hrsg.): *The Bible Reader's Encyclopaedia and Concordance*, London (Collins) 1962.

Cobb, John B., und David R. Griffin: *Mind in Nature: Essays on the Interface of Science and Philosophy*, Washington (University Press of America) 1978.

Collingwood, Robin G.: *The Idea of Nature*, Oxford (Oxford University Press) 1945.

Crichton, R.: *Who Is Santa Claus*, London (Canongate) 1987.

Danckwerts, P. V.: Brief in *New Scientist* 96 (1982), S. 380 f.

Darwin, Charles: *Von der Entstehung der Arten*, Stuttgart (Schweizerbart) 1876.

–: *Das Variieren der Tiere und Pflanzen im Zustande der Domestication*, Stuttgart (Schweizerbart) 1878.

–: *Autobiographie*, Leipzig/Jena (Urania) 1959.

Davies, Paul: *Die Urkraft*, Hamburg (Rasch und Röhring) 1987.

–: *Prinzip Chaos: die neue Ordnung des Kosmos*, München (Bertelsmann) 1988.

Dawkins, Richard: *Das egoistische Gen*, Berlin (Springer) 1978.

Descartes, René: *The Philosophical Writings of Descartes*, übers. v. J. Cottingham et al., Cambridge (Cambridge University Press) 1985.

Devereux, P., et al.: *Earthmind*, New York (Harper and Row) 1989.

Dickens, A. G.: *The English Reformation*, London (Batsford) 1964.

Driesch, Hans: *Der Vitalismus als Geschichte und als Lehre*, Leipzig (J. A. Barth) 1905.

–: *Philosophie des Organischen*, Leipzig (Engelmann) 1921.

Duval, B., und G. Sessions: *Deep Ecology: Living As If Nature Mattered*, Salt Lake City (Gibbs Smith) 1985.

Eire, Carlos M.: *War Against the Idols: The Reformation of Worship from Erasmus to Calvin*, Cambridge (Cambridge University Press) 1986.

Eisler, R.: *The Chalice and the Blade*, San Francisco (Harper and Row) 1987.

Eitel, J.: *Feng Shui*, London (Trubner) 1873.

Eliade, Mircea: *Die Religionen und das Heilige*, Salzburg (O. Müller) 1954.

–: *Das Heilige und das Profane*, Hamburg (Rowohlt) 1957 a.

–: *Schamanismus und archaische Ekstasetechnik*, Zürich/Stuttgart (Rascher) 1957 b.

–: *Geschichte der Religiösen Ideen*, Bd. 1, Freiburg i. Br. (Herder) 1978.

Emerson, Ralph Waldo: *Selected Essays*, Harmondsworth (Penguin) 1985.

Evans, H. E.: «Remembering pioneer naturalists», in D. Halpern (Hrsg.): *On Nature*, San Francisco (North Point Press) 1987.

Farmer, A.: *Hampstead Heath*, Barnet (Historical Publications) 1984.

Finucane, R. C.: *Miracles and Pilgrims: Popular Beliefs in Medieval England*, London (Dent) 1977.

Fisher, J., und R. A. Hinde: «The opening of milk bottles by birds», in *British Birds* 42 (1949), S. 347–357.

Fludd, R.: *Utriusque Cosmi Maioris. Tomus Secundus De Supernaturali, Naturali, Praeternaturali et Contranaturali Microcosmi Historia*, Oppenheim (J. T. de Bry) 1619.

Fox, Matthew: *Original Blessing*, Santa Fe (Bear and Company) 1983.

–: *The Coming of the Cosmic Christ*, New York (Harper and Row) 1988.

Frazer, James: *Der Goldene Zweig*, Leipzig (Hirschfeld) 1928; Neuausgabe Reinbek (rororo Enzykl. 483) 1989.

–: *Folk-Lore in the Old Testament*, London (Macmillan) 1918.

Gilson, Etienne: *The Philosophy of St. Thomas Aquinas*, New York (Dorset Press) 1930.

–: *From Aristotle to Darwin and Back Again*, Notre Dame (University of Notre Dame Press) 1984.

Gimbutas, Marija: *Gods and Goddesses of Old Europe*, London (Thames and Hudson) 1974.

Gleick, James: *Chaos – die Ordnung des Universums*, München (Droemer-Knaur) 1990.

Graves, Robert: *Griechische Mythologie*, Reinbek (Rowohlt, rde 113–116) 1960.

Grey, M.: *Return from Death: An Exploration of the Near-Death Experience*, London (Arkana) 1985.

Griffin, Donald R.: *The Reenchantment of Science: Postmodern Proposals*, Albany (State University of New York Press) 1988.

–: *God and Religion in the Postmodern World*, Albany (State University of New York Press) 1989.

Griffin, Susan: *Frau und Natur*, Frankfurt/M. (Suhrkamp, es 1405) 1987.

Griffiths, Bede: *Die Hochzeit von Ost und West*, Salzburg (O. Müller) 1983.

–: *Rückkehr zur Mitte*, München (Kösel) 1987.

–: *Die neue Wirklichkeit*, Grafing (Aquamarin) 1989.

Haeckel, Ernst: *Natürliche Schöpfungsgeschichte*, Berlin (Reimer) 1872.

–: *Anthropogenie oder Entwicklungsgeschichte des Menschen*, Leipzig (Engelmann) 1874.

Halifax, Joan: *Schamanen*, Frankfurt/M. (Insel) 1983.

Hall, B. G.: «Adaptive evolution that requires multiple spontaneous mutations», in *Genetics* 120 (1988), S. 887–897.

Hardy, Alister: *The Living Stream*, London (Collins) 1965.

Harman, P. M.: *Energy, Force and Matter: The Conceptual Development of Nineteenth-Century Physics*, Cambridge (Cambridge University Press) 1982.

Hastings, J. S. (Hrsg.): *Dictionary of the Bible*, Edinburgh (Clark) 1909.

Hawking, Stephen: *Is the End in Sight for Theoretical Physics?*, Cambridge (Cambridge University Press) 1980.

–: *Eine kurze Geschichte der Zeit*, Hamburg (Rowohlt) 1988.

Hay, D.: *Exploring Inner Space*, Harmondsworth (Penguin) 1982.

Hazen, R.: «Battle of the supermen», in *The Guardian*, 15. 4. 1989.

Hildebrand, M. von: «An Amazonian tribe's view of cosmology», in P. Bunyard und E. Goldsmith (Hrsg.): *Gaia, the Thesis, the Mechanisms and the Implications*, Camelford, Cornwall (Wadebridge Ecological Centre) 1988.

Hildegard von Bingen: *Wisse die Wege*, Salzburg (O. Müller) [8]1987.

Hillman, J.: *The Dream of the Underworld*, New York (Harper and Row) 1979.

Hinde, R. A., und J. Fisher: «Further observations on the opening of milk bottles by birds», in *British Birds* 44 (1951), 393–396.

Hoagland: «In praise of John Muir», in D. Halpern (Hrsg.): *On Nature*, San Francisco (North Point Press) 1986.

Hope, R. C.: *The Legendary Lore of the Holy Wells of England*, London (Elliot Stock) 1893.

Huxley, F.: «Charles Darwin: Life and Habit», in *The American Scholar* (Herbst/ Winter 1959), S. 1–19.

Jung, Carl Gustav: *Die Archetypen und das kollektive Unbewußte* (Gesammelte Werke, Bd. 9/1), Olten/Freiburg i. Br. (Walter) 1976.

Kahn, F.: *The Secret of Life: The Human Machine and How it Works*, London (Odhams) 1949.

Keller, Evelyn F.: *Reflections on Gender and Science*, New Haven (Yale University Press) 1985. Deutsch: *Liebe, Macht und Erkenntnis: männliche oder weibliche Wissenschaft?*, München u. a. (Hanser) 1986.

Kelley, Kevin W. (Hrsg.): *Der Heimatplanet*, Frankfurt/M. (Zweitausendeins) 1989.

King-Hele, D.: *Doctor of Revolution: The Life and Genius of Erasmus Darwin*, London (Faber and Faber) 1977.

Kirk, Geoffrey S., und J. E. Raven: *The Presocratic Philosophers*, Cambridge (Cambridge University Press) 1957.

Kluge, Friedrich: *Etymologisches Wörterbuch*, Berlin/New York (de Gruyter) 1989.

Koestler, Arthur: *Das Gespenst in der Maschine*, Wien/München (Molden) 1968.

Lane, B. C.: *Landscapes of the Sacred: Geography and Narrative in American Spirituality*, New York (Paulist Press) 1988.

Laplace, Pierre Simon de: *Philosophischer Versuch über die Wahrscheinlichkeiten*, Leipzig (Duncker & Humblot) 1886.

Lashley, K.: «In search of the engram», in *Symposia of the Society for Experimental Biology* 4 (1950), S. 454–483.

Lear, John: *Kepler's Dream*, Berkeley (University of California Press) 1965.

Leiss, William: *The Domination of Nature*, Boston (Beacon Press) 1972.

Lemmi, Charles W.: *The Classic Deities in Bacon*, New York (Octagon Books) 1971.

Lethbridge, T. C.: *The Essential T. C. Lethbridge*, London (Routledge and Kegan Paul) 1980.

Levy, Gertrude R.: *The Gate of Horn*, London (Faber and Faber) 1963.

Lewin, R.: «Why is development so illogical?», in *Science* 224 (1984), S. 1327.

Lewis, Kenneth R., und B. John: *The Matter of Mendelian Heredity*, London (Longman) 1972.

Lindley, D.: «Is the earth alive or dead?», in *Nature* 332 (1988), S. 483 f.

Long, C. H.: *Alpha: The Myths of Creation*, New York (Collier Books) 1969.

Lovejoy, Arthur O.: *Essays on the History of Ideas*, New York (Capricorn Books) 1960.

Lovelock, Jim: *Unsere Erde wird überleben: Gaia, eine optimistische Ökologie*, München (Piper) 1982.

–: *The Ages of Gaia: A Biography of our Living Earth*, Oxford (Oxford University Press) 1988.

Luna, L. E.: *Vegetalismo: Shamanism among the Mestizo Population of the Peruvian Amazon*, Stockholm (Almqvist & Wicksell) 1986.

Marias, Eugène N.: *The Soul of the White Ant*, Harmondsworth (Penguin) 1973. Deutsch: *Die Seele der weißen Ameise*, München/Wien (Langen-Müller) 1970.

Mayr, Ernst: *Die Entwicklung der biologischen Gedankenwelt*, Berlin (Springer) 1984.

McKenna, Terence: *Plants, Drugs and History*, New York (Bantam) 1991.

McKenzie, J. L.: *Dictionary of the Bible*, London (Chapman) 1966.

McKibben, Bill: *Das Ende der Natur*, München (List) 1989.

Merchant, Carolyn: *The Death of Nature: Women, Ecology and the Scientific Revolution*, London (Wildwood House) 1982. Deutsch: *Der Tod der Natur*, München (Beck) 1987.

Metzner, R. (Hrsg.): *Gaia Consciousness: The Re-Emergent Goddess and the Living Earth*, San Francisco (Green Earth Foundation) 1989.

Milton, John: *Das verlorene Paradies*, Stuttgart (Reclam) 1979.

Monod, Jacques: *Zufall und Notwendigkeit*, München (Piper) 1971.

Moody, Raymond: *Leben nach dem Tod*, Reinbek (Rowohlt) 1977.

Morgan, T. H.: *Regeneration*, New York (Macmillan) 1901.

Myers, Norman: *GAIA. Öko-Atlas der Erde*, Frankfurt/M. (Fischer Tb 4554) ²1987.

Needham, Joseph: *Science and Civilization in China*, Bd. 4, Teil 1, Cambridge (Cambridge University Press) 1962.

Nersessian, N. J.: «Aether/or: the creation of scientific concepts», in *Studies in the History of Philosophy and Science* 15 (1984), S. 175–212.

Neumann, Erich: *Die große Mutter*, Zürich (Rhein) 1956.

Nodier, J. E. C., und J. Taylor: *Voyages Pittoresques et Romantiques dans l'ancienne France*, Paris 1845.

Ovid: *Metamorphosen*, übers. v. Thassilo von Scheffer, Bremen (C. Schünemann) 1963.

Pagels, Heinz: *Perfect Symmetry*, London (Joseph) 1985. Deutsch: *Die Zeit vor der Zeit*, Berlin (Ullstein) 1987.

Pennick, Nigel: *Die alte Wissenschaft der Geomantie*, München (Trikont-Dianus) 1982.

–: *Earth Harmony*, London (Century) 1987.

–: *Einst war uns die Erde heilig*, München (Goldman Tb 11873) 1990.

Perrin, N.: «Forever Virgin: the American View of America», in D. Halpern (Hrsg.): *On Nature*, San Francisco (North Point Press) 1986.

Platon: *Politeia* («Der Staat»), Hamburg (Rowohlt, RK 27) 1958.

Plotin: Auswahl aus seinem Werk, übers. v. Richard Harder, Frankfurt/M. (Fischer Tb 203) 1958.

Popper, Karl R.: *The Open Universe: An Argument for Indeterminism*, London (Hutchinson) 1982.

–, und John C. Eccles: *Das Ich und sein Gehirn*, München (Piper) ⁹1990.

Pribram, Karl: *Languages of the Brain*, Englewood Cliffs, N. J. (Prentice Hall) 1971.

Prigogine, Ilya, und Isabelle Stengers: *Dialog mit der Natur*, München (Piper) 1990.

Rackham, Oliver: *The History of the Countryside*, London (Dent) 1986.

Rensch, Bernhard: *Neuere Probleme der Abstammungslehre*, Stuttgart (Enke) 1954.

Ring, Kenneth: *Den Tod erfahren – das Leben gewinnen*, Bern/München/Wien (Scherz) 1985.

Robinson, E.: *The Original Vision: A Study of the Religious Experience of Childhood*, New York (Seabury Press) 1983.

Roosbach, S.: *Feng Shui*, London (Hutchinson) 1984.

Roszak, Theodore: *Where the Wasteland Ends: Politics and Transcendence in Post Industrial Society*, London (Faber and Faber) 1973.

Sacks, Oliver: *Der Mann, der seine Frau mit einem Hut verwechselte*, Reinbek (Rowohlt) 1987.

Shakespeare, William: *Sämtliche Werke*, Bd. 2, Heidelberg (L. Schneider) o. J.

Sheldrake, Rupert: «The Production of auxin in higher plants», in *Biological Reviews* 48 (1973), S. 509–559.

–: «The ageing, growth and death of cells», in *Nature* 250 (1974), S. 381–385.

–: «Pigeonpea physiology», in P. R. Goldsworthy (Hrsg.): *The Physiology of Tropical Crops*, Oxford (Blackwell) 1984.

–: *Das schöpferische Universum*, München (Goldmann Tb 14014) 1985.

–: *Das Gedächtnis der Natur: Das Geheimnis der Entstehung der Formen in der Natur*, Bern/München/Wien (Scherz) 1990.

–, und D. H. Northcote: «The production of auxin by tobacco internode tissues», in *New Phytologist* 67 (1968), S. 1–13.

Sherrard, Philip: *The Rape of Man and Nature*, Ipswich (Golgonooza Press) 1987.

Shulman, S.: «Global Change», in *Nature* 343 (1990), S. 398.

Simmons, A. H.: «Extinct pygmy hippopotamus and early man in Cyprus», in *Nature* 333 (1988), S. 554–557.

Skinner, B. J., und S. C. Porter: *Physical Geology*, New York (Wiley) 1987.

Stenflo, J. O., und M. Vogel: «Global resonances in the evolution of solar magnetic fields», in *Nature* 319 (1988), S. 285–290.

Stothers, R. B.: «Periodicity of the Earth's magnetic reversals», in *Nature* 322 (1986), S. 444–446.

Stuart, A.: «Who (or what) killed the giant armadillo?», in *New Scientist* (17. Juli 1986), S. 29–32.

Teilhard de Chardin, Pierre: *Der Mensch im Kosmos*, München (Beck) 1969.

Thom, René: *Structural Stability and Morphogenesis*, Reading, Mass., (Benjamin) 1975.

Thomas, K.: *Religion and the Decline of Magic*, London (Penguin) 1973.

–: *Man and the Natural World: Changing Attitudes in England 1500–1800*, Harmondsworth (Penguin) 1984.

Thompson, William I.: *Imaginary Landscapes: Making Worlds of Myth and Science*, New York (St. Martin's Press) 1989.

Thoreau, Henry D.: *Walden. Ein Leben in den Wäldern*, Weimar (Kiepenheuer) 1964.

–: *The Maine Woods*, London (Penguin) 1988.

Thorpe, William H.: *Learning and Instinct in Animals*, London (Methuen) 1963.

Tinbergen, Niko: *Instinktlehre*, Berlin/Hamburg (Parey) 1952.

Tokar, B.: «Social ecology, deep ecology and the future of green political thought», in *The Ecologist* 18 (1988), S. 132–141.

Turner, F.: *Beyond Geography: The Western Spirit Against the Wilderness*, New Brunswick (Rutgers University Press) 1983.

Varela, Francisco J.: *Principles of Biological Autonomy*, New York (North Holland) 1979.

Waddington, Conrad H.: «Fields and Gradients», in Michael Locke (Hrsg.): *Major Problems in Developmental Biology*, New York (Academic Press) 1966.

Walker, Barbara G.: *The Woman's Encyclopedia of Myths and Secrets*, San Francisco (Harper and Row) 1983.

Wall, J. C.: *Shrines of British Saints*, London (Methuen) 1905.

Wallace, W.: «Descartes», in *Encyclopaedia Britannica*, Cambridge (Cambridge University Press) [11]1911.

Walters, Derek: *Feng Shui. Kunst und Praxis der chinesischen Geomantie*, Chur (M+T) 1990.

Warner, Marina: *Maria*, München (Trikont-Dianus) 1982.

–: *In weiblicher Gestalt*, Reinbek (Rowohlt) 1989.

Weber, M.: *Selections in Translation*, hrsg. v. W. G. Runciman, Cambridge (Cambridge University Press) 1978.

Welte, Karsten: *Gespräch mit Rupert Sheldrake*, Vilsbiburg (Arun) 1991.

Westfall, R. S.: *Never at Rest: A Biography of Isaac Newton*, Cambridge (Cambridge University Press) 1980.

White, L.: «The historical roots of our ecologic crisis», in *Science* 155 (1967), S. 1203–1207.

Whitehead, A. N.: *Wissenschaft und moderne Welt*, Zürich (Morgarten) 1949.

Whittaker, Edmund: *A History of the Theories of Aether and Electricity*, London (Nelson) 1951.

Whyte, L. L.: *The Universe of Experience*, New York (Harper and Row) 1974.

–: *The Unconscious Before Freud*, London (Friedmann) 1979.

Wilson, Edward O.: *The Social Insects*, Cambridge, Mass., (Harvard University Press) 1971.

–: *Biophilia*, Cambridge, Mass., (Harvard University Press) 1984.

Wilson, J.: «Nausea, or how Darwin became a machine», in *Harvest* 34 (1988), S. 132–141.

Wolpert, L., und J. Lewis: «Towards a theory of development», in: *Federation Proceedings* 34 (1975), S. 14–20.

Wordsworth, William: *Präludium*, Stuttgart (Reclam) 1974.

Yates, Frances A.: *Giordano Bruno and the Hermetic Tradition*, London (Routledge and Kegan Paul) 1964.

–: *The Occult Philosophy in the Elizabethan Age*, London (R. and K. P.) 1979.

Zilsel, E.: «The origins of Gilbert's scientific method», in Philip P. Wiener und A. Noland (Hrsg.): *Roots of Scientific Thought*, New York (Basic Books) 1957.

Personen- und Sachregister

Alle Ziffern sind Seitenzahlen
Gerade Ziffern = Textverweise
Kursive Ziffern = Bildlegendenverweise

«Ein spirituelles Leben zu führen heißt, dem Ewigen zu gestatten, sich durch uns in den gegenwärtigen Augenblick hinein auszudrücken.»
Reshad Feild

Stanislav Grof
Geburt, Tod und Transzendenz
Neue Dimensionen in der Psychologie
(rororo transformation 8764)
Eine Bestandsaufnahme aus drei Jahrzehnten Forschung über außergewöhnliche Bewußtseinszustände.

Ken Wilber
Das Spektrum des Bewußtsein
Eine Synthese östlicher und westlicher Psychologie
(rororo transformation 8593)
«Ken Wilber ist einer der differenziertesten Vordenker und Wegbereiter des Wertewandels in Wissenschaft und Gesellschaft.»
Psychologie heute

Gary Zukav
Die tanzenden Wu Li Meister
(rororo transformation 7910)
Der östliche Pfad zum Verständnis der modernen Physik: vom Quantensprung zum Schwarzen Loch

Reshad Feild
Schritte in die Freiheit *Die Alchemie des Herzens*
(rororo transformation 8503)
Das atmende Leben *Wege zum Bewußtsein*
(rororo transformation 8769)
Leben um zu heilen
(rororo transformation 8509)
Ein esoterisches 24-Tage-Übungsprogramm, das jedem die Möglichkeit gibt, Heilung und Selbstentfaltung zu erfahren.

Robert Anton Wilson
Der neue Prometheus *Die Evolution unserer Intelligenz*
(rororo transformation 8350)
«Robert A. Wilson ist einer der scharfsinnigsten und bedeutendsten Wissenschaftsphilosophen dieses Jahrhunderts.»
Timothy Leary

Joachim-Ernst Berendt
Nada Brahma *Die Welt ist Klang*
(rororo transformation 7949)
Das Dritte Ohr *Vom Hören der Welt*
(rororo transformation 8414)
«Wenn wir nicht wieder lernen zu hören, haben wir dem alles zerstörenden mechanistischen und rationalistischen Denken gegenüber keine Chance mehr.»
Westdeutscher Rundfunk

Das gesamte Programm der Taschenbuchreihe «transformation» finden Sie in der Rowohlt Revue. Jedes Vierteljahr neu. Kostenlos in Ihrer Buchhandlung.

transformation

rororo sachbuch